商用系统智能照明
设计指南

上海浦东智能照明联合会　编

INTELLIGENT COMMERCIAL LIGHTING DESIGN GUIDE

江苏凤凰科学技术出版社 · 南京

图书在版编目（CIP）数据

商用系统智能照明设计指南 / 上海浦东智能照明联合会编. — 南京 ：江苏凤凰科学技术出版社，2021.11（2022.10重印）
ISBN 978-7-5713-2491-9

Ⅰ. ①商… Ⅱ. ①上… Ⅲ. ①照明设计－智能控制－指南 Ⅳ. ①TU113.6-62

中国版本图书馆CIP数据核字(2021)第215622号

商用系统智能照明设计指南

编　　者	上海浦东智能照明联合会
项目策划	凤凰空间 / 李文恒
责任编辑	赵　研　刘屹立
特约编辑	徐　磊
出版发行	江苏凤凰科学技术出版社
出版社地址	南京市湖南路 1 号 A 楼，邮编：210009
出版社网址	http://www.pspress.cn
总　经　销	天津凤凰空间文化传媒有限公司
总经销网址	http://www.ifengspace.cn
印　　刷	北京博海升彩色印刷有限公司
开　　本	889 mm×1 194 mm　1 / 16
印　　张	13
插　　页	4
字　　数	210 000
版　　次	2021 年 11 月第 1 版
印　　次	2022 年 10 月第 2 次印刷
标准书号	ISBN 978-7-5713-2491-9
定　　价	228.00 元（精）

图书如有印装质量问题，可随时向销售部调换（电话：022-87893668）。

序一

在上海浦东智能照明联合会全体会员的积极参与下，在编委会的全心付出和密切配合下，历时一年的编写工作终于完成，《商用系统智能照明设计指南》（简称《指南》）一书隆重与读者见面了。我代表上海浦东智能照明联合会对所有参编人员表示最热烈的祝贺和最由衷的感谢。

经历了从传统照明向半导体照明的高速发展后，照明又进入了向智能化发展的新阶段，未来可期。推动智能照明发展的动力和机遇前所未有，最主要的是碳达峰和碳中和的可持续发展愿景，物联网和人工智能技术、应用的快速发展，以及人们不断追求提高生活质量的需求。同时，广大照明企业紧紧把握智能照明的发展机遇，积极探索跨界合作，努力研发智能照明技术和产品，努力拓展智能照明设计和应用，积累了丰富的应用案例和经验，为《指南》的成功编写打下了良好的实践基础，提供了大量有价值的素材。

《指南》就酒店、学校、商场等十多个典型商用场景，对智能照明相关的照明设计规范、典型灯具选择、智能控制策略和模式、智能产品和应用案例进行了详尽的描述，是照明和物联网企业、照明设计师、照明工程企业，以及照明终端用户就智能照明进行学习、参考、应用的极其有益的资料。我们相信，《指南》的出版对推动商用照明智能的发展具有十分重要的意义。

我们认识到，智能照明的发展刚刚进入快速成长期，需要照明、物联网人工智能行业的广大企业不懈努力、紧密合作、勇于创新、积极探索，共同开创智能照明发展的新局面，共同分享智能照明发展的新成果，为社会持续营造更加舒适健康、更加节能环保、更加高效安全的光环境。

上海浦东智能照明联合会会长　李志君

2021 年 8 月

序二

从未来看当下，拥抱智能化，一定是今天的我们所做出的最正确的决定。

过去的几年里，我们正在享受一个巨大的红利，即智能技术为硬件赋能，提升用户体验并产生商业价值。硬件的智能化正在潜移默化地改变着每个人的生活，也由此催生出万亿的商业空间。

2021 年，我们发现人工智能和物联网（IoT）技术正在从消费级物联网向产业物联网变革。IoT 行业正走向生态化，单独的智能硬件逐渐融入场景而实现落地，传统的垂直行业在数字化转型时提出了新的诉求。下一个随浪涌而来的红利基础，当是互联互通创造的全新智能商业场景。

未来每个产业都会跟智能结合起来，产生奇妙的化学反应，尤其在以下三个方向，人工智能物联网（AIoT）将推动产业的变革：

第一，AIoT 为行业带来新的海量入口；

第二，AIoT 助力产业实现效率的飞速提升；

第三，AIoT 为用户打造极致体验。

在大变革的背景之下，互联互通的 IoT 云平台和开发者生态将成为 IoT 产业的中流砥柱，为其提供数智化基座。越来越多的开发者，将通过开发者平台来打造自己的智能商业生态。

2021 年，智慧城市和新基建已经成为热点。与此同时，使用绿色低碳技术，做好节能减排，实现碳中和，也是我们需要达成的目标。

在这个背景下，《商用系统智能照明设计指南》一书的推出非常及时，既对整个商用智能照明行业的市场和技术发展趋势做了阐述，也通过对办公和工业、公共建筑、零售业和酒店等 3 大类、13 种具体场景中如何应用智能照明做出具体讲解，为广大商用照明的制造企业、照明设计师、集成商、安装施工人员等提供了参考。

2021 年，全球 AIoT 开发者生态还将继续保持高速增长。万亿级的 AIoT 市场，现在才刚刚拉开序幕。

根据咨询机构 CIC 灼识咨询的报告，2019 年智能家居和智能业务相关设备出货量达到 7.6 亿台，预计到 2024 年将增长到 25 亿台，复合年均增长率为 26.7%; 智能产业相关设备出货量在 2019 年达到 4.3 亿台，预计到 2024 年将增长到 13 亿台，复合年均增长率为 25.1%。

万千开发者将通过中立且多元的互联互通生态，实现智能产品的极速落地，输出和打造属于自己的商业生态。而商业照明，正是其中一块必不可少的拼图。

涂鸦智能 CEO　王学集

2021 年 6 月于杭州

序三

20 世纪末，半导体光源问世，欧美国家和日本对此进行了大量研究。2003 年 6 月，我国由科技部牵头，联合信息产业部（现工信部）、轻工总会、中科院等部委，以及北京和上海等地的科技部门，发布了我国的半导体照明计划。在 LED 光源和灯具研发、推广及应用方面，科技部领导下的国家半导体照明工程研发及产业联盟（CSA）发挥了重要作用。中国照明学会对此项计划高度重视，当年 10 月委托我代表学会为科协主导编写的《学科发展蓝皮书（2003 卷）》写了题为“半导体照明的曙光”一文。此后的十多年中，我国 LED 光源和灯具有了飞速发展，广泛应用于各种室内外照明。LED 光源与传统光源不同，它可控，能瞬时改变光强和颜色。由于这些特性，LED 光源和灯具为智能照明的发展提供了良好的条件。

智能照明所用的 LED 灯具中带有集成的各种传感器，这些 LED 灯具被接入有线或无线网络，用来控制和监测照明。采用智能照明可节约电能，根据埃里森 · 威廉姆斯、芭芭拉 · 阿特金森（Alison Williams、Barbara Atkinson）等人在 2012 年对 88 个案例的研究统计结果，采用各种传感器控制时可节能 38%。其实，智能照明的功效远不止节能，它对我们的健康和生活质量的提升有更重要的作用。

人类世世代代沐浴在阳光下。从日出到日落，自然光的强度和色温持续动态变化，影响着人的激素水平，使人类形成了自己的一套生理节律。智能照明可以仿照自然光的变化，从早到晚动态改变光强和色温，在合适的时间，合适的场景，进行合适的照明，从而适应人的生理节律，有助于我们的生理和心理健康。智能夜景照明还可以营造出美丽多彩的光环境，让人们享受节日喜庆的快乐，丰富人们的夜生活，发展城市的夜间经济。

智能照明网络所用的传感器，还可以扩展到测量包括建筑物温度、湿度、空气流量等参数的传感器，而这些参数是建筑物内其他一些装置所需要的数据。这样，智能照明网络就成了智能建筑的一个核心部分。建筑内能耗占用最高的是暖通空调，第二位就是照明。因此，智能照明对减少建筑物能耗，实现健康建筑具有极其关键的作用。

在本书中，袁樵等青年学者对学校、办公室、商场、医院和体育场等室内外建筑的智能照明进行了详细的科学分析，相信本书的出版对读者会有不少帮助。期望他们为进一步建设智能城市做出贡献。

复旦大学光源与照明工程系教授　周太明

2021 年 6 月

前言

随着智能手机的普及，“智能”这个词和概念在人们的生活中占据了非常重要的位置。在照明领域，智能照明控制也被更为广泛地接受。曾经绿色照明工程将近三十年都没有完全实现的控制系统普及化，在智能照明出现后，几乎一夜之间就成为照明系统的标配了。这其中功劳最大的应该是智能家居，虽然一开始从以往的面板控制变成了手机 APP 或者语音控制，只是换了个输入信号，但确实让更多的人接受了“控制”的概念，进而体验了“智能”带来的便利。

相对于家居而言，规模更大、更加复杂的商场、工厂、办公等场合，其智能照明控制系统对智能控制的要求更高，智能控制所能带来的效益也相应更高。我们对应“家居”的概念，将其定义为“商用系统智能照明”。相比于智能照明控制在家居领域所能带来的便利性和灵活性，商用系统智能照明控制的价值更在于以下几点：照明效果更丰富，场景更具有多样性，与特定商用应用场合的功能性更加吻合，以及节能效果更明显。智能照明控制系统在当下的推广和普及，相比于过去的照明控制，至少有这几点进步：一是调光的应用大大取代了简单的分级照明；二是更丰富、更精准的场景，取代了简单的全亮、半亮、清扫等几种场景，可以更好地体现空间功能；三是多场景取代了原先单纯的几种选择，使用者可以更好地引导操作；四是通过使用时间和照度的精准分布，实现更好的节能效果——与此节能效果相比，白炽灯时代的能耗节省率不可同日而语。

在上述形势下，浦东智能照明联合会集合了传统照明行业和控制系统、智能设备、传感器等具有芯片研发和生产能力的厂商，以及部分通信企业等，汇聚了各行业的智慧，期望通过大家的共同努力，一起推动智能照明行业更加进步。2020 年疫情期间的线上线下会议，催生了在智能家居白皮书的基础上，编著一本《商用系统智能照明设计指南》的想法，数十家企业的代表多次开会，碰撞出了主要内容，形成了这本呈现给读者的手册。全书首先讲解了商用智能照明系统的基本要求，然后通过 13 种常见的智能场景分析和实例，初步探讨商用系统智能照明的特点、价值和实现方法，希望将当下研发人员、设计师、厂家开发者等，通过思考和实践摸索出的，有关智能照明在商用系统中的使用出发点和要点、难点及解决方法共享给读者，供智能照明系统的决策者、设计者和使用者参考。

我们认为，虽然智能照明当下十分流行，但它仍只是照明系统发展的中间一步，照明系统真正的未来是智慧照明。那么何谓“智慧”呢？目前业内所理解的“智慧”应用存在一些显著特点：首先要有感知信息并能存储和处理信息的能力，其次必须具备决策能力，再次必须具备“自我”学习能力。如今的商用照明系统已经比以往进展了一大步，之前它仅仅是自动化的一种形式，只能按照已经制订的程序工作，没有“自我”的判断能力。现在商用照明系统有了一定的判断能力，希望在不远的将来，它能够更加接近或者达到真正的智慧应用。随着物联网和人工智能的迅速演进，我们有理由相信，真正的智慧照明将会很快到来，而现阶段智能照明系统的每一步成功和经验，都将是照明系统走向智慧照明这一目标的坚实台阶。

在这里，感谢浦东智能照明联合会秘书处和各成员单位的共同努力，感谢各参编单位和人员的共同付出，正是有了大家的齐心协力，编写组才能在一年之内完成这本手册。希望未来通过吸收读者和使用者的意见，能够及时更新，向读者持续提供商用智能照明领域的最新进展和成果，提供有价值、有智慧的设计指南。

袁樵

复旦大学环境科学与工程系副教授

上海复旦规划建筑设计研究院有限公司照明设计所所长

目录

第一章 商用系统智能照明发展概况和技术趋势

1.1 商用系统照明智能化的需求

商用场所是人们工作和生活必不可少的地方，人们的很多行为，例如办公、购物、饮食、娱乐、学习、旅行等，都会在各式各样的商用场所里进行。因此，商用照明可以覆盖很多应用场景。本书主要归纳阐述 13 个场景，包括酒店、商场、超市与便利店、餐厅、办公场所、教室、医疗、工业、博物馆、会展建筑、观演建筑、交通建筑、体育场馆（图 1.1）。

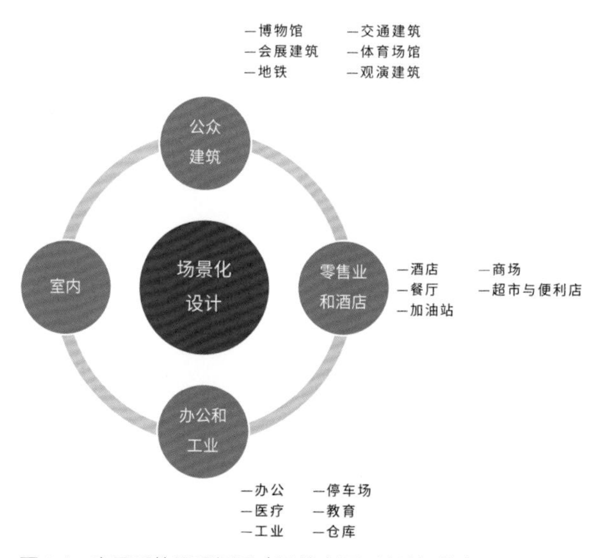

图 1.1 商用系统照明场景（图片来源：涂鸦智能）

商用场所照明除最基本的照亮这一功能性要求外，目前主要还有 3 个关键需求：

1. 实现 2030 年前碳达峰、2060 年前碳中和的目标。

碳达峰是指我国承诺 2030 年前，二氧化碳的排放不再增长，达到峰值之后逐步降低。碳中和是指企业、团体或个人，测算在一定时间内直接或间接产生的温室气体排放总量，然后通过植树造林、节能减排等形式，抵消自身产生的二氧化碳排放量，实现二氧化碳“零排放”。

习近平主席在第七十五届联合国大会一般性辩论上的讲话中表示，中国将提高国家自主贡献力度，采取更加有力的政策和措施，二氧化碳排放力争于 2030 年前达到峰值，努力争取 2060 年前实现碳中和。在 2020 年 12 月 12 日的气候雄心峰会上，习近平主席进一步对碳达峰和碳中和目标做出了具体细致的安排和规划：“到 2030 年，中国单位国内生产总值二氧化碳排放将比 2005 年下降 65% 以上，非化石能源占一次能源消费比重将达到 25% 左右，森林蓄积量将比 2005 年增加 60 亿立方米，风电、太阳能发电总装机容量将达到 12 亿千瓦以上。”《中共中央关于制定国民经济和社会发展第十四个五年规划和二〇三五年远景目标的建议》明确指出，要加快推动绿色低碳发展，广泛形成绿色生产生活方式，碳排放达峰后稳中有降。

在近日结束的中央经济工作会议上，做好碳达峰、碳中和工作被列为 2021 年的重点任务之一。在“十四五”乃至未来的很长一段时间，减排降碳、低碳发展都将是我国环境治理甚至国家治理、社会治理的一个重要主题。会议指出，“十四五”是碳达峰的关键期、窗口期，要重点做好以下几项工作：

① 要构建清洁低碳、安全高效的能源体系，控制化石能源消费总量，着力提高利用效能，实施可再生能源替代行动，深化电力体制改革，构建以新能源为主体的新型电力系统；

② 要实施重点行业领域减污降碳行动，工业领域要推进绿色制造，建筑领域要提升节能标准，交通领域要加快形成绿色低碳运输方式；

③ 要推动绿色低碳技术实现重大突破，抓紧部署低碳前沿技术研究，加快推广应用减污降碳技术，建立完善绿色低碳技术评估、交易体系和科技创新服务平台。

优化商用照明是节能减排的有效手段之一。建筑内能耗占用最高的是暖通空调，第二位就是照明。根据美国能源信息署（EIA）2017 年的研究报告《商业建筑照明的发展趋势》（*Trends in Lighting in Commercial Buildings*），照明在商用建筑的能耗基本占到总能耗的 17% 以上。因此，商用场所对照明系统的高能源效率、低运营成本的需求越来越高。LED 照明的使用已经很大程度地降低了能耗，使能耗占比从原来的 38% 降到了 17%，而由其带动的照明行业数字化，则进一步加速了商用智能照明市场的成长。

2. 照明设计。

照明设计主要包括，通过各种层次、焦点、明暗、光色，以及单灯、群组的开关或调光等，来实现物品的表现、空间的营造、氛围的切换效果等。照明设计需要对技术和艺术进行最优组合，既要考虑到各种标准，如照度、均匀性、眩光、功率密度等，也要考虑视觉艺术效果，同时还应满足安全、节能、环保、维护方便等需求。因此，在智能商用照明设计中，要想实现优秀的设计效果，不仅要掌握光源、灯具等的基本知识，还要熟悉智能化应用的方案特点。

3. 健康舒适。

建筑物不仅保护着人们的安全，也影响着人们的健康。2020 年 9 月，国际 WELL 建筑研究院（IWBI）向全球正式发布了《WELL 健康建筑标准（第 2 版）》（*WELL* v2），该标准包含一套以最新科学研究成果为支撑的策略，旨在通过设计措施、运营制度和管理系统改善人类的健康状况，培养健康文化。标准中的“光概念”提倡人暴露在以营造有利于视觉、生理和心理健康为目标的光环境下。

人因照明（Human Centric Lighting，HCL，图 1.2），也称为“人本照明”，是健康舒适的核心，也是照明行业发展的共同目标。2002 年，医学家发现了人眼中不同于视锥细胞和视杆细胞的第三感光细胞。而根据早先的研究，人体的生理节律（即身体、心理、生理上的变化）和光的变化是有关联的。2012 年，斯坦 · 瓦尔切克（Stan Walerczyk）发表《关于人因照明的介绍》（*Introductory article on Human Centric Lighting*），首次将人因照明假设系统化、学说化。2015 年欧洲照明协会提出，通过智能化手段创造出某种光环境，可在一定程度上保障人体健康、满足工作生活需求。人因照明不仅要满足相应的照度、亮度要求，还要根据人们所在的环境、亮度需求和生理心理特征等，创造出同时具有舒适、健康、高效率等特点的照明，提供有益于人们身心健康的人造光环境。

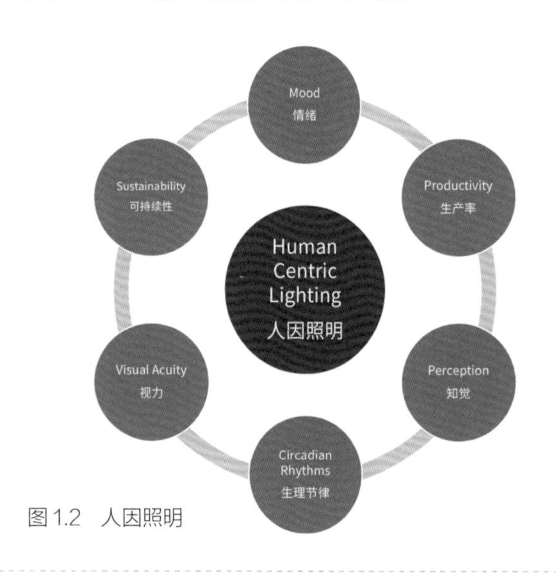

图 1.2 人因照明

最新版的《建筑照明设计标准》对健康照明也进行了阐述："基于视觉和非视觉效应的健康照明已引起广泛关注，照明的光谱、强度、照射时间和时长对于人的生理、心理影响，已经得到了行业的广泛共识。因此，在照明设计中除了关注传统的照明功效和舒适外，还应充分合理地考虑照明的非视觉效应，即在合适的时间，合适的场景，给予合适的照明，以满足人体生理节律，有助于人的生理和心理健康。"大量研究表明，光线进入人眼后，除了提供视觉功能外，还同时产生非视觉效应，即通过刺激褪黑素分泌，影响人体昼夜节律、心率、警觉性、脑电图谱、体温变化、瞳孔收缩等一系列生理和心理反应，从而影响人们的健康。

智能照明系统是实现人因照明的基础，也是提高生活质量、营造健康舒适的光环境所必不可少的条件。自然光的色温、光通量等参数值随着环境、时间的变化而改变，而在传感器技术与智能控制的支持下，人们可以更好地让人造光"回归人因"，在无形之中感受到舒适、自然的人造光环境。

以上 3 个关键需求都与商用系统照明智能化息息相关。

商用系统的智能照明涉及通信芯片、模组、智能驱动芯片、驱动器、智能传感器、智能照明产品、软件系统和云平台等，已经成为跨平台、跨领域的综合应用技术。

首先，商用系统智能照明可以带来明显的节能效果。根据美国照明设计联盟（DLC）的报告《网络化照明控制系统的节能》（*Energy Saving from Networked Lighting Control Systems*），智能照明控制系统对能耗的降低效果非常明显，平均节能效果可达 47%。其中节能最显著的是仓库，可以节能 82%，对于办公场所，节能效果则可达 63%，见表 1.1。

其次，智能照明系统可以通过单灯或回路开关来调光、调节色温、变换颜色，并通过调整角度、场景组合等技术手段，实现丰富的照明效果，以实现照明的美学设计。

表 1.1 智能照明在不同场所的节能数值

建筑类型	建筑总数	唯一标识制造商	控制系数（节省百分比，%）	
			平均	第 25~75 百分位
集会场所	5	1	0.23	0.10 ~ 0.29
学校	7	1	0.28	0.09 ~ 0.57
工厂	28	3	0.30	0.09 ~ 0.43
零售商店	29	1	0.44	0.39 ~ 0.49
酒店	2	1	0.47	0.41 ~ 0.53
办公楼	39	3	0.63	0.43 ~ 0.82
仓库	4	2	0.82	0.78 ~ 0.85
总计	114	5	0.47	0.28 ~ 0.72

数据来源：美国灯具设计联盟（Design Lights Consortium，DLC）。

最后，智能照明系统在健康建筑中扮演着重要的角色，其可从昼夜节律照明、自动控制、开关与调光、自然采光与遮阳、场景等多个方面提供解决方案，在WELL 认证体系内作为先决条件和得分条件，得到认可并发挥作用。

总之，商用系统智能照明设计得好，不但可以满足上述需求，还可以体现其社会价值，对提升我们的生活质量，实现低碳环保、可持续发展都大有裨益（图1.3）。

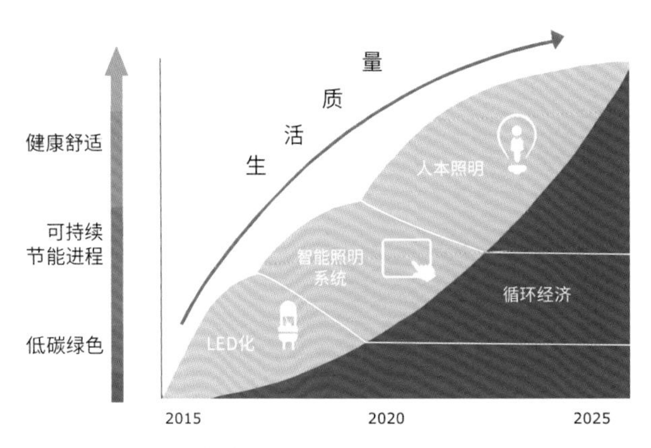

图1.3　照明的社会价值

1.2　商用系统智能照明市场发展趋势

智能照明是指利用物联网技术，有线、无线、电力载波通信技术，嵌入式计算机智能化信息处理，以及节能控制等技术组成的分布式控制系统，来实现对照明设备的智能化控制。智能照明可达到安全、节能、 舒适、高效的目的，在家居、商用及公共设施领域均有较好的发展前景。

随着光源与灯具的不断发展，以及智能化技术日趋成熟，商用照明系统已经向应用智能化发展，进而促进了行业整体技术含量和产品服务附加值的提高。商用照明系统应用智能化体现在全自动调光、自然光源利用、照度一致性控制、光影环境场景智能转换、运行节能、延长光源寿命等几个方面：

① 在全自动调光方面，智能照明控制系统能够按预先设定的时间相互自动切换，并将照度自动调整到最适宜水平，实现系统全自动状态工作；

② 在自然光源利用方面，智能照明系统能够通过连接控光系统和灯光系统实现自动调节，从而在场景发生变化时，保证室内照度维持在预先设定水平；

③ 在照度一致性控制方面，智能照明系统可按照预先设置的标准亮度，使照明区域保持恒定照度，而不受光源灯具效率降低和墙面反射率衰减的影响；

④ 在光影环境场景智能控制方面，智能照明控制系统可预先设置不同的场景模块，并根据需要，对场景进行实时调节，以适应不同需求；

⑤ 在运行节能方面，智能照明控制系统能够通过对大多数灯具进行智能调光，从而达到其运行节能效果；

⑥ 在延长光源寿命方面，智能照明系统可通过采用软启动方式，控制电网冲击电压和浪涌电压，同时可限制灯具再启动的间隔时间，增加光源的寿命。

如今，智能照明已成为趋势。照明行业作为传统行业，与互联网结合意味着智能化、多样化、节能化和服务一体化，照明产品不只是纯粹的单一产品，而是具有了更多附加值的照明设计和个性化服务。照明行业将受益于“互联网 +”的浪潮，突破传统行业市场需求疲软、产能过剩、转型升级的困境。在物联网时代和大数据技术的驱动下，照明行业将被重新赋能。借助互联网的大数据信息，更加准确地识别和把握复杂多变的行业趋势，并真正了解和把握客户的多元化需求，借助互联网提供的平台和电商渠道，改善企业的营销模式，拓展企业的销售网络，通过线上和线下的配合应用，提供科学、系统和一体化的产品和服务，照明产品将真正做到“智能化”。随着智能照明设备的广泛应用，智能照明在未来将朝着半导体照明、 绿色照明、标准化和人性化的方向发展，不断推进照明产品的革新。

美国调研机构 Guidehouse insights 预测，2020 年至 2029 年，商用互联照明系统的全球收入将从 44 亿美元涨至 191 亿美元，复合年增长率（CAGR）达到 17.9%，如图 1.4 所示。

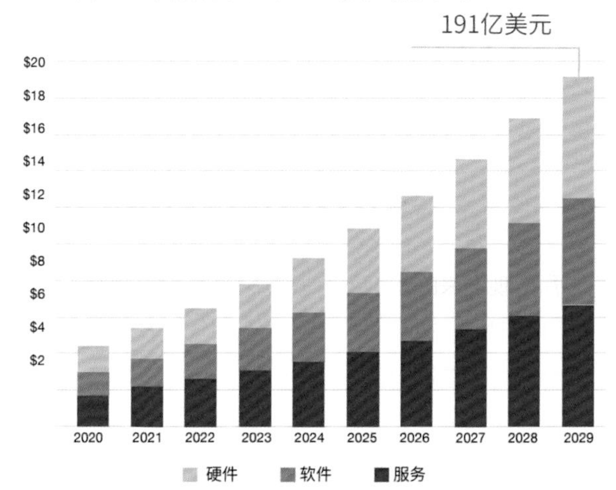

图 1.4　2020—2029 年全球商业互联照明系统收入（按产品类型），单位：10 亿美元（数据来源：Guidehouse Insights）

1.3　商用系统智能照明技术趋势

1.3.1　商用系统智能照明的表现形式

商用系统智能照明在灯具端主要是通过开关、调光、调色三种可视的形式来表现的，但在整个系统内部，则应用了光源、电气、微电子、计算机、自控、通信、网络等多种技术手段。一般商用空间采用智能照明控制系统，主要是为了方便管理及节能，除了根据时间制定照明开启关闭的计划，加入调光能更加丰富定时控制计划，进一步降低能耗。最近几年，市场上由于人因照明的需求，对于 LED 调光深度的要求越来越高。所谓“调光深度”，是指 LED 光源在低亮度（尤指 0%～20% 亮度值）的变化及表现。因为人的眼睛对于弱光的灵敏度是强光的 1 万倍，因此对于调光灯具，人眼更能感知的是从 0%～50% 这一段的过程，并且人眼感知亮度的曲线近似是一个对数曲线，比如要让人感觉 2 倍的亮度，必须要提供 10 倍的照度，因此单纯用输出电流及电压的线性做调光，并不符合人因照明。依照人眼感应来作校准的对数曲线，才能让人真实感受到 0%～100% 亮度，如图 1.5 所示。

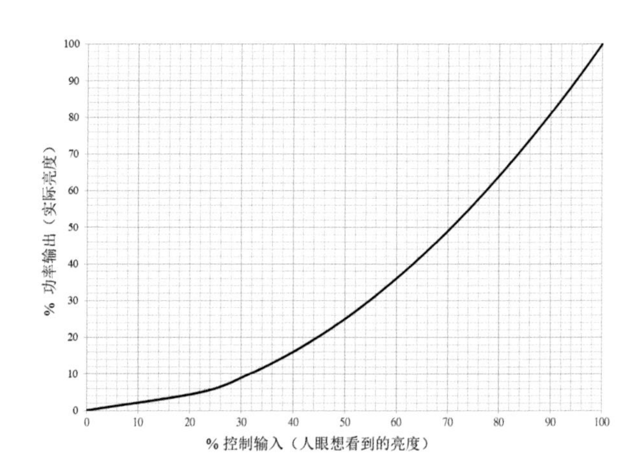

图 1.5　人眼感知的对数调光曲线

目前主要的调光方式包括：前沿相位控制、后沿相位控制、PWM 脉宽控制、0 ～ 10V 控制、DALI 控制等方式。要实现完美的调光效果，一定要确保调光范围广，营造完美的氛围；调光一致性好，保证整体效果；调光曲线平滑无抖动、无频闪；保护驱动电路和光源、灯具，更加安全可靠。

1.3.2　智能照明与人工智能、物联网、云计算和大数据

随着人工智能、物联网、云计算和大数据的应用，我们从自动化照明转向智能照明，并向智慧照明迈进了一步。人工智能（AI）是机器智能，指由人制造出来的机器所表现出来的智能。近年来，人工智能正全面进入机器学习时代，在数据挖掘、云服务、数据分析等技术的支持下，人工智能调动了海量的数据资源进行学习。而人工智能技术及其核心算法也在不断更新，特别是以计算机视觉技术、自然语言处理技术、智适应学习技术等为代表的核心技术取得了较大突破。基于技术的成熟发展，AI 技术也逐渐步入商业化阶段，与传统行业相融合，提升行业的生产效率。

物联网（IoT）是指无处不在的终端设备和设施，包括具有一定内部运算功能的传感器、移动终端、工业系统、农业系统、楼控系统、智能家居设备等，与外在赋能操作的人、交互设备等，通过各种无线、有线的长距离、短距离通信网络连接，实现互联互通，应用基于云计算的软件服务化（SaaS）营运等模式，在内网（Intranet）、专网（Extranet）、互联网（Internet）环境下，采用适当的信息安全保障机制，提供安全可控乃至个性化的实时远程和 / 或本地控制，设备联动、在线监测、报警联动、远程维保、定位追溯、调度指挥、预案管理、在线升级、统计报表、决策支持、数据大盘等管理和服务功能。

大数据是一个研究各种提取、分析或处理各种数据集的领域，这些数据集非常复杂，以至于无法由传统数据处理系统处理。如此大量的数据，需要设计用于扩展其提取和分析功能的系统。大数据最核心的价值就在于对海量数据进行存储和分析。

智能照明要想真正实现落地，必须要依托物联网将各种传感设备连接起来，获取外部信息，转化成数据，通过网络传输，在云端或本地服务器存储，并通过人工智能（AI）对获取的各种数据进行分析、判断、处理，作出决策，在执行设备上运行。同时依靠丰富的、高质量的数据，以此来“反哺”AI 算法，以帮助智能照明行业企业在发掘 AI 潜力的道路上提升用户的体验，同时达到自身的降本增效。联网设备的增多必然带来数据量的激增，因此对数据存储和数据处理技术有更高的需求，云计算和大数据技术的发展同样为 AIoT 行业提供支持。目前较为成熟的云计算技术包括：混合云技术（满足模块化的横向扩展）、超融合技术（解决存储设备容量、性能与计算能力不匹配的问题），以及边缘计算技术（解决中心能力、网络延迟、传输能耗、隐私保护等问题）。人工智能与物联网的发展是相辅相成的。人工智能技术的进步得益于对大数据的学习，而物联网的智能化连接，则需要人工智能的智能化分析。这些技术的共同发展，推动了商用照明控制系统从自动化照明转向智能照明，并向智慧照明迈进。

1.3.3　智能照明与智慧照明

什么是智能照明？2020 年 7 月发布的国家标准《照明系统和相关设备　术语和定义》GB/T 39022—2020 对智能照明作了定义：智能照明、自适应照明——根据环境或预定义条件自动调节以提供所需求质量的照明。同时有两个备注：注 1，需求可以关注不同的方面，例如能源性能、动态用户需求、视觉作业需求和环境氛围；注 2，术语“智慧照明”有时也被用于表达类似的含义。

可以看出，我们以前通常所说的智能照明应用，其实仅仅是自动化的一种形式，自动化只是能够按照已经制订的程序工作，没有“自我”判断能力。而智能则是有一定的“自我”判断能力。自动化常常处理结构化数据，智能化往往处理半结构化数据，生物可以处理非结构化数据。

而智能和智慧的界定方式往往不是很清晰。通常我们所说的智能，是指汇集了通信与信息、计算机网络、行业专业知识、智能控制技术等，应用于特定场景，实

现特定功能。而智慧是特指生物所具有的基于神经器官（物质基础）的一种高级综合能力。智慧包含感知、知识、记忆、理解、联想、情感、逻辑、辨别、计算、分析、判断、决定等。

智能、智慧跟自动化相比较，有一些显著特点。第一，要能感知信息，可以通过多个维度获取外部世界的信息。现在不断发展的人体存在传感器、恒照度传感器、温湿度传感器、室内空气质量传感器等，已经可以起到部分感知的作用，但如果要达成全面感知，还需要人对环境信息充分理解和传感科技不断进步。第二，要能存储和处理信息，即记忆和思维能力，能够存储感知到的外部信息，并对这些信息进行辨别、比较、分析、计算、联想、决定等。第三，必须具备决策能力，根据外部信息作出判断，并采取行动。第四，必须具备自我学习能力，通过与外部环境进行互动，从失败、成功的经历中不断学习，适应环境，持续优化策略，作出更好的决策和行动。目前我们只是从自动化向智能演变，但离真正的智慧应用还有一段距离。

第二章 智能照明控制系统

智能照明控制是基于计算机、自动控制、网络通信、嵌入式软件等多方面技术组成的分布式控制管理系统，以实现照明设备智能化、集中管理和控制，同时具有定时、联动、场景、远程控制等功能。照明设备运行控制的智能化，可以有效提高科学管理水平、精简人员、节省运营成本和提高运营服务质量。

智能照明控制系统的作用主要体现在以下几个方面：实现照明效果、实现照明控制和场景转换、节约能源、延长照明装置寿命和简化照明布线等。

现在的照明设计都离不开照明控制系统，场景和模式已经是照明设计必不可少的内容，必须通过照明控制系统才能实现带场景和模式的照明设计效果。

照明控制可通过计算机网络对整个系统进行监控，例如：了解当前各个照明回路的工作状态；设置、修改场景；当有紧急情况时，控制整个系统，以及发出故障报告。照明控制可通过网关接口及串行接口，与大楼的楼宇设备自控系统（BA 系统）或消防系统、保安系统等控制系统相连接。

通过照明控制，可以对建筑空间中的色彩（有时需与其他技术相结合）、明暗的分布进行协调，并通过其组合来创造不同的意境和效果，满足不同使用功能的灯光需求，营造良好的光环境。它是照明设计师技术与艺术才能的充分体现。

照明控制是实施绿色照明的有效手段。由于照明控制系统采用了定时开关和可调光技术，在智能化的系统中，更可采用红外线传感器、亮度传感器、微波传感器和图像技术传感器等，优化照明系统的运行模式，使整个照明系统可以按照经济高效的最佳方案来准确运作，在需要的时候开启相应照明，不但大大降低运行管理费用，而且最大限度地节约能源，实现按需照明的理念。

无论是热辐射光源、固态光源，还是气体放电光源，电网电压的波动是光源损坏的一个主要原因。因此，有效抑制电网电压的波动，可以延长光源的寿命。智能照明控制系统对输入主电源的电压值进行均方根（RMS）计算后进行控制，从而限制高电压的输出，抑制电网的浪涌电压，并具备电压限定和扼流滤波等功能，避免过电压和欠电压对光源的损害。

2.1　智能照明系统控制策略

智能照明控制策略是进行智能照明控制系统方案设计的基础，通常可分为两大类：一是追求节能效果的策略，包括开关、调光、时间表控制、天然采光的控制、维持光通量控制、亮度控制、作业调整控制和平衡照明日负荷控制等；二是追求艺术效果的策略，包括人工控制、预设场景控制和集中控制等。表 2.1 列举了主要的智能照明系统控制策略，包括其应用场合等。

表 2.1　智能照明功能需求对应的控制方式及策略

照明功能需求	控制方式及策略
照明仅需全开或全关	开关控制
需调节照度值、光色，宜平滑或缓慢变化	调光控制
需实现个性化或小范围控制	单灯或分组控制
对不同区域或群组分别设置控制	分区或群组控制
需预设照明场景，实现同一空间多种照明模式转换	场景控制
照明按固定时间表控制	时间表控制：时钟控制
控制区域内人员在室率经常变化，需要照明水平同步变化	感应控制：存在感应控制
天然采光为主，且照明水平可发生突变	天然采光控制：光感开关
天然采光为主，且照明水平不宜发生突变	天然采光控制 : 光感调光
需根据作业需求进行照明水平调节	作业调整控制
需根据环境亮度调节作业面亮度	亮度平衡的控制 : 光感调光
需在照明运行过程中保持照度恒定	维持光通量控制 : 光感调光
需实现特定的艺术效果	艺术效果控制
需通过远程控制或现场手动进行照明控制	远程或就地控制
需按特定次序进行设定的照明控制	顺序控制

2.1.1　开关

开关是照明控制技术中最为简单的方式，成本也最低。但是开关方式的灵活性比较差，特别是一些公共活动场所，照明的突然开关会影响到周围其他人员的视觉效果。

对于人工控制开关，设计时应尽量减少同一位置的开关数量，以免造成混乱。若需要在同一位置安装多个开关，应适当增加标签。

智能开关可利用控制板和电子元器件的组合及编程，以实现照明电路智能开关控制。目前智能照明控制系统经常采用场景设置，智能开关也可以根据对应场景进行设计，以达到更优化的照明控制（图 2.1）。

图 2.1　场景开关控制（图片来源：生迪）

2.1.2 调光

调光成本比开关更高，但是能实现开关不能实现的功能，可以渐进调节光源及灯具的光输出，而不是简单的开关设定。需要注意的是，光源的光输出和整个环境的亮度变化并不是严格的线性关系，例如当需要环境明度降低为 50% 时，需要将照明系统的光输出降低 32%，而不是线性对应的 50%。

根据不同的市场需求和不同的灯具类型，调光系统有相应的芯片配套方案。从调色方式来讲，主要分为墙壁开关调色、脉冲宽度（PWM）互补调色和双路独立调光调色；从成本和性能角度权衡，也可以选用线性或开关方式。对于只需要简单调色温功能的用户而言，可以选用开关调色方案，即通过墙壁开关的连续开关动作，来选择自己想要的色温。对生活舒适度要求较高的场合，则可选用 PWM 调光调色方案，搭配遥控器或 AI 智能终端等智能控制设备，实现更多场景应用。比如，想睡觉的时候，它可以送上色温较低的柔性暖光，让疲惫的人心情慢慢平静下来，进入睡眠；它还可以配合温度传感器，在炎炎夏日发出让人感觉清凉的冷光，而在寒冬腊月，又会自动降低色温，带来温暖的视觉体验。

对于开关调色方案，芯片的两个控制端口，根据监测到的墙壁开关在灯具工作时的关断次数，输出不同的高低电平组合状态，用于控制两路冷、暖色温电源的循环切换，最终实现冷光、暖光、中性光三种色温状态切换，或冷光、暖光两种色温状态切换。中性光由两路电源同时工作混色，输入功率为两路电源的总和。芯片允许的最大循环切换间隔时间，可以通过外围参数设置，芯片适用于隔离方案和非隔离方案。而用一个芯片就可以实现色温的切换，在要求低成本、空间较小或 DOB（Driver-On-Board）方案中优势比较明显。

PWM 互补调色芯片是根据调色信号 PWM 的占空比，调整冷、暖双色的混色比例，可以实现色温从 3000 ~ 5700 K 连续调节。前级配合调光高 P 或低 P 的 LED 恒流驱动器，实现调光调色应用。需要注意的是，互补逻辑是在同一个恒流源输出的情况下，通过单位时间内两路 LED 交替导通的时间占比来控制色温的，所以要求两路 LED 的带载电压趋于一致。但由于电路结构简单，功率和体积相对较小的球泡灯和灯丝灯中，两路 LED 的压差也比较容易控制，因而得到广泛使用。

双路独立调光调色是两路带调光控制的冷色温和暖色温 LED 恒流驱动器，按各自调光信号的比例进行混光。由于两路驱动独立输出，所以对输出电压的差异没有要求，在一些主辅光吸顶灯或功率较大的 AB 分控吸顶灯上应用比较多。对于 10 W 以内的小功率线性调色应用，也有将两路独立调光的线性驱动集成在一个芯片上的方法，用于智能球泡中。

随着物联网及 LED 智能照明技术的发展，LED 智能照明不再只满足于普通的调亮度、调色温需求，而是需要更丰富的色彩，更酷炫的视觉效果，更多的场景模式，更个性化的操作界面，更好的调光效果和体验等。因此智能彩色冷暖光球泡灯调光（五路 RGBCW）方案受到越来越多消费者的青睐。RGBCW 方案不仅可以调节亮度和色温，而且可以输出不同的颜色，营造出不同的色彩氛围，给人们带来酷炫的视觉冲击，多元化的场景模式应用，个性化的生活体验。

RGBCW 方案从目前的调光方式上讲，主要有 PWM 及 I2C 控制方式；从方案要求上分，主要有高 PF 和低 PF，线性和开关，高压和低压等。根据不同的市场，有不同的方案要求。先从调光方式上看，RGBCW 方案需要控制五路输出电流，PWM 调光方式需要五路 PWM 控制信号，一般的电源芯片封装管脚不够，需要两颗芯片来实现，占用面积大，而对于模块来说，也无法用小封装的模块，因此无法作小体积的应用。而 I2C 控制只要两个信号线，电源芯片用一个 ESOP8 封装，模块也可以用小封装模块，利于小型化设计。

RGBCW 五路方案，R（Red）代表红色，G（Green）代表绿色，B（Blue）代表蓝色，C（Cold）代表冷白色，W（Warm）代表暖白色。CW 冷暖色一般作为主照明使用，而 RGB 三基色可以组合出不同的颜色，营造出五彩缤纷的视觉效果。图 2.2 是 RGBCW 彩灯场景应用、APP 控制界面和彩灯效果。由于 RGBCW 方案相比于普通的冷暖色照明方案，具有更加丰富的色彩和更多的场景模式，给用户带来更好的体验和感受，因此广泛被年轻人喜爱和接受。

图 2.2　RGBCW 彩灯效果（图片来源：涂鸦智能）

图 2.3　照明场景控制效果（图片来源：上海凡特）

2.1.3　场景控制

场景控制是照明控制中常见的策略之一，适用于可以预设照明功能的区域，如会议室、餐厅、教室、演讲厅等。

场景模式虽然增加了初期的安装成本，但是可以简化用户界面。图 2.3 所示为一小型会议室根据照明功能需求设定迎宾、讨论、演讲、清洁等不同场景。

2.1.4　可预知时间表控制

在活动时间和内容比较规则的场所，灯具的运行基本是按照固定的时间表来进行的，规则地配合上班、下班、午餐、清洁等活动，在平时、周末、节假日等规则变化，这就可以采用预知时间表控制策略。这种控制策略通常适用于一般的办公室、工厂、学校、图书馆和零售店等。

如果策略得当，按预知时间表的控制策略节能效果会非常显著，甚至节能可达 40%。同时，采用预知时间表控制可令照明管理更加便利，并起到一定的时间表提醒作用，比如提示商店开门、关门的时间等。

可预知时间表控制策略通常采用时钟控制器来实现，并进行必要的设置来保证特殊情况下（例如加班）也能亮灯，避免活动中的人突然陷入完全的黑暗中。

2.1.5　不可预知时间表控制

对于有些场所，活动的时间是经常发生变化的，可采用不可预知时间表控制策略。例如在会议室、复印中心、档案室、休息室和试衣间等场所。

虽然在这类区域不可采用时钟控制器来实现，但通常可以采用人员动静探测器等来实现，节能可高达 60%。

2.1.6　天然采光的控制

若能从窗户或天空获得自然光，即利用天然采光，则可以关闭照明设备或降低亮度来节能。利用天然采光来节能，与许多因素有关：天气状况、建筑的造型、材料、朝向和设计，传感器和照明控制系统的设计和安装，以及建筑物内活动的种类、内容等。天然采光的控制策略通常用于办公建筑、机场、集市和大型普通商场等。

天然采光的控制一般采用光敏传感器来实现。应当注意的是，由于天然采光会随时间发生变化，所以通常需要和人工照明相互补偿；由于天然采光的照明效果通常会随着与窗户的距离增大而降低，所以一般将靠窗的灯具分为单独的回路，甚至将每一行平行于窗户的灯具都分为单独的回路，以便进行不同的光输出调节，保证整个工作空间内的照度平衡，如图 2.4 所示。

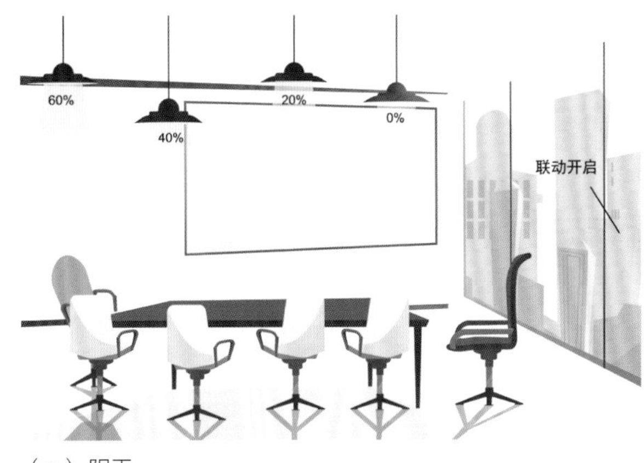

（a）阴天

（b）晴天

图 2.4　天然采光控制（图片来源：上海凡特）

2.1.7　亮度平衡的控制

这一策略利用了明暗适应现象，即平衡相邻的不同区域的亮度水平，以减少眩光和阴影，减小人眼的光适应范围。亮度平衡的控制策略通常用于隧道照明的控制，室外亮度越高，隧道内照明的亮度也越高。例如，可以利用格栅或窗帘来减少日光在室内墙面形成的光斑；可以在室外亮度升高时，提高室内人工照明水平，室外亮度降低时，降低室内人工照明水平。

2.1.8 维持光通量控制

通常照明设计标准中规定的照度标准是指“维持照度”，即在维护周期末还能保持这个照度值。因此，新装的照明系统提供的照度比这个数值高 20% ~ 35%，以保证经过光源的光通量衰减、灯具的积尘、室内表面的积尘等，在维护周期末还能达到照度标准。维持光通量策略就是指根据照度标准，对初装的照明系统减少电力供应，降低光源的初始流明，而在维护周期末达到最大的电力供应，这样就减少了每个光源在整个寿命期间的电能消耗。

这种控制通常采用光敏传感器和调光控制相结合来实现。然而，当大批灯具都采用这一方法时，初始投资会很大。而且该方法要求所有的灯同时更换，无法考虑有些灯的提前更换。

2.1.9 作业调整控制

一个大空间内，通常维持恒定的照度，采用作业调整控制的策略，可以调节照明系统，改变局部的小环境照明。例如，可以改变工作者局部的环境照度；可以降低走廊、休息室的照度，而提高作业精度要求较高的区域照度。

作业调整控制的另一优点是，它能给予工作人员控制自身周围环境的权利，这有助于雇员心情舒畅，提高生产率。通常这一策略通过改变一盏灯或几盏灯来实现，可以利用局部的调光面板或者红外遥控器等。

2.1.10 平衡照明日负荷控制

电力公司为了充分利用电力系统中的装置容量，提出了“实时电价”的概念：即电价随一天中不同的时间而变化。我国已推出“峰谷分时电价”，将电价分为峰时段、平时段、谷时段，即电能需求高峰时电价贵，低谷时电价廉，鼓励人们在电能需求低谷时段用电，以平衡日负荷曲线。

作为用户，可以在电能需求高峰时降低一部分非关键区域的照度水平，这样也同时降低了空调制冷耗电，降低了电费支出。

2.1.11 艺术效果的控制

艺术效果的照明控制策略有两层含义：一方面，对于多功能厅、会议室等场所，其使用功能是多样的，就是要求产生不同的灯光场景，以满足不同的功能要求，维持良好的视觉环境，并且可以改变室内空间的气氛；另一方面，当场景变化的速度加快时，会产生动态变化的效果，形成视觉的焦点，这就是动态的变化效果。

艺术效果的控制可以利用开关或调光来产生，当照度水平发生变化时，人眼感受的亮度并不是与之成线性变化的，而是遵循近似“平方定律”曲线，见图 2.5，许多厂家的产品都利用了这一曲线。根据该曲线，当照度调节至初始值的 25% 时，人眼感受的亮度变化只有初始亮度的 50%。

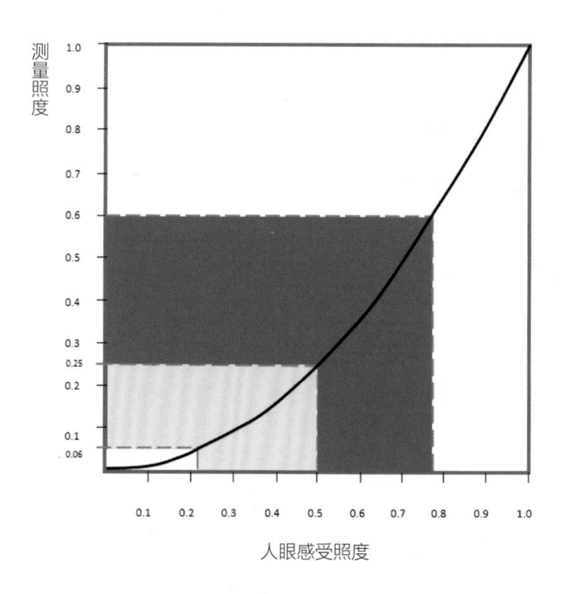

图 2.5 “平方定律”曲线：人眼的感受照度和测量照度之间的关系（图片来源：周太明《照明设计——从传统光源到LED》）

讲求艺术效果的控制策略，可以通过人工控制、预设场景控制和中央控制来实现。

①人工控制指通过“ON/OFF”开关或调光开关来实现，直接对各照明回路进行操作，其成本较低，但需要在面板上将回路划分注明得尽量简单。该方式多用于商业、教育、工业和住宅的照明中。

②预设场景控制可以将几个回路同时变化来达到特定的场景，所有的场景都经过预设，每一个面板按键储存一个相应的场景。该方式多用于场景变化比较大的场所，例如多功能厅、会议室等，也可用于家庭的起居室、餐厅和家庭影院内。

③中央控制是最有效的灯光组群调光控制手段。对于舞台灯光的控制，需要利用至少一个以上的调光台，来进行场景预设和调光，这也适用于大区域内的灯光控制，并可以和多种传感器联合使用，以满足要求；对于单独划分的小单元，可采用若干控制小系统的组合来集中控制，这通常见于酒店客房的中央控制。近年来出现比较多的还有整栋别墅的控制，主要利用中央控制，以及人工控制、预设场景控制等相结合，并需要与电动窗帘、电话、音响等设备联用，必要时还需要有报警系统接口。

2.1.12 人因照明

2002 年，美国布朗大学贝尔松（Berson）等人发现了人眼视网膜第三类感光细胞（pRGC）可以将信号传递给大脑的生物钟调节器——视交叉上核，从而帮助人类调节生理节律和其他生物效应。此后安河内先生（YasuKouchi A.）等研究发现，视网膜的光信号传输至大脑皮层时有视觉通路和非视觉通路，其中非视觉通路是由黑视素视网膜神经节细胞（ipRGC）接受光信号后，传递到大脑的下丘脑视交叉上核，控制人体某些激素分泌的下丘脑的松果体，实现生理节律的调节和激素控制。

照明控制系统依托 AI 与 IoT 物联网平台，可以根据项目地的经纬度选择最合适的色温和光通量算法曲线，通过云端下发，并可基于天气、时间，以及传感器等设备进行自动化联动，根据人的节律自动调整，并保留人工干预的本地控制功能，同时根据用户使用习惯不断优化算法，打造人因照明的健康光环境。

2.2 智能照明系统构架

智能照明控制系统应由控制管理设备、输入设备、输出设备和通信网络构成；控制管理设备应包括中央控制管理设备，还可包括中间控制管理设备和现场控制管理设备。通常智能照明系统基本框架如图 2.6 所示。

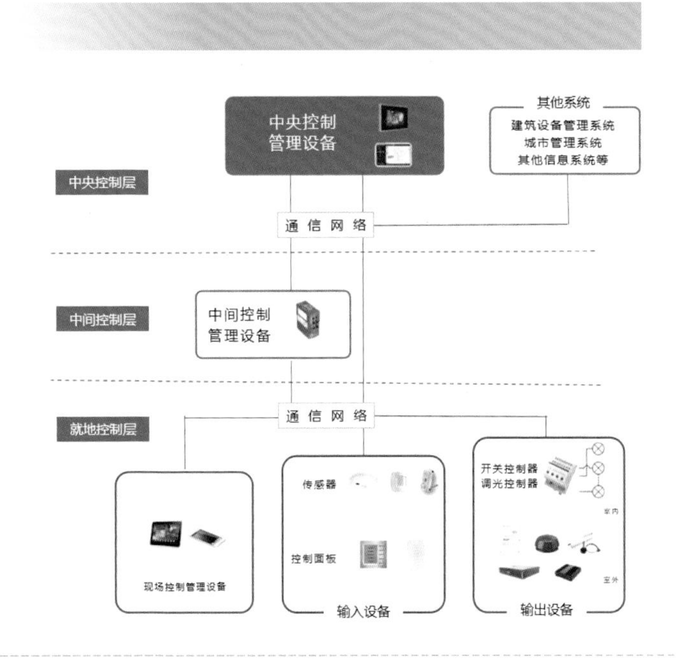

图 2.6 智能照明系统框架

2.2.1 开关控制器

开关控制器是用来接通和断开照明线路电源的一种低压电器。开关不仅是一种家居装饰功能用品，更是照明用电安全的主要零部件，其产品质量、性能材质对于预防火灾、降低损耗都有至关重要的作用。

开关控制主要方式有：翘板控制开关（包含双控或多控开关）、延时开关、定时开关、光控开关、声控开关、红外感应控制开关、微波移动控制开关等。在照明控制系统中，通过对单灯的开关控制组合实现某种控制策略。

随着万物互联（All in IoT）的理念深入各行各业，移动智能设备与智能音箱的迅速发展很好地解决了“人”与“设备”间的交互问题。“智能家居”已从智能硬件兴起热潮中被广泛提及的概念，发展成一个较为成熟的产业。而智能开关是智能家居控制系统中非常重要的节点。相比传统的机械开关，智能开关在交互方式、功能与外观等方面远优于传统机械面板。

开关的智能化离不开给开关面板内部的智能模块供电。传统的供电方式为零火线输入，通过非隔离或隔离降压电路，产生一个低压直流电压给智能模块供电。这种零火线布线方式一般在地产开发商精装房以及少部分酒店等商业领域有所应用。然而，当前约 90% 的机械面板盒中只布有火线，而无零线。单火线供电技术的出现，就是为了解决开关智能化与无零线布线的矛盾。表 2.2 列举了各种开关的布线图。

表 2.2 传统开关与两种智能面板的布线

传统开关	零火线智能面板	单火线智能面板
N（零线） 灯 L（火线） 开关	N（零线） 灯 继电器 L（火线） N（零线） 智能模块	N（零线） 灯 继电器 L（火线） 智能模块
开关无零线	开关需要零线	开关无零线

资料来源：《新供应链助力智能照明互联互通白皮书》。

单火线智能开关在保留传统开关功能的基础上，也拓展出更多更智能的场景控制。例如，用户可以自定义检测到玄关有人时，可以自动开灯；可以自定义观影模式、离家模式、睡眠模式等；也可以自定义情景模式，自动控制办公区域的照明。

随着智能手机与智能音箱的迅速普及，人与面板的交互方式完全被颠覆。从传统的机械按键拓展到触摸、语音以及手机 APP 控制等，控制方式更加便利。当前单火线智能面板可以很方便地连接诸如天猫精灵、华为 Hilink、百度小度、小米米家等国内主流智能家居生态平台，直接通过语音或者手机端 APP 来实现操作控制。

根据灯灭与灯亮两种不同的状态，单火线供电设计也需要相应区分为灯亮取电电路与灯灭取电电路。两种取电电压通过低压差线性稳压器（LDO）或 DCDC（指将某一电压等级的直流电源变换为其他电压等级直流电源的装置）给智能模块供电。

① 灯灭供电：从图 2.7 中可以看出，灯与智能面板的取电电路是串联结构。在灯灭状态，灯具上的漏电流流过灯灭取电电路。通常，灯灭取电电路由超低待机功耗的 ACDC（指交流电转为直流电）电路组成。如果

该 ACDC 电路的待机功耗比较高，或者后级智能模块在待机状态的功耗比较高，那么母线上的漏电流会比较大。若该漏电流大到超过灯具内部输入电容的漏电流时，该电容上的电压就会逐步上升；当电压上升到一定幅度时，灯具会出现闪灯或微亮状态的现象。所以，灯灭取电的超低功耗设计以及模块的低功耗设计是解决闪灯问题的关键。现在，超低待机功耗 ACDC 方案与低功耗 ZigBee（紫蜂，一种低速短距离传输的无线网上协议）及蓝牙（Bluetooth）模块的结合，基本可以满足 3 W 灯具不闪灯的要求，因而无须在灯具两端并联电容。

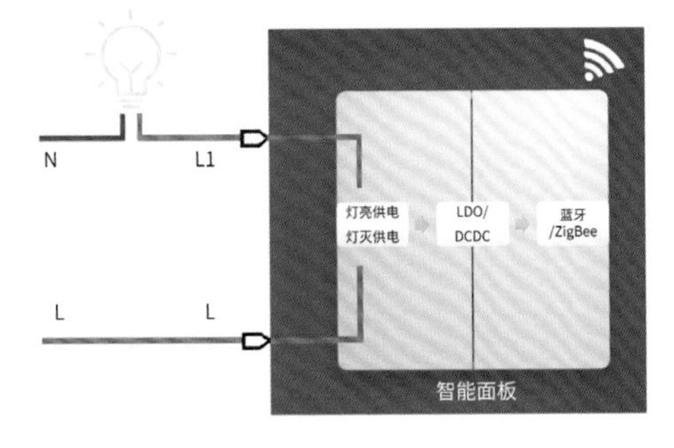

图 2.7　单火线智能面板工作结构框图

② 灯亮状态：灯亮状态的取电设计当前主要有两种方式来处理：第一种是功率回路中串联可控硅，通过可控硅门级来取电；第二种在功率回路中串联继电器与金氧半场效晶体管（MOSFET），通过对 MOSFET 导通和关断的控制来实现取电功能。但是灯亮状态取电能力有限，通常该继电器选用磁保持继电器。

采用可控硅的方式成本较低，它的主要缺点是可控硅通态压降比较大，导通损耗比较高。通常采用该方式的智能面板可以承受最大 500 W 的负载灯具，并且在面板内部需增加散热设计。普通消费者往往并不具备判断负载功率大小的能力。此外，可控硅在母线两端出现高的电压上升速率（d*v*/d*t*）时，容易出现误触发现象，从而导致闪灯。

继电器串联 MOSFET 的方式成本相对较高，但是可以解决可控硅导通损耗较大的问题。通常采用该方案的智能面板可以支持 1500 W 以上功率的负载，且无需额外的散热器。通过继电器，可以可靠地实现开通与关断，避免可控硅方案的误开通现象。

尽管当前的单火线供电技术相对成熟，但是系统的综合体验还与模块的功耗控制、软件优化等相关。在模块待机功耗控制较好的条件下（<500 μA），基本可以做到兼容 3 W 以上各种不同灯具，不会出现闪灯或微亮的现象。根据我们前面的工作原理介绍，依然有部分种类的灯具无法做到完美兼容，例如高 P 线性（无电解）灯具和高压灯带等。在实际应用中，遇到此类灯具时，可以借鉴前文描述的并联电容的方式，来避免闪灯或微亮的现象。

单火线智能面板应用方案案例，图 2.8 为单火线智能面板解决方案框图。

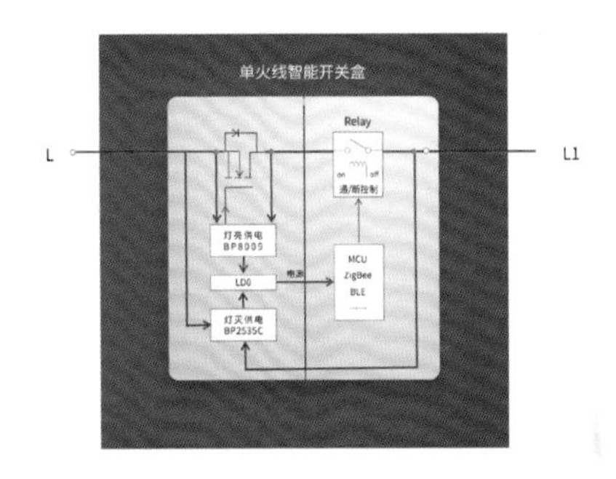

图 2.8　单火线供电解决方案框图

其中，BP2535C 是一款超低待机功耗的恒压驱动芯片，系统待机功耗仅 1 mW，能有效消除单火线应用灯泡关断时的闪灯或微亮问题。且芯片能够在 DC 85 ~ 265 V 宽范围输入电压下正常工作，特别适用于单火线智能面板电源应用。

BP8009 是一款高集成度单火线智能面板灯亮取电控制芯片，具有 AC 电压过零检测功能，可以在母线电压低时开通继电器，来延长继电器寿命。此外，BP8009 芯片集成度高，仅需极少的外围元器件，就可以实现 MOS 切相供电，极大地节约了系统成本和体积。图 2.9 为 BP2535C 和 BP8009 方案的一个实施图。

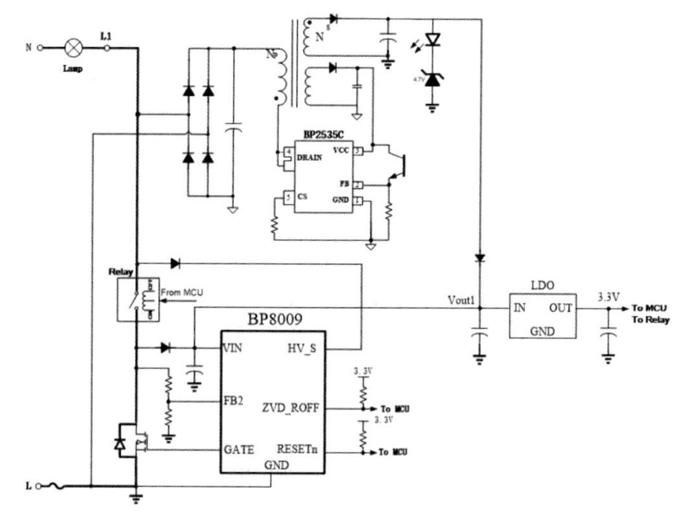

图 2.9　单火线供电解决方案实施图（图片来源：《新供应链助力智能照明互联互通白皮书》）

家居行业从进入物联网之时，就备受追捧。从城镇化时代生产品质开关，到物联网时代打造智能家居生态，各传统企业都在争先恐后地转型升级，也有许多后起之秀涌现。但有些企业仍然面临着实施困难、成本较高、体验不佳等窘境。

在如此背景下，基于蓝牙 Mesh 通信技术（单火开关蓝牙 Mesh 模组如图 2.10 所示）的智能单火开关多控解决方案，也许会让现阶段面临瓶颈的传统五金电工企业有所启发。

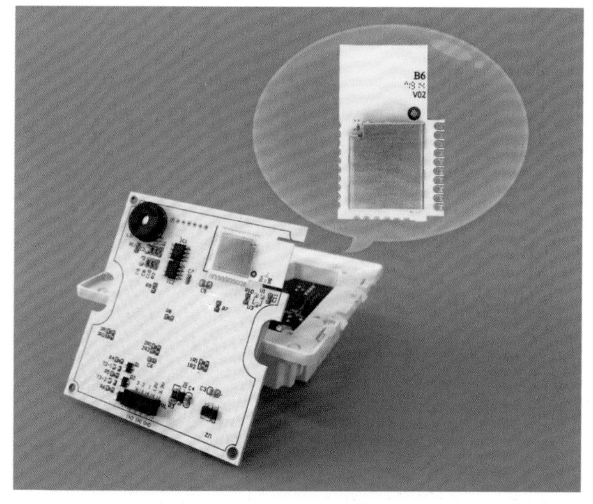

图 2.10　单火开关蓝牙 Mesh 模组（图片来源：《新供应链助力智能照明互联互通白皮书》）

蓝牙智能单火开关多控解决方案基于蓝牙低功耗协议 Mesh 组网通信技术，区别于传统有线双控和 2.4G 双控解决方案，可实现 Mesh 网络中智能面板间和其他智能设备节点间的蓝牙 Mesh 消息广播、转发、中继、储存等功能。例如，可以在已有的单火开关 Mesh 网络中添加长供电设备（智能转换插座、零火面板等）作为中继节点，实现消息在设备间的多跳转发，拓展 Mesh 网络覆盖范围，达到远距离控制的目的。此方案适用于面积较大的住房、多层建筑、酒店公寓等需要远距离通信的场景。

2.2.2　调光控制器

随着人们生活水平的提高，工作及家居的灯光效果在生活中的地位越来越重要。灯光效果可以为工作、生活提供良好的视觉条件，而利用环境自然光及各种灯具，还能创造具有一定美感的室内环境。调光经常用于高级酒店、餐厅、会议室、报告大厅和影剧院，用来营造气氛，创造亲密的感觉，从而提升用户体验。对于日常家居环境来说，调光还有降低能耗和增强空间感的功能，动态变化创造不同的照明气氛。调光控制应用于路灯管理，可以有效降低能源损耗。调光应用于教育照明，配合 AI 控制，则可以实现恒光通控制，有效地保护学生的视力。

市场上常见调光控制方式有：①前沿切相（FPC），可控硅调光；②调光芯片为后沿切相（RPC），MOS 管调光；③1 ~ 10 V DC，1 ~ 10 V 调光装置有两条独立电路，一条为普通的电压电路，用于接通或关断照明设备的电源，另一条是低压电路；④数字可寻址照明接口（DALI）；⑤ DMX512（DMX），将电源和控制器设计在一起，由 DMX512 控制器直接控制 8 ~ 24 线，直接驱动 LED 灯具的 RGB 线。表 2.3 列举了各种调光方式的优缺点。

表 2.3　各种调光方式的比较

调光界面	优点	缺点
交流布线（相位切割）	不需要额外的布线，可以使用现有的相切调光器	增加了电源电路，不能平稳地调到零，可能出现闪烁
模拟输入（0 ~ 10 V）	可以用现有的 0 ~ 10V 照明控制，能平滑调暗到零，驱动可以简单实现	需要额外的控制线路，需要控制器
逻辑控制	非常简单的调光形式	只适用于两级亮度
数字输入（DALI）	多种灯具控制标准，可以包括灯具监控能力	需要额外的控制线路，需要控制器
数字输入（DMX）	标准集中在剧院舞台灯光，可以提供综合控制：平移，倾斜，缩放，彩色，图像效果	需要额外的控制线路，需要控制器，噪声敏感，无监测能力
无线（ZigBee）	不需要额外的布线，可以提供全面的功能，可以使用标准的 ZigBee 协议	驱动和控制器更为复杂，无线信号的范围有限

随着无线通信技术的发展，ZigBee、蓝牙、Wi-Fi 通信产品的不断优化，通过智能模块发出 PWM 信号实现调光控制成为可能。在LED照明驱动中增加智能模块，通过天线接收控制指令，智能模块把指令转换为 PWM 信号，传输给驱动控制器。控制器在接收到 PWM 信号后，斩波控制或者调节驱动的电流参数，从而实现调光控制。需要注意的是，PWM 在实际的项目中，由于都是低压传输，不适合远距离控制；PWM 输出的脉宽调制频率越高，传输距离越短；且传输过程中压降损耗较高。

调光芯片是具有可调光 LED 线性恒流驱动芯片，主要用于市电输入的各类调光光源和灯具的驱动。调光芯片采用场效应管（FET）或绝缘栅双极型晶体管（IGBT）设备制成。调光芯片一般使用 MOSFET 作为开关器件，也称为“MOSFET 调光器”。调光芯片是全控开关，既可以控制开，也可以控制关，因此不存在可控硅控制器不能完全关断的现象。调光芯片调光控制电路比可控硅更适合容性负载调光。

调光芯片的主要应用对象有：智能 LED 球泡灯、吸顶灯、灯丝灯等照明设备。由于具有线性恒流调光技术，可以省去磁性元件，有助于LED驱动器实现体积小、寿命长等优点，且符合 EMI 标准。

调光芯片的特点：①外围电路简单，驱动器体积小；②兼容 PWM 和模拟调光信号，可以搭配常见的调光模块实现调光功能；③集成高压启动线路，超快 LED 启动；④LED 电流可外部设定；⑤内置过温降电流功能，当输入电压过高或者 LED 电流过大导致芯片温度过高时，将降低输出电流。

以某调光调色球泡灯为例（图 2.11），调光芯片 BP2316X 可以做到高 PF 值的降压应用，在调光信号为持续低电平时，只有 15 μA 的超低待机电流。BP5926X 以互补的方式直接控制两路色温灯珠的色温比例，实现连续的色温变化，支持调色 PWM 信号和 LED 输出不共地的应用。BP2525X 为无线模块提供稳定的 3.3 V 或 5 V 电压，带蓝牙、ZigBee 等无线模块时，整机的待机功耗不到 100 mW。整个系统外围电路精简，对于智能球泡来说可以做到超高性价比。

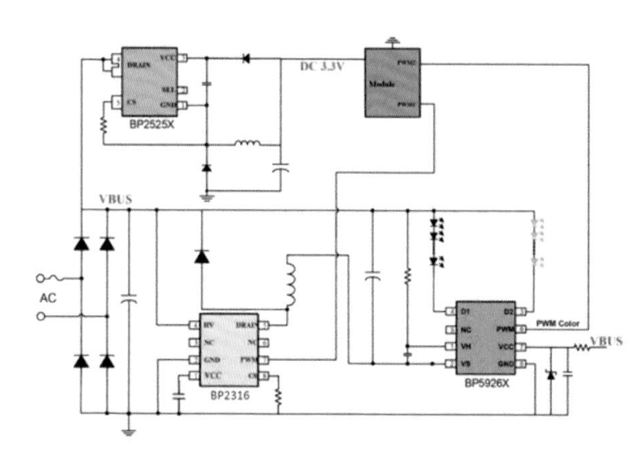

图 2.11　调光调色方案（图片来源：《新供应链助力智能照明互联互通白皮书》）

2.2.3 传感器

图 2.6 中的输入设备里，传感器也是智能照明系统中不可或缺的器件。图 2.12 为传感器在智能照明中的应用场景。传感器技术以信息的获取与变换为核心，是拓展信息资源的源头，具有将计算机、通信、自动控制技术衔接为一体的关键功能。

光敏传感器、红外 PIR 传感器、雷达传感器、超声波传感器等多种类型的传感器都可与照明设备组成一个智能照明系统，通过控制灯的开关时间、亮度、色彩，从而达到智能照明控制的目标。如采用红外、超声波进行人员停留探测，光电传感器对光环境进行测量，更进一步，光电传感器还可以探测照明环境的色温、照度、亮度等参数，从而对人工照明进行更精确的智能控制，进而提高照明效果，以及节约能耗。表 2.4 列举了部分常用照明用传感器。

图 2.12 传感器在智能照明中的应用

表 2.4 各类感应传感器对比

特性	红外 PIR 传感器	声感传感器	微波及毫米波雷达传感器
穿透性	差	差	强（具备穿透塑料、玻璃、木头等材质的能力，能有效防遮挡）
感应距离	近	近	远
环境适应性（受温度、灰尘、湿度影响）	差	差	强（具备穿透雾霾、烟尘、灰尘的能力，不受天气限制、适应复杂气候条件）
外观结构要求	需要开窗	需要开窗	无需开窗（可嵌入产品内部，隐蔽探测）
硬件价格	低	低	适中

1. 光电传感器。

光电传感器可以用于照明，根据空间自然光水平控制人工照明开关或者进行调光，以监视能源消耗，同时不影响视觉效果。常用光电传感器有光敏电阻、光电池、光电二极管、光电三极管等。

光敏电阻利用的是光电导效应，即光照变化引起半导体材料电导变化的现象。当光照射到半导体材料时，材料吸收光子的能量，使非传导态电子变为传导态电子，引起载流子浓度增大，因而导致材料电导率增大。光敏电阻的结构如图 2.13 所示，在一块光电导体两端加上电极，贴在硬质玻璃、云母、高频瓷或其他绝缘材料基板上，两端接有电极引线，封装在带有窗口的金属或塑料外壳内。

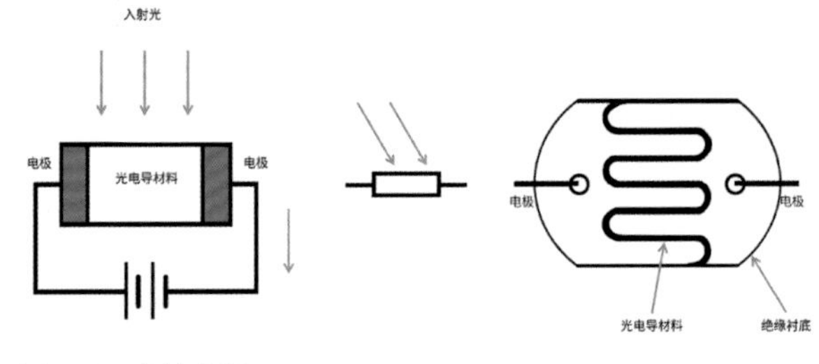

图 2.13 光敏电阻

光电池、光电二极管的原理相似。在光的照射下，光子照射在 PN 结处，使 PN 结及其附近产生电子 - 空穴对，在 PN 结内建电场的作用下，空穴向 P 区漂移，电子向 N 区漂移，造成空穴和电子空间分离，形成电压，外接电路形成光电流。对光敏二极管来说，不受光照时处于截止状态，受光照时则处于导通状态；对光敏三极管来说，光照下发射极产生的光电流相当于三极管的基极电流，这就使得集电极电流比光电流放大 β 倍，因此光敏三极管比光敏二极管灵敏度更高。

除根据自然光调节电气光源发出的光外，光电传感器还可以用来根据光衰调节光源输入功率，以维持照度水平。即当自然光照度水平下降时，增加人工光源照度水平作为补偿；相反地，当自然光照度水平增加时，调低或关闭人工光源照度水平。为了有效使用光电传感器调整被自然光所代替的光源，人工光的分布和调光方式必须符合空间内自然光的亮度分布。例如，当房屋有侧窗时，灯具必须平行于开窗的墙，这样才能根据要求调节或开关。

光电控制系统一般分为闭环系统（完整的）和开环系统（部分的）。闭环系统同时探测人工电气光和环境自然光，而开环系统只探测自然光。

闭环系统在夜间人工光打开时校准，以建立一个目标照度水平。当存在的自然光造成照度水平超出时，人工光被调低直到维持目标水平。

通常开环系统在白天校准，即传感器暴露在自然光下，当光线水平增加时，人工光相应地被调整。良好设计和良好安装的闭环系统常常比开环系统具备更好的追踪照度水平。

光电传感器在应用时，传感器必须精心定位以获得大视野（图 2.14），从而能确保细小的亮度变化不会引起传感器触发。在闭环系统，传感器可以定位在有代表性的工作区域上方，来测量工作面上的光线。典型定位，比如距离窗户大约为自然光控制区域深度 2/3 的位置。另外，传感器不会误读诸如来自灯具的光是非常重要的，对于直接下射照明系统，传感器可以装在顶棚上，但对于间接照明系统，传感器必须传感面向下安装在灯具下半部分，如图 2.15 所示。

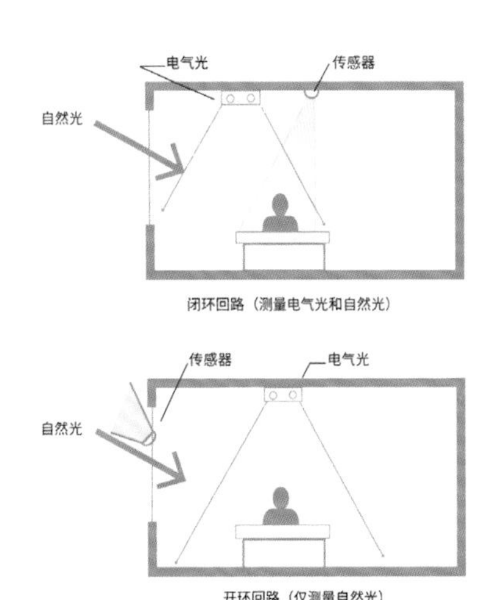

图 2.14 光电控制系统闭环和开环传感器定位位置

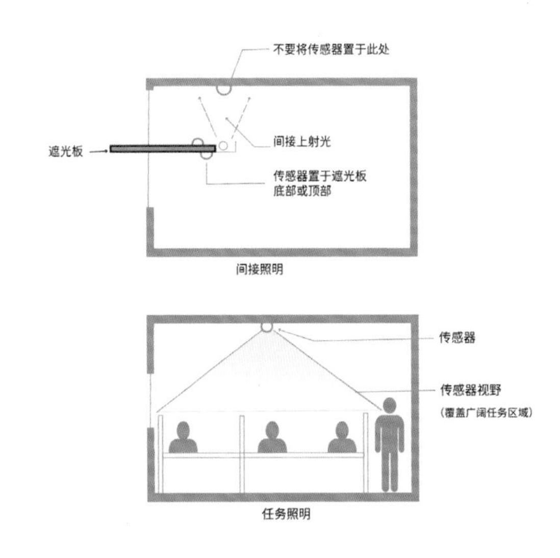

图 2.15 直接照明和间接照明传感器安装位置

2. 声光控传感器。

将声控传感器和光敏传感器组合成一个新的探头，就是声光控传感器。声光控传感器是利用光频、音频信号远距离非接触控制照明设备开关的电子装置，它具有很多优越性，让人在黑暗中不需要寻找开关。

如图 2.16 所示，声控传感器由声音控制传感器、音频放大器、选择频道电路、延时开启电路，以及可控硅控制电路等组成。声控传感器的原理是以声音对比结果来判断是否要启动控制电路，用调节器给定声控传感器的原始值设定，声控传感器不断地将外界声音强度与原始值做比较，当超过原始值时，向控制中心传达“有音”信号。声控传感器接收声音信号使用的是拾音器。声音信号经过放大、整流，触发可控硅，实现照明设备的控制。经过延时，可控硅自动关断照明设备。

图 2.16 声控传感器（图片来源：《新供应链助力智能照明互联互通白皮书》）

光敏传感器一般是一个光敏电阻或者光敏二极管，如图 2.17 所示。其原理是当光照水平达到一定阈值时，光敏传感器处于低阻状态，使后端电路截止，照明设备不亮。当光照水平低于阈值时，光敏传感器处于高阻状态，使后端电路导通，照明设备点亮。

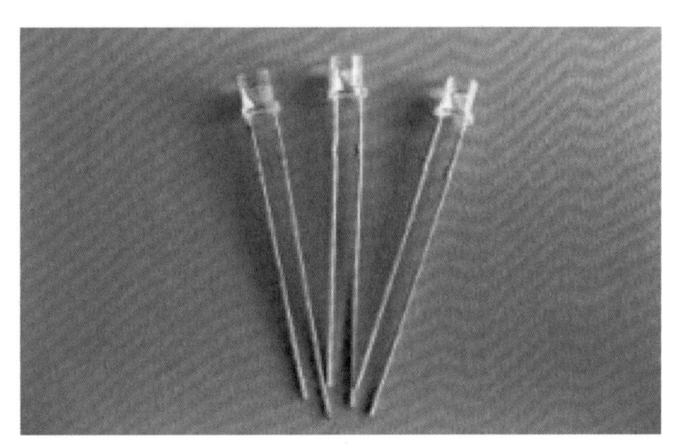

图 2.17 光敏二极管（图片来源：《新供应链助力智能照明互联互通白皮书》）

白天，光照水平大于一定阈值时，光敏传感器呈现低阻状态，单向可控硅因无触发电流而阻断。此时，流过照明设备的电流小于正常工作的电流阈值，照明设备不工作。电阻和稳压二极管组成的保护电路对三极管起到保护作用。

夜晚，光照水平小于一定阈值时，光敏二极管呈现高阻状态，当声控传感器接收到大于声音强度阈值的声音时，便在其两端产生一个电脉冲，使双向可控硅元件触发导通，照明设备被点亮。

声光控传感器在智能照明应用中的优点：①声光控传感器广泛用于楼道等场所，只要有声音就会启动，方便、节能；②声光控传感器是一种无接触智能开关，有利于延长照明设备的使用寿命；③声光控传感器实现了“人来灯亮，人走灯灭”，解决了一定的安全问题。

声光控传感器在智能照明应用中的缺点：①不相关的噪音容易使声光控传感器产生误动作；②光控不一定能达到舒适的效果，容易出现过早熄灯、过快的明暗边界等不舒适场景。

现有的声光控传感器的方案主要以独立器件通过制作电路板设计而来，并且成本和技术趋于成熟，已经广泛应用于小夜灯、走廊灯、球泡灯、吸顶灯等多种灯型和应用场景。

3. 红外传感器。

红外传感器、探测器分为主动和被动两种。主动红外探测器采用主动红外方式，以达到安保、报警、开关功能的探测器。主动红外探测器由红外发射机、红外接收机组成。被动红外探测器 PIR（Passive infrared detectors）采用被动红外方式，探测器本身不发射任何能量而只被动接收、探测来自环境的红外辐射。

自然界的物体只要温度高于绝对零度（-273 ℃），总是持续向外发出红外辐射。物体的温度越高，其所发射的红外辐射峰值波长越小，发出红外辐射的能量越大。当人进入感应范围时，红外传感器探测到人体红外光谱，自动接通负载，只要人不离开感应范围，便将持续接通；

一旦人离开后，延时自动关闭负载。

红外 PIR 传感器是根据探测人体发射的红外线变化而工作的，为被动红外感应。红外 PIR 传感器如图 2.18 所示，有三个关键性的元件：菲涅尔滤光透镜，热释电红外 PIR 传感器和匹配低噪放大器。

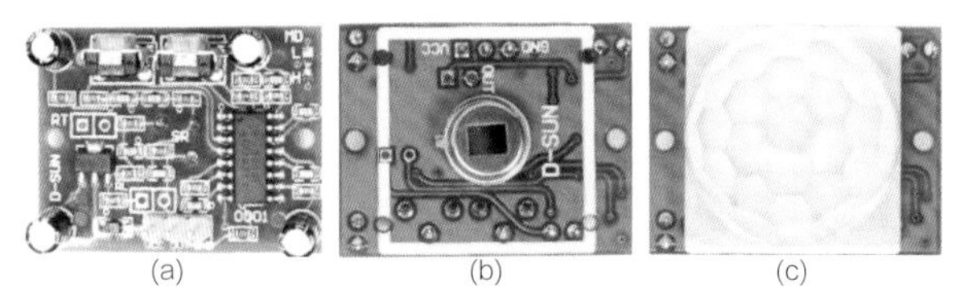

图 2.18 红外 PIR 传感器（图片来源：《新供应链助力智能照明互联互通白皮书》）

如图 2.18（c）所示，菲涅尔透镜多是由聚烯烃材料注压而成的薄片，也有玻璃制作的，其焦距可根据相对灵敏度和接收角度要求来设计。人体有一定的体温，通常在 36 ~ 37 ℃，会发出特定波长的红外线。人体发射的 9.5 μm 红外线可通过菲涅尔镜片，增强聚集到热释电红外传感器上。

根据红外 PIR 传感器设计的智能照明具有以下优点：

① 一体化设计，智能照明。集光源、红外感应和光敏控制于一体，可实现“人来灯亮，人走灯灭”。

② 反应灵敏，节能环保。在晚上或光线较暗并有人在感应范围内活动的情况下，照明设备自动开启，当人体离开或静止时延时熄灭。此过程中无需人工开关，无噪声，更环保。

③ 高效节能，寿命长，性能稳定。

红外人体感应是通过菲尼尔透镜感应人体辐射的红外线，因此需要将感应探头放置在灯体外面，影响美观。它的感应距离和角度有一定限制，通常感应距离为 5 ~ 8 m，感应角度为 120° 。另外，它只能感应移动人体，人在感应范围内静止不动，不会触发开关。

根据红外 PIR 传感器设计的智能照明设备内置三大功能模块，包括红外线感应模块、光感应模块和延时开关模块。如图 2.19 所示，红外 PIR 传感器在吸顶灯、T8 灯管、球泡灯等领域得到广泛应用。

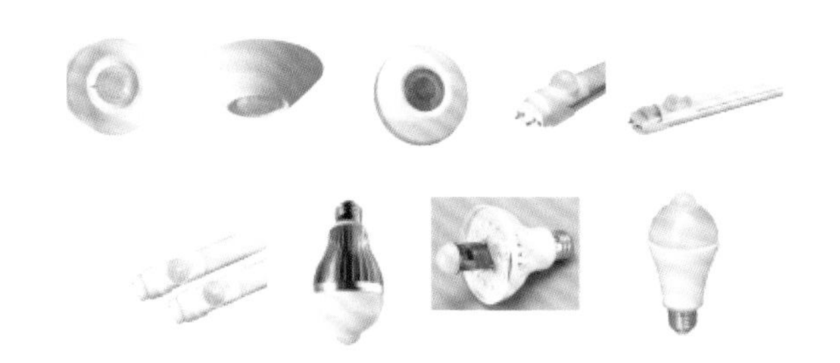

图 2.19 红外 PIR 传感器在照明中的应用（图片来源：《新供应链助力智能照明互联互通白皮书》）

这三大模块中，光感应模块首先检测光线的强度，控制照明设备的状态：光线比较强时，光感模块根据感应值锁定红外感应模块和延时开关模块；光线比较暗时，光感模块根据感应值，打开红外感应模块和延时开关模块。如果有人进入感应范围，红外感应模块将检测到信号，触发延时开关模块开启智能照明设备。当人离开检测范围后，延时开关在时间设定值内自动关闭智能照明设备。

4. 微波雷达传感器

微波雷达传感器原理是，发射机产生低功率微波信号，并通过发射天线辐射到空中，接收天线接收物体的反射回波，在接收机中进行放大、混频等射频处理，并输出中频信号，最后经雷达信号处理，解析出测量结果，如图 2.20 所示。

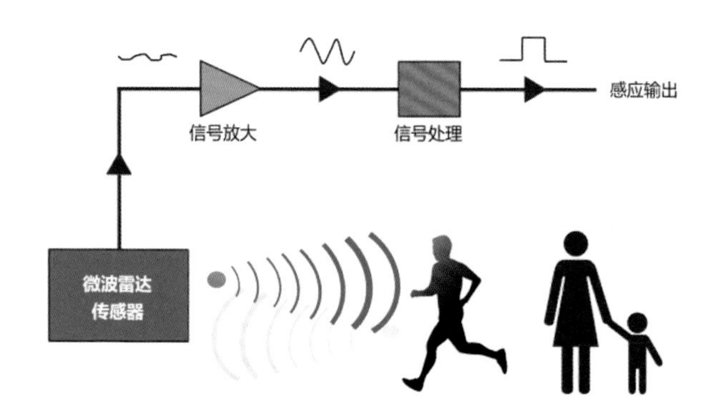

图 2.20 雷达传感器的基本原理（图片来源：《新供应链助力智能照明互联互通白皮书》）

雷达的基本原理与蝙蝠的回声定位类似，通过发信号、收回波来得到目标的位置、速度等信息。这一过程与可见光或红外探测有所不同，光学传感器接收自身辐射的红外线或散射的太阳光来探测物体，属于无源传感。

微波雷达传感器可广泛应用于智能照明、智能家居等领域。常用的雷达传感器工作频率有 5.8 GHz、10.525 GHz、24 GHz、60 GHz 等。5.8 GHz 位于全球无需授权许可 ISN 工作频段，在国际智能照明控制中应用较多，具有性能优越、成本低的优点。

雷达感应相对于声光控制和红外感应的控制方式，具有更多优点。它具有抗射频干扰能力强、不受温度、湿度等影响，能够同时实现感应和外观的完整性。

在照明控制领域，雷达传感器的工作频率基本分布在 S 波段、C 波段以及 X 波段。如图 2.21 所示，微波雷达传感器的技术演进分为三代方案。

(a) (b)

(c) (d)

(a) 第一代分立器件高频管方案；
(b) 第二代分立器件射频电路方案；
(c)(d) 第三代集成芯片方案。

图 2.21 微波雷达传感器的技术演进（图片来源：《新供应链助力智能照明互联互通白皮书》）

整体而言，在智能照明中，微波雷达传感器要综合考虑体积、成本、抗干扰能力、感应距离和角度等多方面因素，才能让智能照明发挥出最好的性能。目前，以国内芯片厂商隔空智能 5.8 GHz 方案和富奥星 10 GHz 方案为代表的第三代灯控微波感应芯片方案，将引领行业的技术升级，助力智能照明行业发展。

2.2.4 照明控制网关

网关是一种适用于照明系统的网络互连设备，又称“照明网间连接器”或“网络协议转换器”。网关在网络层以上实现网络互连，适用于两个高层协议不同的网络互连。网关既可以用于广域网互连，也可以用于局域网互连。在使用不同通信协议、数据格式或语言，甚至体系结构完全不同的两种系统之间，网关起到翻译器的作用。

智能照明网关系统可通过有线、无线的方式，实现对智能开关、插座、光源等模块的集中管理和控制。智能控制系统的发展离不开智能网关，通过它可实现系统信息的采集、信息输入、信息输出、集中控制、远程控制、联动控制等功能。通过对智能终端设备的扫描、连接以及控制，实现数据的汇集、转发和交换。实现蓝牙、ZigBee 等低功耗协议和 IP 协议的转换，提供丰富的 API 接口，使用户可以灵活地进行远程访问和控制终端设备。图 2.22 为智能网关拓扑图。

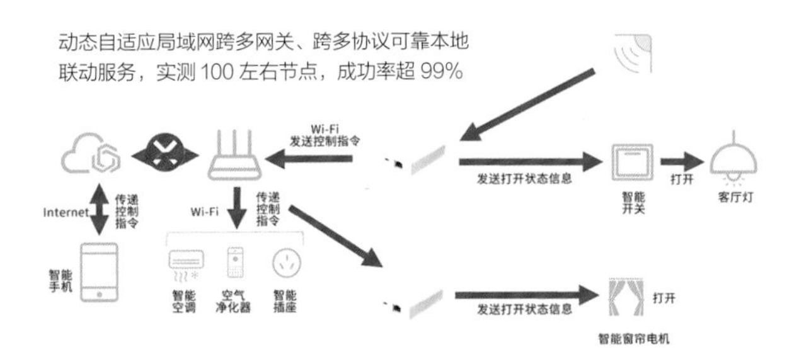

图 2.22 智能网关拓扑图（图片来源：涂鸦智能）

目前主流联网方式有以下几种：

Wi-Fi：单设备直连路由器，随着家居物联网设备的增多，家庭路由器的负担越来越大，随之而来的是网络的不稳定和设备的频繁掉线，会严重影响物联网设备的体验。

蓝牙低能耗（BLE）：BLE 设备通过与 BLE 网关设备连接，网关连接家庭路由器，这样避免了 Wi-Fi 设备对路由器造成压力的问题。由于一般都是设备通过 Beacon 广播的方式向外发送信息，只能实现设备向网关的单向通信。同时，由于蓝牙连接的距离限制，家庭中可能需要多个网关才能满足所有的 BLE 智能设备的联网需求。

BLE-Mesh：连接方式和 BLE 接入方式一样，区别在于以 BLE-Mesh 方式接入的设备可以实现网关和设备的双向通信。同时由于 BLE-Mesh 的自组网特性，所有设备可以组成一个网络，设备和设备之间可以实现设备消息的跳转，超出 BLE 连接方式的距离限制，一个网关与多个 BLE-Mesh 设备可以实现全屋覆盖。

通过 BLE-Mesh 方式接入的设备，对用户来说更像是一个 Wi-Fi 接入设备，但是不会对路由器造成负担，同时突破了 BLE 方式接入的距离和单向通信的限制，集 Wi-Fi 和 BLE 的优点于一身。

多模网关支持 Wi-Fi 与蓝牙、ZigBee 的多协议通信，蓝牙侧同时支持对蓝牙单点设备和 Mesh 设备的远程控制，蓝牙 MESH（SIG）和单点控制数量要保证 200 个设备稳定控制、ZigBee 设备保证 128 个稳定控制。网关通过 Wi-Fi 实现和云端、手机的通信，通过 APP 可以查看和远程控制已连接的其他 ZigBee 设备、蓝牙单点设备和蓝牙 MESH（SIG）设备，并且用户可实现设备添加、设备重置、第三方控制和子设备群组控制，满足智能家居等应用场合。

2.2.5　控制管理设备

控制管理设备是利用计算机网络系统，对照明控制进行自动化操作和可视化管理的设备，包括计算机、网络设备、管理软件、系统附件等。控制管理设备应包括中央控制管理设备，还可包括中间控制管理设备和现场控制管理设备。

控制管理设备是一种通过网络技术，对网内组件进行数据管理、资源分配、网络分组、组件控制的综合控制系统，通过现场或远程接入照明控制网关或照明控制器，上传环境传感信息，下传照明控制命令，对照明灯具进行控制，同时监控照明系统运行状态。并且把所有运行信息记录存档，以供查寻、检测使用。

照明中央控制系统通常主要有两个必备因素：硬件和软件。

1. 系统软件。

系统软件的主要功能分为以下三个部分：

① 调试：提供全面的智能控制策略和友好的用户界面，方便对系统硬件进行调试，并且在任何需要的时候，允许有高度的灵活性，对已经设置的参数和逻辑关系做适当的优化和调整，达到设计目标，实现最大化的节能目标，营造舒适的光环境。

② 报表：对照明设备的使用情况和历史记录数据进行分析，产生可视化的报表以提高管理效率。比如能耗监控，节能报表，灯具状态，故障报警，设备维护预警，空间占用，采集的日光强度等。

③ 联动：通过使用标准的通信接口，使照明控制系统在需要时融入楼宇自动控制系统（BA）、智能建筑设备管理系统（BMS）或云端智能平台，为使用者提供全面和整体式的智能化用户体验。比如，通过感应器自动开灯的同时，可打开房间的空调和通风设备；发生消防警报时，可以把主通道灯光亮起以方便逃生；还可以通过远程访问实现从任何地方控制整个照明系统。

2. 系统硬件。

照明系统的硬件是基于网络通信协议的照明设备。它们以特定的架构搭建，并使用专门的软件调试后，成为包含多种综合性控制手段，且在一定程度上达到自主运行的智能灯光控制方案，以满足设计和使用目的。系统硬件主要包括以下三种设备：

① 照明服务器：照明服务器提供了所有与系统设置参数相关的数据库服务，包括区域的属性，灯具，感应器和按钮。此外，它保存了多种设置参数，包括光线照度水平，时间排程事件，移动感应器延时关灯和亮度水平限制等。系统服务器记录了系统运行过程中设备的状态，生成节能结果和历史数据。

② 主控制器：主控制器负责收集、处理和分发照明控制信息到 DALI 网络上，用于翻译和处理控制指令。在现场，它们以既定的可编程的规则来管理输入信号和灯光输出。通过使用标准的通信协议，系统可以方便地进行增强和扩展，以适应不同的照明应用需求或建筑面积。主控制器之间和照明服务器多数使用以太网络进行通信，跨系统的联动由以太网对接进行数据交互。

③ 现场设备：这些直接安装在照明场地的设备可以是单独的灯具、感应器或控制面板，它们可以被单独寻址、控制和状态反馈。这些组件是可以独立安装的，也可以整合在灯具中，根据系统预设的程序，对主控制器发送的操控指令作出特定的反应。每个灯具、传感器和按钮开关都以一定的网络形式连接到控制单元。从光线感应器（照度水平）、移动感应器（占用状态）和按钮的触动的输入信号，传输到主控制器并根据预先编程的规则来处理控制指令，然后输出给灯具的执行命令，整个连锁反应决定了每个灯具和照明区域的适当亮度水平或开灯、关灯的状态。

2.3 智能照明控制协议

2.3.1 有线方式的通信接口协议

1.DALI。

基于 IEC 62386 标准的智能照明通信协议，也是目前市场主流的标准协议之一，具备稳定可靠、通信距离远、抗干扰性能好、支持双向通信等特点。随着 DALI-2 标准的发布及逐步普及，DALI 系统的功能及扩展性都得到了加强，更多类型的控制装置在 DALI-2 标准下，得以统一规范化，确保了普遍的兼容性，使得 DALI 标准成为目前照明市场应用中最具普及潜力的公有标准协议。

DALI 驱动产品支持独立寻址、控制与双向通信，可自由创建群组与场景，设备类型 8（DT8）的装置还可实现可变色温控制。基于 DALI-2 标准开发的驱动产品均满足以下标准：

DALI Part 251：与灯具相关的数据存储扩展指令。

DALI Part 252：能源报告指令。

DALI Part 253：诊断与维护指令。

与此同时，DiiA 和 Zhaga 两大国际性组织正在标准化控制装置之间的通信，以解决不同制造商之间的兼容问题。控制装置不仅可以接受群组和寻址的指令，还可以发送相关指令。DALI-2 标准充分考虑了设备之间的通信，并允许多个控制装置连接至同一总线上。通过认证的产品可以轻易被其他同类产品替代，并可根据需求选择制造商。新标准的另一优势在于，传感器的供电可以直接来自 DALI 线，无需额外的供电或电池辅助供电。

目前已经发布的符合 DALI 和 Zhaga 的设备接口被命名为 D4i。凭借该接口，新的 DALI 标准可满足物联网（IoT）的发展趋势，这是数字照明接口联盟（DiiA）正在定义的全新标准规范，以满足灯具内部的 DALI 总线供电。其意义在于，让 LED 驱动与其他 DALI-2 控制模块的连接在两大核心领域得以规范化。首先，D4i 定义了在 DALI-2 驱动之间如何存储、传输和处理数据；其次，它定义了一款集成 DALI 总线电源的驱动如何为其他设备供电。24 V 辅助供电的加入，为具有更高供电需求（无线通信）的设备定义了标准。除了满足 DALI-2 Part 251、252、253 协议，D4i 还满足 DALI Part 250，即集成型总线电源规范和 24 V AUX 辅助供电。

2.PLC-IoT。

PLC-IoT 模组（图 2.23）是以输电线路为载波信号的传输媒介的电力系统通信，输电线路在输送工频电流的同时，用它传送载波信号，工作频率 0.5 ~ 12 MHz，既经济又可靠。由于通过有线连接，不受外界复杂信号的干扰。

PLC-IoT 模组把 PLC-IoT 芯片加上外围电路及底层控制软件做成一个模块，为设备端客户提供模组化解决方案，缩短其开发周期，节省开发成本。模组厂商利用自身的技术优势对 PLC-IoT 芯片进行技术消化，为终端设备厂商提供具有标准化封装的模组，并提供相应的软件服务支持。终端设备厂商不需要关心通信连接问题，只需专注于其擅长的产品功能实现，从而大大降低了终端设备客户的产品开发周期，节省大量的研发成本。

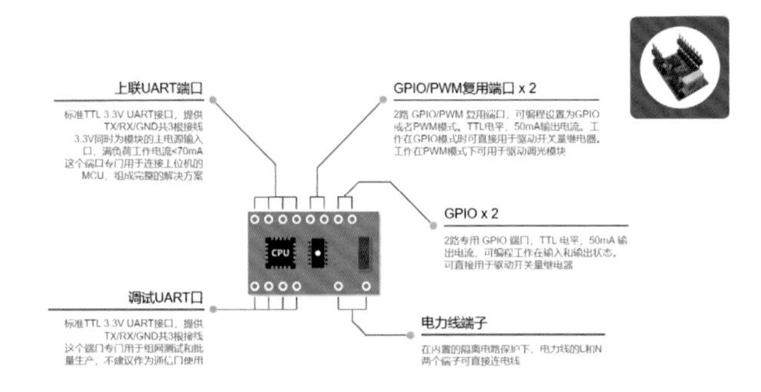

图 2.23 PLC-IoT 模组接口（图片来源：《新供应链助力智能照明互联互通白皮书》）

在使用电力线供电的前提条件下，PLC-IoT 相较于其他通信技术，具有如下优势：

① 提供更远的传输距离和更高的传输速率，无需担心建筑物遮挡造成的无线信号衰减，理论传输距离 5 km。相对于 2.4G 通信技术，信道环境简单。提供 200 Kb/s 应用层传输速率，保障 IoT 类产品的通信即时性。

② 提供便捷的施工、运营和维护，有电即能用，无需关注拓扑，只要保障设备供电，即可实现通信；无需考虑部署中继节点，只要在同一电力变压器供电环境下，即可进行通信。

③ 能够使用简单、经济的方案隔离通信区域，比如通过简单的并接电容隔离通信区域，避免通信区域间干扰，实现同一通信区域内的无感知自组网。

④ PLC-IoT 最大的优点就是不用额外布线，直接利用现有供电线路进行信号传输，为后续的安装施工节省了大量的人工布信号线成本。同时，因为是有线传输，信号传输可靠，避免了无线传输因信号覆盖问题导致的网络断线。

目前，PLC-IoT 模组最大的应用领域是在电力抄表市场，进行远程抄表，具有大规模应用的成熟案例。同时该技术也可应用于智能家居（图 2.24）、工业控制、照明灯具智能化、智能抄表、光伏逆变、充电桩远程控制、路灯控制等领域。

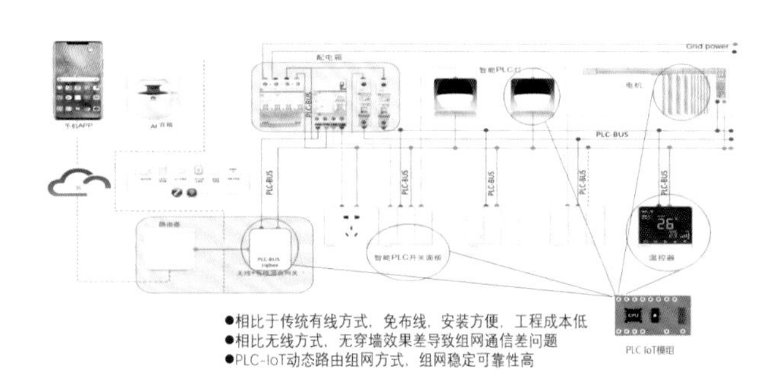

图 2.24 PLC-IoT 模组解决方案之硬件（图片来源：《新供应链助力智能照明互联互通白皮书》）

2.3.2 无线方式的通信接口协议

智能照明领域，市场广大，品类多元，应用丰富，没有哪一种技术可以完全主导，必然是多种无线通信技术长期并存，协调互补，共同繁荣。不同的技术各有所长，用户可以根据不同的应用场景选择不同的无线通信协议。表 2.5 对各无线方案进行了比较。

表 2.5 无线方案的比较

参数	BLE 5.0	ZigBee	Z-Wave	Wi-Fi
工作频率	2.4 GHz	2.4 GHz	908 MHz	2.4/5 GHz
安全	AES128	AES128	Triple DES	WPA2（AES）
组网	Mesh 网状	Mesh 网状	Mesh 网状	AP 点对点
功耗	低	低	低	中
启动速度	< 3 s	< 60 s	< 60 s	< 60 s
通信速度	2 Mb/s	250 Kb/s	100 Kb/s	250 Mb/s
室内距离	30 m	20 m	20 m	100 m
最大节点数	32 767	65 000	230	N/A
抗干扰	超强	超强	强	强

1. 蓝牙。

蓝牙技术是应用最为普遍的无线通信技术之一，能够提供满足特定互联需求的全栈式解决方案，包括音频传输、数据传输、位置服务和设备网络四大领域，从2000年到现在，已经广泛应用于数十亿台设备。

蓝牙 Mesh 协议是一种支持多对多拓扑的网络协议，网络中每个节点彼此通信连接，数据可从任意节点发送至整个网络，而且当某个节点出现故障时，整个网络仍可保持通信正常，具有组网便捷、抗干扰能力强等优点。只要是支持蓝牙4.0以上版本的手机、电脑等设备，都可与蓝牙 Mesh 设备进行通信。

蓝牙 Mesh 利用可控的网络泛洪方式（Managed flooding）进行信息传输。网络泛洪的优势在于，无需特定设备专门扮演集中式路由器的角色。网络至多可包含数千台设备，设备之间相互进行信息的传递。Mesh 网络中的设备支持自由地编辑成群组，并进行群组控制。只要能控制其中一个蓝牙设备，就能通过其控制其他全部设备。由于蓝牙 Mesh 网络可以让设备之间互相通信，完全打破了信号发射源的覆盖空间限制。它不仅可以用于智能家居的解决方案，也适用于楼宇自动化、传感器网络和资产追踪等需要让数以万计的设备在可靠、安全的环境下进行传输的解决方案。

目前，蓝牙 Mesh 受到广泛关注，技术发展迅猛，为智能照明带来了新的机遇，而智能照明又极大地促进了蓝牙 Mesh 的商业落地。蓝牙 Mesh 推出之后，第一个接地气的应用场景就是照明。其实在蓝牙 Mesh 出来之前，低功耗蓝牙已经在照明行业被一些照明公司所采纳，不过当时主要还是通过点对点连接的方式。等到蓝牙 Mesh 出来后，大规模组网统一操作得以实现。

蓝牙 Mesh 网络低功耗、低成本且易组网等特点，为智能照明解决方案的开发提供了有利土壤，是打造智能楼宇、智慧社区、智能工业及智慧城市的理想照明方案，正迅速成为许多控制系统的首选无线通信平台。

智能照明市场正处于蓬勃发展的状态，随着蓝牙 Mesh 网络在智能家居解决方案领域日益普及，以照明为骨干网络，把越来越多的应用形态加入其中，如电工、传感器等，这些应用运行在同一个网络当中，将智能家居集为一体。

蓝牙 Mesh 所具备的以下几点优势，可以满足智能照明解决方案的多种需求：

① 多对多，打破传统蓝牙通信的局限性。蓝牙 Mesh 组网技术优化了网络泛洪通信机制，可以接入更

多节点，并保持良好的通信性能。值得一提的是，由于每个节点间可以进行信息中继，避免了单点故障带来的通信中断问题，因而适用于大规模集群式商业照明（如商铺、教室及停车场等）。

② 功耗低，大规模设备网络得以实现。蓝牙 Mesh 组网时，多个节点接入依旧能保持高稳定性。因此，家庭中接入的设备数量越多，蓝牙 Mesh 的优势就越明显。

③ 组网便捷，用户体验更佳。只需开启蓝牙，在手机 APP 上选择搜索设备，当手机搜索到组网状态下的蓝牙 Mesh 设备即可自动组网。这种便捷的操作方式更符合现阶段消费者的使用习惯。在实际的家庭场景使用中，无需额外的网关配置便可进行组网与使用，这进一步降低了用户的使用门槛和成本。

④ 成本低廉。聚焦商用领域，就芯片级别执行功能而言，一颗高度集成的系统级芯片，意味着更少的片外元器件和更低的物料成本。同时，由于蓝牙设备在全球拥有巨大的出货量，因此进一步降低了芯片和整体方案的成本，让更多智能化设备能够接入蓝牙生态系统中。

目前市场上智能照明产品种类繁多，比如球泡灯、灯丝灯、筒灯、射灯、天花灯，乃至配套的开关、插座、调光器等，不一而足，百花齐放。不同的产品，结构不同，功能各异，对控制距离、接收灵敏度、尺寸大小、耐温性能都有不同要求，需要有对应的蓝牙模组相匹配。除硬件外，产品功能都是通过固件来实现的，同一硬件，可以开发出功能各异的应用，按照客户实际产品使用场景定制开发。

2.ZigBee。

ZigBee 是基于 IEEE 802.15.4 标准的低功耗局域网协议。根据国际标准规定，ZigBee 技术是一种短距离、低功耗的无线通信技术。这一名称又称“紫蜂协议”，来源于蜜蜂的八字舞，由于蜜蜂（Bee）是靠飞翔和“嗡嗡”（Zig）地抖动翅膀的“舞蹈”来与同伴传递花粉所在方位信息，也就是说，蜜蜂依靠这样的方式构成了群体中的通信网络。相应地，ZigBee 的特点也是近距离、低复杂度、自组织、低功耗、低数据速率，主要适用于自动控制和远程控制领域，可以嵌入各种设备。简而言之，ZigBee 就是一种便宜的、低功耗的近距离无线组网通信技术。

ZigBee 作为一种短距离无线通信技术，由于其网络可以便捷地为用户提供无线数据传输功能，因此在物联网领域具有非常强的可应用性。

ZigBee 规范定义了四种类型的设备，即：路由设备、协调器、终端、GPD（Green Power Device）。

路由设备：能够将消息发到其他设备。ZigBee 网络或属性网络可以有多个 ZigBee 路由器。

协调器：是启动和配置网络的一种设备。协调器可以保持间接寻址用的绑定表格，支持关联，同时还能设计信任中心和执行其他活动。协调器负责网络正常工作，以及保持同网络其他设备的通信。一个 ZigBee 网络只允许有一个 ZigBee 协调器。

终端设备：可以进入低功耗休眠模式，并且不需要支持路由的功能。终端设备不能直接与网路内其他的节点进行通信，如需要通信则需要父节点来实现。

GPD：支持无电池设备或超长待机设备快速加入 ZigBee 网路的协议，例如无源发电的开关设备。

3.Wi-Fi。

Wi-Fi 英文全称是“Wireless-Fidelity”，翻译成中文就是无线保真，英文简称 Wi-Fi，在无线局域网范畴是指“无线兼容性认证”，实质上是一种商业认证，同时也是一种无线联网技术，与蓝牙技术一样，同属于短距离无线技术。同蓝牙技术相比，它具备更高的传输速率，更远的传播距离，已经广泛应用于笔记本、手机、汽车、智能家居等广大领域中。

WLAN 是无线局域网（Wireless Local Area Network）的简称，它是以射频无线微波通信技术构建的局域网，不用缆线即能提供传统有线局域网的所有功能，是高速有线接入的补充，属于小范围、短距离无线接入。Wi-Fi 是实现 WLAN 的一种技术，WLAN 是

Wi-Fi 应用的一种体现。

Wi-Fi 是 WLAN 无线接入中的一个主流技术标准，即 IEEE 802.11X 标准。随着技术的演进，Wi-Fi 联盟分别推出了 IEEE 802.11 a、b、g、n、ac、ax 多项技术标准，但市场上支持各种标准的产品无法清晰准确地描述给用户各种标准的技术差异，于是 2019 年 9 月 16 日，Wi-Fi 联盟宣布启动 Wi-Fi 6 认证计划，重新将 802.11n 技术标准命名为 Wi-Fi 4，802.11ac 技术标准被命名为 Wi-Fi 5，802.11ax 技术标准被命名为 Wi-Fi 6。

智能控制概念的落地，让大众生活中的联网设备逐渐增多。而 Wi-Fi 6 集合了广覆盖、高速率、低功耗等优点，可完美地满足用户对高速率、低延时、高覆盖、稳定安全等方面的要求，使得 Wi-Fi 覆盖得以无限扩展。

2.4　基于物联网的 AI+IoT 智能照明控制系统

一个完善的智能商用照明控制系统，是应该基于物联平台，适用于新装和存量的商用照明市场，为其提供从设备端到软件控制端以及施工端的一整套方案，通过设备管理、能源管控、人因照明，实现绿色建筑与健康建筑（图 2.25）。为用户后期的产品维护与运营，提供数字化、可视化的管理平台，帮助用户实现商业智能化，降低管理成本。

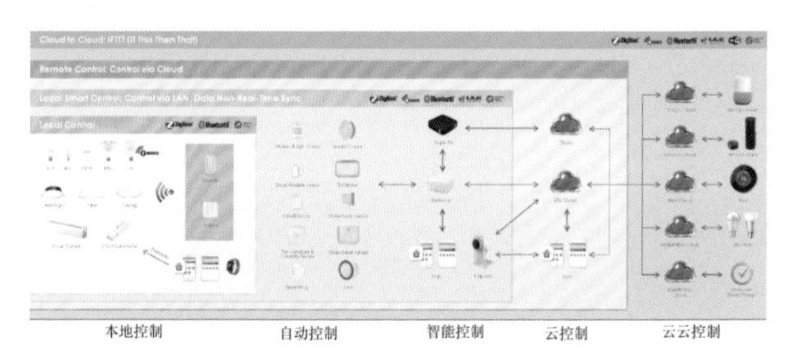

图 2.25　基于物联网的 AI+IoT 智能照明控制系统

物联网可以将各种传感设备连接起来，获取室内外照度、人体存在、空气质量、温湿度、天气状况、地理位置等信息，转化成数据，通过网络传输，在云端存储数据，并通过 AI 对获取的各种大数据进行分析、判断、处理，并作出决策，对灯具的照度、色温、颜色、场景等进行调整。同时依靠丰富的、高质量的大数据，让 AI 不断自我学习，不断优化，以实现最佳的照明策略，打造绿色照明环境和健康照明环境。

物联的智能商用照明系统，应该围绕监、感、测、管、控五个类别进行功能模块的开发。其中“监”的部分包括：设备故障报警，寿命报警，数据大盘等功能；“感”的部分包括：人因照明、自动照度平衡、动静感应等功能；“测”的部分包括：能耗统计、设备使用时长等功能；“管”的部分包括：权限管理、施工管理、多地项目集中管理等功能；“控”的部分包括：图示控制、定时预约控制、场景化控制等功能，以及最基本的单灯控制、群组控制以实现开关、调光、调色等基础功能。

除此之外，物联的智能商用照明系统应该是可适用于多场景的一站式解决方案，可插拔式装配，无需复杂布线，提升应用效能和管理效率，从而实现绿色和健康建筑。这套系统既有客户端软件界面，满足终端用户一体化操控需求；也有管理端界面，可以提供数据总览、设备可视化管理及能源管理平台，实现设备集中管理；同时需要在施工端提供施工管理平台，实现施工管理、快速配网、方便部署。一套理想的物联智能商用照明系统应该具有以下特点：功能强大，支持丰富的网络协议，强大的生态系统，数字化运营管理，网络数据安全，持续的服务支持体系。

在人因照明方面，系统依托 AI+IoT 物联网平台，可以根据项目地的经纬度，选择最合适的色温和光通量算法曲线，通过云端下发，并可基于天气、时间、传感器等设备进行自动化联动，根据人的节律自动调整，并保留人工干预的本地控制功能，同时根据用户使用习惯不断优化算法，打造人因照明的健康光环境。

物联智能照明由以下几部分组成：

① 人机交互终端。A：包括面向用户端的 APP、小程序、室内屏、智能音箱、调光开关、场景开关等。B：基于 WEB 端的管理后台。

② 数字应用。包括施工管理、节能策略、设备管控、人因照明等多个模块，实现上述的监、感、测、管、控等多维度功能。

③ 核心中台。包括数据中台、业务中台、AI 计算、边缘计算、设备连接等基于物联网的云能力。

④ 硬件设备。包括中控网关、传感器件、面板插座、照明设备，以及其他配套的电动窗帘、空调控制器等多种执行设备。

物联智能商用照明系统可与自然采光、空气质量监控、环境温度监控、访客管理、安全管理、AI 计算和预测等进行整合，并提供室内定位、人体热力图、资产管理等功能，形成智能建筑和智能园区的整体方案，并使用基于 BIM 的三维系统进行立体呈现及可视化运维管理，带来更好的用户体验和效果，加速绿色建筑和健康建筑的发展（图 2.26）。

图 2.26 AIoT 行业产业链及价值分布

2.5 商用智能照明控制系统的应用程序

除了前面介绍的硬件部分，智能照明控制系统的软件部分同样重要。软件，也就是应用程序，为用户提供了基于物联网平台的，与商用智能照明设备进行交互并使用数据的操作界面。现在的界面不局限于以往的电脑屏幕、操控屏幕，已经扩展到手机界面甚至语音界面。

2.5.1 应用程序的特点

智能照明控制系统应用程序明显具有以下特点：

1. 功能比较完备。

① 数据总览：包括项目地理位置、设备信息与运行状态、当地天气信息、能耗统计、异常设备报警等信息。

② 设备可视化管理与控制：一般可基于实际建筑点位图，进行设备监测和控制；基于项目、楼宇、楼层、房间、群组、单灯，对设备进行快捷群控或单控；支持开关、亮度、色温、颜色等调节快捷键，进行便捷控制；定位故障设备点位，展示设备实时状态。

③ 能源管理：可按楼宇、楼层、房间维度，快速进行能耗分析；可按日期（比如每年或每月），对设备进行能耗分析；生成可视化统计图，支持对比、环比；可选择不同项目进行能耗对比分析。

④ 支持设备批量添加：自动扫描附近待添加的设备，进行批量添加；支持连接多协议、多品类的智能设备，例如：灯具，遥控器，场景开关，传感器等；对添加后的设备进行批量管理，创建群组，分配区域，创建场景等；

可添加自动遮阳设备，进行自然光与人工照明的光平衡管理；可按需扩展添加其他品类产品。

⑤ 设置场景与自动化：支持多类触发条件，例如天气数据、时间、传感器或其他设备状态等多维度数据，作为自动化场景的触发条件；支持设定场景执行的有效时间段；支持对场景的执行结果进行消息推送；基于区域或群组批量添加执行的设备；支持节能策略执行及结果汇总；支持人体节律策略设定与执行。

对于固定模式的场景，无需逐一地开关灯和进行调光，只须进行一次编程，就可以按区域、群组、单灯等设置场景。可使用按键、APP、语音等实现多路灯光场景的切换，以及其他可控设备的场景组合，还可以得到想要的灯光和电器的组合场景，如上班模式、午休模式、下班模式、参观模式等。

⑥ 权限管理：按项目和角色为相关区域负责人员分配操作权限，如管理员权限、使用者权限、运维人员权限等，支持按设备维度，产品功能维度进行权限划分。

⑦ 施工管理：可分配施工人员，为其授权施工建筑，授权施工时间等，施工状态实时同步到平台软件端（Web 端）和 APP（用户端）。

2. 具有依托于云平台的数据分析能力。

可对数据进行组织、分析，并处理成有用的信息，以提高产品价值以及物联网网络中其他产品的价值。

3. 特别注重网络与信息安全。

智能照明控制系统的环节比较多，必须特别注重网络与信息安全。美国万豪酒店的智能门禁和灯控 APP 就曾经被黑客入侵，造成较大损失。

① 针对产品开发环节，需要完整的 SDLC（安全开发流程管理）来保障从产品设计到开发到最终上线或交付的安全需求和设计到代码的实施和验证。同时，也需要进行隐私合规设计和审计。

② 针对终端产品安全，包括设备端和 APP 端，需要多层加固保护代码、密钥和数据。

③ 针对入侵防护环节，需要有纵深的防御体系，通过模拟红蓝对抗，从发现攻击到准确拦截，检验整个系统、网络的安全性和健康状态。

④ 针对业务安全，需要完整的风控体系，对异常的用户行为进行审计和风险判断。

⑤ 集成并优化商用级软件，提供经过验证的应用框架和标准 API。同时，通过驱动程序 API，为硬件安全功能提供易用的接口。采用包含诸多 API 的加密库，提供宏观安全功能、信任根等各种安全功能，并具备识别可信源与可信代码的能力。原生支持常见的通信协议和传输协议，例如安全超文本传输协议（HTTPS）、传输层安全协议（TLS）和其他特定的云协议。及时更新软件，修复漏洞。

2.5.2 应用程序开发语言及工具

智能照明系统的开发需要掌握大量软件和硬件编程技术。开发人员必须了解嵌入式系统的一些低级编程语言，例如 Assembly、C 和 C++，以及一些用于应用程序开发的高级编程语言，例如 JavaScript、Java、Python、Node、JS 等。

目前各开发环节最主流的语言见表 2.6。

表 2.6 主流开发语言

开发环节	分类	语言
硬件侧	嵌入式开发	Assembly
		C
		C++
		Shell
APP 侧（移动端）	Android	Java
		Kotlin
	IOS	Java
		Kotlin
组网	Mesh 网状	Html
		JavaScript
		Node JS
	云端	Java
		GO
		Python
		PHP
		C#
		SQL
		XML

在平台侧，前端开发人员负责确保网站界面正确工作，如按下按钮、弹出提示、拖动滚动条等；云端开发人员，即后端开发人员，要确保提交的信息被发送到正确的地址，要熟悉物联网的运行机制以及如何使用数据库。此外，数据开发人员还需要编写神经网络并进行 AI 算法的开发，以及测试开发人员检查应用程序。

哪种编程语言最流行？图 2.27 显示了最流行的 10 种语言的发展趋势。实际上，在不同时期，随着不同应用的推出，占主流的编程语言也会随之变化。此外，不同的开发人员也会有自己的偏好。

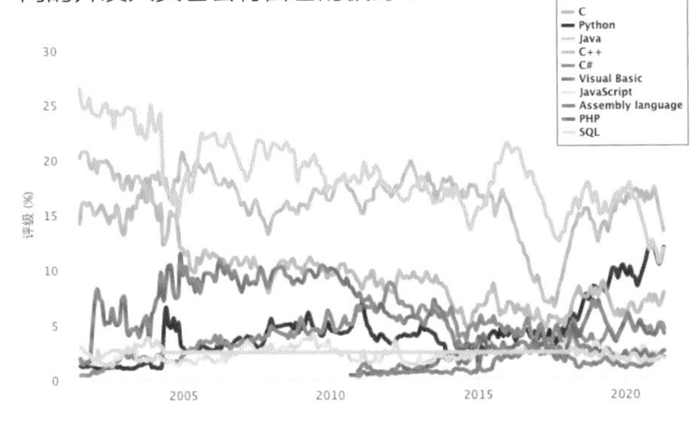

图 2.27　最流行的 10 种编程语言的发展趋势（图片来源：TIOBE）

2.5.3　应用程序的使用界面

应用程序必须尽可能方便用户使用，即使是那些技术不够精通的人或者老年人。简单、美观的 UI/UX 设计能够使信息在 APP 或者软件上清晰呈现，使用逻辑简单，让操作更贴近使用者，并保证界面美观。

像智能家居场景已经发生的情况一样，手机 APP、语音控制也会更多地用于商用智能照明控制，那么这些控制界面的设计、指令的使用，包括公众场合下的使用特点，都是界面设计上必须特别重视的。

因此，一个好的应用程序的使用界面，应该满足下列要求：

① 把一切简单化。确保用户易用易懂，做到足够友好，尽量把复杂的接口和高级功能隐藏在简单的界面之后。

② 做到每一个设计都可以直达操作目标，简化流程，简化操作步骤。

③ 充分考虑从一个元素到下一个元素的流动性。无论是弹出表单还是手势方向，或者是语言的衔接，都要确保每个步骤过渡自然、流畅。

④ 确保交互体验符合人们的使用习惯。

⑤ 提高响应速度，确保系统及时响应使用人员发出的控制指令并做出反馈。

⑥ 开始设计之前，要做好整体思路规划。

⑦ 注重美学设计，做好色彩管理，可以使用颜色来表达类型、区域、重要性等特性。

⑧ 在应用程序在发布前，做好测试工作，确保没有缺陷。

⑨ 如果发现缺陷，要及时升级，解决问题。

第三章 酒店照明智能化设计及应用

3.1 酒店照明概述

酒店有很多种分类方法，现在通行的是依据《旅游饭店星级的划分与评定》GB/T 14308—2010，按照酒店的建筑设备、酒店规模、服务质量、管理水平等进行划分，逐渐形成了比较统一的等级标准。共分为五等，即五星、四星、三星、二星、一星酒店。比如五星酒店是旅游酒店的最高等级，设备十分豪华，设施相比于其他级别的酒店来说更加完善。而随着人们生活水平的提高，酒店行业迎来了蓬勃的发展，酒店分类更加细化，也出现了很多新型的酒店。因此，如今的酒店既有传统的国际高端酒店，如洲际集团、万豪集团、雅高集团、希尔顿集团等管理的酒店，也有快捷连锁酒店、中端连锁酒店、民宿、精品酒店等。即使是国际高端酒店管理集团，也有不同定位的子品牌酒店。国际高端酒店管理集团通常有自己独特的机电设计标准，同时按照子品牌的定位，对设备和实际效果的要求也有区别。而国内部分新兴的精品酒店和中端连锁酒店，在公共空间没有高端酒店的配套设施，但是对客房以及部分公共活动区域也规划了高端的设施，甚至在智能应用方面提出了更高的要求。本章主要围绕通行的酒店照明应用进行介绍，在具体实施中，可以根据酒店的定位，酒店自有的机电设计标准，以及项目的具体需求进行灵活选择。

3.1.1 酒店照明特点和趋势

酒店通常需要划分自身不同功能的空间，采用不同的照明设计，以满足酒店的经营管理需求和人们的心理需求。同时，照明设计是酒店整体设计中非常重要的一环，对于实现酒店空间的整体效果至关重要。设计师遵循灯光产生的效果并加以利用，带来不一样的灯光情景体验，有助于建立良好的酒店品牌形象，吸引更多的消费者。如今，越来越多的酒店开始重视照明设计，为了实现更好的室内效果，把照明设计放在室内空间设计的首位。随着时代的发展，低碳、节能、环保逐渐被重视，节能减排是酒店照明设计中的重点研究对象。

目前设计师和酒店经营者面临一个共同的课题——能耗，如何以更优的设计，更少的投入，实现最好的照明效果呢？照明的节能设计迎来了崭新的发展，现在在节能设计方面运用最多的就是智能照明。但对酒店空间设计追求的美观和特色而言，智能照明还有很大的缺陷。由此可见，优秀的照明设计对于酒店的空间设计是不可缺少的。合理安排灯具的排列、安装，巧妙利用灯具的特点，处理好光与影的搭配，既能实现节能的需要，又能满足酒店空间对照明设计美观和控制的要求。

随着 IoT 物联网的兴起，酒店的智能照明控制不再是独立的控制系统，在建筑内与客房控制系统、酒店管理系统等可以更加紧密地结合，提高运营管理效率；在设备端，也可根据项目要求灵活增加室内空气质量传感器、温湿度传感器、睡眠传感器、开关面板、计量设备等，实现室内环境、客人活动等与场景更加紧密的联动，打造更智能、更新鲜的体验；同时，也可通过 IoT 平台，在一个终端，对多地项目的照明设备进行集中统一管理，不仅能看到设备状态，也可以接收到设备故障报警，及时更换故障设备，保证客人的舒适体验。此外，还可以通过带计量芯片的设备，精确地计量每一个设备的能耗情况，通过后台大数据的分析，可以按照时间和空间两个维度提供优化策略，实现更加智能的能源管理。未来随着充电桩等多种用电设备的增加，对基础用电设备的智能化要求也越来越高，IoT 平台也可以更加智能地对能耗进行优化。

3.1.2　酒店照明空间组成及照明规范要求

通常酒店照明空间按功能划分，包括：公共空间区（大堂、走廊、公用洗手间、电梯厅）、餐饮休闲区（宴会厅、西酒店、特色酒店、酒吧）、客房区（客房）、商务服务区（会议室、商务大厅、多功能厅）、配套休闲区（游泳馆、健身房、SPA 房）等。中端连锁酒店往往专注于客房体验和前台接待区，以及一些供交流的公共空间，相对省略了餐饮休闲区、商务服务区和配套休闲区等区域空间。

酒店照明的空间组成多种多样，但基础照明设计参数、照明规范要求应遵照国家标准《建筑照明设计标准》。酒店建筑照明标准值应符合表 3.1 的规定。

表 3.1　酒店建筑照明标准

房间或场所		参考平面及其高度	照度标准值（lx）	统一眩光值 UGR	照度均匀度 U_0	显色指数 R_a
客房	一般活动区	0.75 m 水平面	75	—	—	80
	床头	0.75 m 水平面	150	—	—	80
	写字台	台面	300*	—	—	80
	卫生间	0.75 m 水平面	150	—	—	80
中餐厅		0.75 m 水平面	200	22	0.60	80
西餐厅		0.75 m 水平面	150	—	0.60	80
酒吧间、咖啡厅		0.75 m 水平面	75	—	0.40	80
多功能厅、宴会厅		0.75 m 水平面	300	22	0.60	80
会议室		0.75 m 水平面	300	19	0.60	80
大堂		地面	200	—	0.40	80
总服务台		台面	300*	—	—	80
休息厅		地面	200	22	0.40	80
客房层走廊		地面	50	—	0.40	80
厨　房		台面	500*	—	0.70	80
游泳池		水面	200	22	0.60	80
健身房		0.75 m 水平面	200	22	0.60	80
洗衣房		0.75 m 水平面	200	—	0.40	80

注：* 指混合照明照度。

1. 公共空间区。

酒店大堂是消费者首先接触的酒店空间，也是酒店的名片，留给消费者的第一印象至关重要。友好、优美的欢迎灯光，可以让客人一进入酒店就心情舒畅。大堂照明的设计，应注重实现人与光的关系。合适的灯光可以给客人带来良好的视觉感受，同时可以按不同时间段里人们的活动需求，在满足基本功能的基础上，提供适宜的照明氛围。

现代酒店大堂的设计越来越鲜明、独特，这些设计方案风格迥异，已经无法用“现代简约”或“欧式经典”等传统的风格类别来描述、区分了。照明设计师需根据不同的设计需求应变，实现或幽暗，或明亮，或清冷，或温暖，或纯净，或缤纷的照明效果。

此外，照明设计的不同可以使酒店品牌差异更明显。传统酒店的大堂宽敞高大（高度 9 m 以上），使用装饰吊灯，气氛以平和、舒适为主，仅使用直接照明，提供足够的工作面光即可，环境光则由装饰吊灯、间接光、落地灯、台灯等提供，服务台的光线够用即可。现代酒店，特别是一些品牌酒店的大堂则很少会高大宽敞，服务台的照明需求也变得更加明亮（达到 500 ~ 800 lx），但作为引导客人视线的背景墙面的照明仍然是重点，一般采用背透光重点照明、洗墙等手段进行修饰。传统酒店的大堂吧为客人提供一个适合交流的区域，一般会比大堂照度低一个等级，照明手法以重点照明桌面为主，空间则以间接照明为主。而现代酒店的大堂吧，客人可能在这个区域会客、上网，甚至工作，是多功能空间。这个区域的照度等级应根据不同的需求提供。大堂的休息等候区是展现特色的区域，传统酒店的休息等候区，照明手法一般以台灯、落地灯为主，以重点照明辅助。现代酒店的休息区则风格各异，照明手法没有统一标准，但一定是以重点照明为主，突出各种特色家具、奇异空间、特色装饰；照度等级根据功能区和被照物体体积、颜色分别对待。

在满足国家标准的基础上（见表 3.2），可以根据现场实际情况和要营造的氛围，进行适当的调整，以实现理想的灯光效果。

表 3.2　酒店不同区域的照明要求

区域	照度	色温	显色指数 R_a
进门和前厅	离地 1 m 的水平照度 300 ~ 350 lx	3000 K 左右	> 85
服务台	750 ~ 1000 lx	3000 K 左右	> 85
休息区	200 ~ 300 lx	3000 K 左右	> 85
电梯间	地面水平照度 200 ~ 300 lx	4300 K 左右	> 80
通道	地面水平照度 100 ~ 150 lx	3000 K 左右	> 80

在公共区域，控制策略主要从节能和氛围两个角度展开。在走廊、后场区，可使用带动静传感器的控制系统，做到人来灯亮、人走灯灭的控制效果，适当地降低能耗，节约能源。在接待区和前厅，可根据时间结合自然光，使用恒照度传感器，既保证合适的通用照明照度，也能适当降低能耗。在部分功能区域，如接待台，可使用局部重点照明，保证工作效率，也可以方便客人和接待人员互相观察表情。在客流量不大的深夜，可适当调低无工作人员位置的照度，降低能耗，将光线聚焦在有工作人员的位置。

2. 餐饮休闲区。

现代酒店的宴会厅按照风格可分为中式餐厅、西式餐厅、特色餐厅等多种。每种酒店都有各自的装饰风格或兼顾多种风格，中式房间的光多半是隐藏起来的，注重细腻，合乎“先抑后扬”的中式空间情绪，进入后令人有种豁然开朗的感觉；美式房间的光比较直接，灯具多是下照灯，多采用复古色，符合美式风格；法式房间尽量用装饰照明营造气氛，少了一些直接的功能照明；日式房间则大面积地应用间接照明，光也是隐藏起来的。

即使风格不同，哪怕在非用餐区域营造很多氛围光而非直接照明，但餐桌上方的用餐区域功能照明也是不可或缺的。这部分的灯具应对桌面呈现用餐和非用餐两种状态，应选择适中角度（15° ~ 20° ）的光。非用餐时间，桌面上一般摆放多为瓷、玻璃、金属材质的餐具，以及桌花等装饰品；用餐时间，餐桌上则是珍馐佳肴。15° ~ 20° 的光不仅可以照亮桌面，还可以利用余散光照亮用餐人的脸部，增加面部表情的识别度，让人们在用餐时更加方便地交流。同时，应该更加注重光源的显色指数，传统卤钨灯的显色指数接近 100，但是 LED 灯具在酒店市场流行后，显色指数的问题很容易被忽略。酒店使用的 LED 光源必须保证平均显色指数超过 90，R_9 即红色指数要超过 70。

用餐区中，桌面作为主要照明区，要有足够的下照光线，从而创造出吸引人的焦点。但不能单独使用下照光，否则会造成用餐者面部表现失调，以及产生严重的阴影。下照光需要远离人的面部，且很好地被来自垂直面、天花板的反射光线所平衡。不同餐区的照明要求见表 3.3。

表 3.3 不同风格餐区照明要求

区域	照度	色温	显色指数 R_a
中餐基础照明	200 ~ 250 lx	3000 K 左右	> 90
中餐重点照明	250 ~ 350 lx	3000 K 左右	> 90
西餐基础照明	50 ~ 100 lx	3000 K 左右	> 90
西餐重点照明	150 ~ 200 lx	3000 K 左右	> 90

餐饮区域的智能照明控制策略，主要是提供根据时间自动切换，或者人工一键切换场景。如非用餐时间，可适当关闭灯光或者调低此区域的照度，降低能耗。在用餐时间，可根据设定自动打开场景灯光，营造良好的用餐氛围。也可根据现场不同场景的要求，提供诸如就餐模式、派对模式、讨论模式等可一键切换的场景模式。在宴会厅和需要经常切换焦点照明的区域，可使用带遥控器或者手机 APP 的摇头投光灯，根据餐桌的具体摆放位置，自由调节投光灯的照射方向，确保餐桌的照度和恰当的照明氛围。

3. 客房区。

在多数酒店空间中，客房占了其中的 60%，也是酒店的真正意义所在。其照明设计旨在给宾客提供舒适的休息环境和体验，让宾客有一个舒适、安逸、自由自在的感受。酒店客房的区域，一般有活动区、床头、写字台、卫生间等，不同区域有不同的照度要求。客房入口的玄关，满足 50 lx 左右的基础照明即可。淋浴区和浴盆所在区域，需要达到 300 lx 的照度要求，且为了保证灯具的寿命及正常使用，防雾是必须的。储物柜 150 lx 左右，有时为了照亮柜内物品，会适当增加。卫生间、梳妆台、工作台和床头均可根据不同的功能，选用不同的灯具和不同的布灯间距。一般来说，卫生间达到 100 lx，梳妆台、工作台、床头达到 200 lx 的照度需求即可。而休息区为了营造幽静的感觉，在不妨碍视觉功能的前提下，照度越低，其静谧感会越强，此时选用 100 lx 的照度较为适宜。客房不同区域的照明要求见表 3.4。

表 3.4 客房不同照明区域的要求

区域	照度	色温	显色指数 R_a
客房基础照明	75 ~ 100 lx	3000 K 左右	> 90
客房重点照明（书桌、化妆台、阅读区域）	300 ~ 350 lx	3000 K 左右	> 90
洗手间	200 ~ 300 lx	4000 K 左右	> 90

客房区的控制策略主要围绕客人在房间内的不同使用场景来设定，如欢迎模式、睡眠模式、离开模式、阅读模式等。可根据不同模式，将照明、电动窗帘、空调、电视、音响等电气设施，按照不同的使用逻辑进行编辑，

可一键切换场景，也可根据动静或者存在传感器进行探测，然后根据不同的出发逻辑，打开、关闭或者调节对应的设备。在场景按键外，建议保留对具体设备的开关或者调节按键，便于客人根据自己的喜好进行微调。如果是单独的照明按键或者空调按键，在选择开关样式和位置时，要充分考虑美学设计、酒店配套的墙体风格以及客人可方便控制的位置等。也可以选择一些新型的人机互动界面，如触控屏、智能语音音箱、手机小程序等，方便客人调节。

夜间客人起床，可使用带传感器的灯具，自动点亮夜灯，方便客人找到洗手间位置。洗手间可使用存在传感器，探测无人后，自动关闭灯光。客房也可使用存在传感器，探测到房间无人后，可自动关闭房间灯光，调节空调到节能模式，适当降低能耗。

部分酒店要求客房的阳台照明可以跟酒店的整体景观照明进行联动。比如，客房无人时，受酒店景观照明控制系统的整体控制，并根据时间进行设置，在夜幕降临时，与景观照明和建筑立面的照明自动同时打开；当客人入住并进入房间后，可根据入住状态，把阳台照明的控制权交还给客人，由客人自行决定是否打开阳台照明。这里主要是控制逻辑的设定，以及控制指令优先权的设定，需要根据项目具体要求进行配置。建议照明设计师在设计功能时，要充分了解项目方的需求，根据需求，通过智能系统对照明设备以及客房控制系统进行设定。

此外，客房的灯光通常会和客房控制系统、空调系统、门禁系统、网络系统、多媒体系统、电话系统等进行联动，需要针对具体需求，进行详细的控制逻辑表规划。

4. 商务服务区。

会议室也是酒店的一个重要组成部分，采用智能照明控制系统通过对各照明回路进行调光控制，可预先精心设计多种照明场景，使得会议室在不同的使用场合都能有不同的、合适的灯光效果，工作人员可以根据需要手动选择或实现定时控制。可以根据会议室的使用需求灵活地实现各种分割和合并，而无须改变原有系统配置。会议室的照明控制系统可以和投影仪设备相连，当需要播放投影时，会议室的灯能自动缓慢地调暗；关掉投影仪，灯又会自动柔和地调亮到合适的照明效果。会议室不同区域的照明要求见表 3.5。

表 3.5　会议室不同区域的照明要求

区域	照度	色温	显色指数 R_a
主席台重点照明	300 ~ 350 lx	4000 ~ 6000 K	＞ 85
听众区域基础照明	200 ~ 250 lx	4000 ~ 6000 K	＞ 85

3.1.3　酒店照明常用的灯具类型和特点

酒店灯具的选择有非常特殊的标准，光的品质至关重要，通常需要关注以下参数：

① 显色指数达标：酒店灯具的平均显色指数一般要求为 80 以上，重点部位要求 90 以上，特殊区域还会对某种颜色的特殊显色指数有特殊要求。

② 配光精准：酒店中的被照物体非常复杂，小到一块手表，大到一整面背景墙，都需要特殊照明设计。这就要求灯具的配光非常精准，可以准确地照亮希望照亮的区域，而不是让杂乱的光线投射到不该照亮的区域。另外，配光有问题的灯具会造成严重的眩光，要注意避免这种情况的出现。

③ 色温准确：酒店照明设计中，2700 ~ 3500 K 色温都会出现，但有时不同厂家生产的 2700 K 的灯具会出现颜色上的差别，这是由色温不准确造成的。但 LED 灯具色温的偏差一般不用“2700 ± 100 K”这种形式表示，而是用色容差值（*SDCM*）来界定色温的偏差值。一般来说，*SDCM* ＜ 3 是可以接受的，有些特殊区域，比如特色酒店、艺术陈设品销售区域等，要求 *SDCM* ＜ 2。

④ 光通量合适：达不到设计要求的光通量意味着被照物体不够亮，超过了设计要求的光通量则意味着原设

计的空间亮度比例失衡。除去光的品质，外形是否符合要求也非常重要，这里的要求不仅是照明设计师对灯具外观的要求，也是室内设计师对灯具尺寸、颜色、材质的要求，还是安装单位对灯具安装方式、空间尺寸、供电方式的要求。

酒店照明常用灯具见表 3.6。

表 3.6　灯具选型推荐

序号	区域	照明要求	推荐灯具
1	入口、大堂、总台	一般照明，局部照明	高显色筒灯系列、防眩格栅射灯系列、防眩天花灯系列，应考虑调光功能
2	电梯内、电梯出入口、客房通道	照度适宜、明暗交错	天花灯系列、小口径筒灯
3	中餐包房、宴会厅	氛围亲切，色温适宜	低色温筒灯、直压筒灯、射灯、格栅射灯
4	西餐厅、咖啡厅	格调独特，富有情趣	聚光射灯、格栅射灯、天花灯
5	会议室、报告厅	主次分明，调节方便	高显色筒灯系列、防眩格栅射灯系列、防眩天花灯系列，应考虑调光功能
6	KTV、舞厅、桑拿、游泳池	温情浪漫、激情活跃	聚光射灯、格栅射灯、天花灯、筒灯
7	客房	温馨亲切，明暗可调	MRII 天花灯、筒灯
8	阅览室、图书室、商务中心	色温偏高，照度良好	筒灯、天花灯

3.2　酒店的智能照明控制系统

3.2.1　酒店的智能照明控制策略

在控制方式上采用集中分布式控制模式，在餐饮包房区域满足集中控制和独立分房间控制方式；在敞开餐区采用吧台集中分区域控制方式；公共走廊和前庭则采用时间管理模式。

3.2.2　酒店照明各空间的常用场景模式

酒店照明空间的常用场景模式及主要控制策略见表 3.7。

表 3.7　酒店照明空间的常用场景模式及主要控制策略

应用空间	场景模式	主要控制策略	描述
客房	欢迎模式	通过动静传感器、存在传感器，或者与门磁、插卡设备的联动，开启灯光	客人进入房间时，自动打开廊灯，自动打开电视并显示欢迎信息，白天可自动打开窗帘，晚上则自动关闭窗帘。可在客人办理入住手续时自动打开房间内空调，保证室内舒适的温湿度
	电视模式	关闭主灯，保留辅助照明，聚焦电视	可一键关闭主灯，仅保留一个辅助照明（如落地灯）

续表 3.7

应用空间	场景模式	主要控制策略	描述
客房	阅读模式	一键切换打开阅读灯	一键打开阅读灯，并可调整明暗，提升阅读舒适度
	睡眠模式	一键关闭所有灯，可与夜灯模式组合	一键关闭所有灯并打开夜灯，如果有动静传感器的夜灯，可在客人起夜时，自动打开夜灯
	无人模式	多种关灯模式，节约能耗	可一键关闭所有灯，也可通过动静传感器探测无人关灯，或与门磁、插卡面板联动，无人时自动关灯
宴会厅	欢迎模式	打开所有灯	打开所有灯，保持高照度，烘托气氛，并使所有成员能自由交流
	宴会模式	保证餐桌区域和主席台照度	根据场景设计，关闭不需要的照明回路或群组，保持餐桌区域和主席台的照度，体现出层次感
	会议模式	保证会议桌区域和主席台照度	根据地面会议桌的摆放位置，打开所需照明回路或群组，保证书写照度，打开主席台照明灯具并调节到合理照度，使参会者聚焦主席台，在可分割的区域，应保证分割后的独立会议区可单独进行照明控制
	报告模式	适当降低观众区照度，聚焦报告	可适当降低观众区照度，关闭投影幕布或 LED 屏幕上方照明灯具，保证清晰的投影效果，可在报告人的演讲台或书写白板区域提供焦点照明，使观众清晰地捕捉演讲者的表情和内容
	视频模式	适当降低观众区照度，聚焦报告	可适当降低观众区照度，关闭投影幕布或 LED 屏幕上方照明灯具，保证清晰的投影效果
	鸡尾酒会模式	根据地面桌位进行重点照明	使用可控制调整角度的射灯，根据地面酒台的位置进行重点照明，关闭不需要的照明回路或群组，保证照明的层次氛围
商业会议室	会议模式	保持会议桌照度，适当降低环境照度，保持会议区注意力	逐渐开启会议桌上主照明，调低周边建筑照明和辅助照明，开启窗帘，引进自然光，聚焦会议区，保证交流效率
	投影、报告模式	集中关注屏幕，提供环境照明可观察表情并利于交流	逐渐关闭屏幕上方灯具，关闭窗帘，适当调低侧方和后方灯具亮度，聚焦屏幕
	无人模式	通过动静传感器自动关闭主照明灯具	通过动静传感，无人区域可关闭或降低照度以节能，有人时自动亮灯
公共区域（主要包含公共空间走道、楼梯间、后场区域等）	有人、无人模式	通过动静传感器自动开启、关闭主照明灯具	通过动静传感，无人区域可关闭或维持低亮度以节能，有人时自动亮灯；人走延时灭掉或降低照度，降低能耗
	日常模式	时钟模式	通过日程表，天文时钟，定时开闭、调节灯光

3.2.3 酒店照明智能控制常用产品

一般照明控制系统由中央监控装置、照明控制器和现场设备组成。

① 中央监控装置：电脑系统，显示器，系统软件，通信装置，直接连入以太网或者无线网，电话控制装置，不间断电源。

② 照明控制器：开关方式的照明控制器，电源装置，场景控制器，调光控制器。

③ 现场设备：可编程开关，照度传感器，基于红外和超声波的室内动静传感器或存在传感器，触摸屏。

3.3 酒店智能照明应用案例

3.3.1 上海金茂君悦大酒店

金茂大厦坐落在上海市浦东陆家嘴，是一栋 88 层高耸入云的现代智能型高楼（图 3.1）。大厦内君悦大酒店选用的智能照明控制系统，其控制区域见表 3.8。

图 3.1　上海金茂大厦（图片来源：袁逸群）

表 3.8　金茂君悦大酒店公共区域部分和客房部分照明控制区域

公共区域部分		客房部分	
楼层	功能区	类型	数量
裙房 1 层	门厅、会议厅、演示厅	普通客房	520 套
裙房 2 层	休息室、门厅、客厅、会议室、大宴会厅		
裙房 3 层	娱乐中心	行政人员套房	24 套
裙房 3 层	娱乐中心		
塔楼 1 层	门厅、贵宾休息室	总经理套房	1 套
53 层	大堂、音乐吧、玲珑吧		
54 层	咖啡厅、自助餐厅、大堂	外交人员套房	8 套
55 层	中国餐厅		
56 层	各种西餐厅、中庭	总统套房	2 套
57 层	健身俱乐部		
83 层	会议室	主席套房	1 套
86 层	会员俱乐部		
87 层	咖啡厅		
88 层	观光厅		

1. 酒店照明控制系统结构说明。

在照明控制方式上，采用了分布式智能控制网络，上至 88 层观光厅，下至裙房 2 层，垂直高度 400 m，管理人员既能通过中央监控室的计算机对系统进行监控管理，又能采用流动方式在任何一个楼层、任何一个区域，通过便携式计算机或手持式编程器对系统进行维护和管理。举例来说，只要在裙房 2 层将手持式编程器任意插入编程插口，即可读到 88 层或任意楼面的任意一个器件的工作状态，并可做重新编程与维修。

智能照明控制系统的调光控制模块按各楼层、功能区域进行配置，实现了模块的就地安装和就地控制；每一楼层的各功能区域通过一根通信线联成一个子网；每一个子网通过网桥与主干网相连，组成一个完整统一的照明控制网络。子网的数据传输速率为 9600 b/s，子网与主干网之间的数据传输速率最大能达到 57.6 Kb/s，大大提高了大型照明控制网络信息传输的可靠性。

系统共有 3636 个照明调光通道，配置了 130 台调光模块，23 个通用光电传感器，729 块控制面板，13 个网桥，以及 1 台时钟控制器。

2. 酒店照明控制系统在各主要区域运用的功能说明。

首先来看大堂的照明控制系统。

① 整个大堂的灯光由系统自动管理，系统根据大堂运行时间自动调整灯光效果。

② 大堂接待区安装可编程控制面板，根据接待区域各种功能特点和不同的时间段，可预设 4 种或 8 种灯光场景；同时，工作人员也可进行手动编程，能方便选择或修改灯光场景。

③ 系统充分利用由玻璃幕墙浸入的自然光，实现日照自动补偿。当天气阴沉或夜幕降临时，大堂的大水晶吊灯及主照明将逐渐自动调亮；当室外阳光明媚，系统将自动调暗灯光，使室内保持要求的亮度，节电可达到 50% 以上。

④ 可延长灯具寿命 2 ~ 4 倍，对于保护昂贵的水晶吊灯和难安装区域的灯具有特殊意义。

第二是西餐厅、酒吧厅和咖啡厅的照明。

① 西餐厅、酒吧厅、咖啡厅等采用多种可调光源，通过智能调光始终保持最柔和、最优雅的灯光环境。可分别预设 4 种或 8 种灯光场景，也可由工作人员进行手动编程，能方便地选择或修改灯光场景。

② 在厅内或需分割的包房内安装可编程控制面板，可预设 4 种或 8 种场景，也可由工作人员通过可编程控制面板来方便地选择或改变灯光的场景。

③ 控制面板还具有“渐亮”和“渐暗”功能键，工作人员可随时利用这两个键灵活调节灯光亮度。

第三是宴会厅的照明。

① 宴会厅可预设置多种灯光效果，以适应不同场合的灯光需求，供工作人员任意选择。如宴会准备阶段只有部分或全部筒灯点亮，在准备阶段为保护价格昂贵的水晶吊灯，系统将限制工作人员启用吊灯。当宾客开始入场时，灯槽中隐光的灯带逐渐点亮，只有在宴会开始时才调亮所有灯光，使宴会厅灯火辉煌。在宴会进行过程中，灯光应针对宴席桌，通过照明回路亮暗不同搭配，产生立体的灯光视觉效果。若需配合文艺或时装表演，则当演出开始时，所有的环境灯光渐渐调暗，舞台灯光投入运行，工作人员通过可编程控制面板，只需按一个键即可调用所需的某一灯光场景。

② 配备遥控器，值班经理可使用遥控器远距离控制大型宴会厅的灯光效果变幻。

③ 通过系统特有的链接功能，根据宴会厅的多功能用途，灵活地实现各种区域分割和合并，而无需改变原有系统配置。例如，当房间使用移动隔板将房间分隔成几个小房间时，只需把配置的“JOIN”面板上的键打到“OFF”状态，各房间就可实现单独控制；而当撤去移动隔板成为一个大空间时，只需把“JOIN”键打到“JOIN”状态，面板就能实现联动控制，使用极其方便。

第四是中餐厅的照明。

中餐厅可利用智能调光系统的固有功能，随意分隔或合并成大小不同的包房，给就餐者带来一个温馨的空间。

第五是会议室的照明。

① 酒店会议室采用智能照明控制系统，通过对各照明回路进行调光控制，可预先精心设计多种灯光场景，使得会议室在不同的使用场合都能有不同的合适的灯光效果，工作人员可以根据需要，手动选择或实现定时控制。

② 通过系统特有的链接功能，根据会议室的使用需要，灵活地实现各种分隔和合并，而无需改变原有系统配置。例如，当房间使用移动隔板将房间分隔成几个小房间时，只需把配置的“JOIN”面板上的键打到“OFF”状态，各房间就可实现单独控制；而当撤去移动隔板成为一个大空间时，只需把“JOIN”键打到“JOIN”，面板就能实现联动控制，使用极其方便。

③ 会议室的灯光控制系统可以和投影仪设备相连，当需要播放投影时，会议室的灯能自动缓慢地调暗；关掉投影仪，灯又会自动柔和地调亮到合适的效果。

第六是客房的照明。

客房通过调光，给客人生活起居活动创造一个温馨、祥和、亲切的环境气氛。

3.3.2 上海世茂深坑洲际酒店

全球人工海拔最低五星级酒店——上海世贸深坑洲际酒店，位于上海市松江区国家风景区佘山脚下的天马山深坑内。酒店由世贸集团投资建设，海拔 -88 m，总投资超过 20 亿元，耗时 12 年建成，获得 41 项建筑技术专利，依附深坑崖壁而建，是世界首个建造在废石坑内的海拔最低的五星级酒店。酒店位置原本为一个废弃的深坑，却在设计师、建筑师及数名工程师的手中，凭借巧夺天工之技，营造了一种自然景观与人工设计互相穿插、渗透共生的情景（图 3.2）。

图 3.2 上海世茂深坑洲际酒店（图片来源：邦奇智能）

酒店总建筑面积超过 6.1087 公顷，拥有 336 间客房和套房，酒店建筑格局为地上 2 层、地平面下 15 层（其中水面以下 2 层）。酒店利用所在深坑的环境特点，所有客房均设有观景露台，可欣赏峭壁瀑布。酒店设有攀岩区、景观餐厅和 850 m^2 的宴会厅，在地平面以下设置有酒吧、SPA 区、室内游泳池和步行景观栈道等设施，以及水下情景套房和水下餐厅。每当夜幕降临，酒店的照明效果都显得格外灯火璀璨，为旅客带来视觉震撼（图 3.3）。

图 3.3 上海世茂深坑洲际酒店夜晚照明效果（图片来源：邦奇智能）

酒店照明的特点有：

1. 公共区域。

公共区域照明系统采用 RS485 联网方式通信，根据回路的功率、调光方式等参数，配置了各类型照明控制设备。酒店调光光源以前沿调光为主，部分区域搭配了少量 DMX 协议调光灯具。系统通过配置可编程 RTC 天文时钟模块，以及通过 RS485 通信线联网所有智能照明设备，使这些区域的照明系统运行在全自动状态。酒店照明系统按预先设置，切换若干个基本工作状态，通常为“白天”“晚上”“休息”等，根据预设定的时间自动地在各种工作状态之间转换，且提前根据万年历预设了各个节假日的节日模式。而在自动化控制的同时，亦可通过前台的可编程控制面板自主切换 VIP 欢迎模式等特殊场景模式。

2. 大堂。

大堂配置了智能调光控制器，使大堂的灯光得到智能化管理。通过调节不同回路的开关与亮暗的组合，配置网络时钟，让酒店大堂的场景根据不同的季节和时间段，呈现出不同的灯光氛围。大堂的场景一般设置为：早上、中午、下午、傍晚、深夜及凌晨等。针对此类场所，照明系统特别增加了 FADETIME 的字段，让各照明场景在自动切换的同时，人性化延长切换间渐变效果的渐变时长，确保酒店能顺畅无感地切换场景，住客不会因为灯光场景的切换而感到突兀或不适。

3. 宴会厅。

内置不同灯光场景模式，以便服务员在不同场合调用适用的场景，包括部分或全部灯点亮的准备模式、灯逐渐点亮的入场模式，调亮所有灯光的开始模式，以及调暗所有灯光、突出舞台灯光的演出模式等。同时通过 485 转 232 协议转换控制器，对接 AV 系统，比如宴会开始时，联动 AV 系统，调节顶部 DMX 灯光，调用所需的场景模式。宴会进行过程中，可通过调节各照明回路亮暗的不同组合，改变立体的灯光视觉效果；当客人全部离开后，灯光切换到“清扫状态”。工作人员通过可编程控制面板，按动一个键即可调用所需的某一灯光场景。宴会厅照明效果如图 3.4 所示。

图 3.4　上海世贸深坑洲际酒店宴会厅（图片来源：邦奇智能）

4. 会议室。

酒店内设众多会议室，根据会议室空间大小的不同，定制了不同场景模式的灯光风格，充分满足不同会议种类对会议场合照明的需求。通过触点控制执行器控制窗帘电机、幕布升降机等设备，并通过 485 转 232 协议转换控制器，控制投影仪设备，联动部分调光光源，一键即可进入会议模式。

5. 中餐厅。

配合其整体的装修风格，专属设置定制化的灯光场景模式。灯光的智能化管理，可根据日出日落的时间，让灯光自动切换明暗，给予客人一个舒适温馨的就餐环境。搭配 FADETIME 功能，无缝切换灯光渐变效果。服务台配置专用触摸控制屏，制定专属定制化界面，配合 DALI 协议控制灯具，可单独控制各餐桌上方对应光源的开关与调光。

6.SPA 区。

作为休闲娱乐的公共区域，设计宗旨力求为客人提供高品质体验。当然，除了考虑不同的灯光效果带来的舒适感，也要考虑到顾客活动的安全性。在 SPA 区提供多种不同灯光场景的切换模式，以保证顾客高品质的体验感受。给服务人员配置手机 APP，可在该区域局域网内，对每个服务位置上方的灯光进行自主调光。

7. 酒吧。

系统预先设定了多种情景模式，如派对模式、清扫模式等。在酒吧吧台处设有该区域的总控面板，根据各类情景状态需要，工作人员可在面板上进行一键切换。同时联动 DMX 协议控制光源，在派对模式下自动渐变各类颜色效果。酒吧的照明效果如图 3.5 所示。

图 3.5　上海世茂深坑洲际酒店酒吧（图片来源：邦奇智能）

8. 水下餐厅。

水下餐厅作为上海世茂深坑洲际酒店独有的特色之一，灯光照明对餐厅环境氛围的烘托，以及对菜品成色的影响也是很大的（图 3.6）。水下餐厅的智能照明系统预先设定了多种情景模式，如晚餐、准备、全关、清扫等，根据各类情景状态需要，这些场景照明切换均可在该餐厅的服务总台控制面板上进行一键实时切换，为顾客营造出不同的就餐氛围。服务台面板还编写了对单灯进行控制的程序，在客户过生日时为其营造专属的灯光效果。

图 3.6　上海世茂深坑洲际酒店水下餐厅（图片来源：邦奇智能）

9. 客房。

酒店客房（图 3.7）设置了智能欢迎场景。照明系统与 Opera 的 PMS 系统进行协议对接，当客人在酒店办理入住时，房间会提前开启空调，将房间温度设置为适宜温度。客人进入房间，门磁联动会自动打开廊灯，方便进行插卡取电。插卡后，房间随即进入欢迎场景模式，灯光、窗帘、窗纱、空调自动调节，给予客人温馨舒适的入住体验。通过与百度云平台 MQTT 协议的对接，将开门信号通知给百度音箱（图 3.8），在开门的一瞬间，“小度”便会送上最真诚的欢迎致辞。

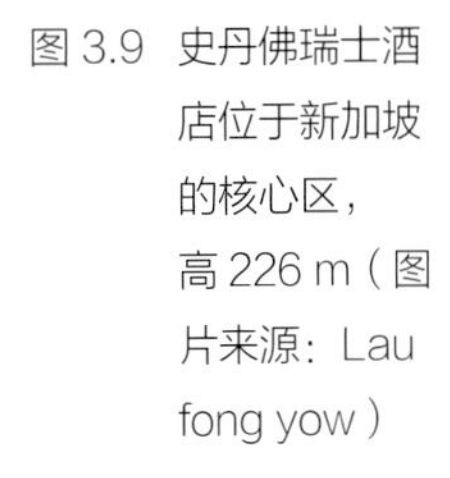

图 3.7　上海世茂深坑洲际酒店客房场景（图片来源：邦奇智能）

图 3.8　上海世茂深坑洲际酒店客房联手百度语音控制（图片来源：邦奇智能）

作为全国首家所有客房均配备小度在家智能有屏音箱的酒店，上海世茂深坑洲际酒店采用了智慧酒店 AI 系统。并成功对接智能酒店客房控制系统，通过与百度云的深度对接，轻松实现对酒店客房内的各项设备进行语音控制，让酒店的每间客房都得到升级，由内到外的全方位新鲜感，更能体现奢华酒店的服务品质。口语化识别，让老人小孩都能操作，住客只需一句“我要睡觉了”，系统就会自动关闭窗帘、灯光，打开夜灯；还有“我要起床了”“我要工作了”“房间太冷了”等各类口语化控制，让住客真正体验到智能 AI 为生活带来的便利。

3.3.3　新加坡史丹佛瑞士酒店

新加坡史丹佛瑞士酒店是一家五星级酒店，楼高 226 m，共提供 1261 间客房（图 3.9）。该酒店希望有一个新的灯光控制系统，既可以和酒店的其他系统，比如 HVAC 空调系统以及甲骨文的 Opera 系统无缝对接，又可以提高员工的效率，从而提升客户的体验和公司的可持续性发展目标。

图 3.9　史丹佛瑞士酒店位于新加坡的核心区，高 226 m（图片来源：Lau fong yow）

根据该项目的设施管理部总监的要求，客户的体验从到达酒店就开始了。当客户进入房间，空调会设置开启到合适的温度，同时灯光开启。该照明控制系统不仅能够节能，而且能够提升客户体验，并帮助新加坡史丹佛瑞士酒店达到它的可持续性发展目标（图 3.10）。

图 3.10 新加坡史丹佛瑞士酒店希望打造新的灯光控制系统，从而提升客户体验和管理效率（图片来源：昕诺飞）

图 3.11 当客户进入房间时，客房瞬时进入欢迎模式：合适的空调温度和灯光会全部打开（图片来源：昕诺飞）

该酒店采用了智能互联的酒店照明控制系统，其仪表盘可让酒店员工实时看到客户的要求，加快响应速度，提升服务效率。客户在房间里可以简单按一个键，触发“请清洗我的衣物”，就可以将信号通过中央仪表盘传输到酒店员工，提醒安排服务员去该房间。同时，该系统还减少了酒店服务员不必要的工作，也减少了对客户的打扰。

该系统主要提供以下基本功能：

① 欢迎和休息等场景设置：当客户到达酒店房间，他们可以利用场景开关，瞬时设定需要的照明场景和房间温度，欢迎客户的光临；也可以在傍晚时为客户提供休息的灯光氛围（图 3.11）。

② 特殊设置的晚安场景：据统计，大约 35% 的客人在夜晚为了方便，会不关闭卫生间的灯光，这会对深度睡眠带来负面影响。自动设置灯光会有助于睡眠，当客户休息时完全关闭灯光；当半夜客户起来时，低位照明会迅速开启照亮地板，提升安全。

③ 一体化节能：该系统完全定制而成，可与诸如 HVAC 空调管理等第三方系统无缝对接，实时分享客户房间的使用情况的信息。采用动静传感器，可以在无人时调整空调系统和灯光的设置，从而进一步节能。

④ 提升酒店管理运营：通过仪表盘显示，可以提升酒店员工的效率和酒店的管理有效性。该仪表盘将酒店所有客房的复杂信息实时显示出来，如温度、对商务中心的要求等。该软件提供开放的 API 界面，将客户房间使用状况的信息分享，或与其他系统集成。

3.3.4 悠澜智选酒店

悠澜智选酒店位于山东省青岛市黄岛区，远离市中心，环境优越，风景优美，主要客源为周末和节假日来休闲、度假的游客（图 3.12）。该酒店定位为小型精品度假型酒店，风格以简单、整洁、实用为主。由于位于旅游度假区，酒店竞争激烈，因此悠澜智选酒店希望能引入智能化设备，在市场上进行差异化竞争。

悠澜智选酒店的具体需求如下：

① 给予住客智能化的舒适体验，提升酒店入住率。

② 通过客房智能化，提升酒店房间的竞争力。

③ 通过智能化改造，减少酒店水电浪费严重的问题，节约能源。

④ 智能化改造成本不要过高，施工时间要短，尽可能不影响正常营业。

⑤ 照明设计以最简单的功能设计为主，符合小型精品酒店的定位，成本可控。

图 3.12 悠澜智选酒店（图片来源：高模连赢）

为了解决痛点，满足上述需求，酒店采纳了智慧酒店解决方案，对 145 个房间进行了整体改造。改造方案主要包括：

1. 硬件。

使用硬件共计 1400 个，包括 ZigBee 智能开关，ZigBee 智能门锁，ZigBee 电动窗帘，小度智能音箱，万能遥控器，人体存在传感器等。虽然增加了硬件，但对房间原有的功能性照明未做改动，基本保持了原有的门廊筒灯、阅读灯、床头灯和卫生间灯，并以智能开关进行控制，且照度要求符合设计标准，见表 3.9。

表 3.9 酒店客房照度标准

房间或场所		参考平面及其高度	照度标准值（lx）	统一眩光值 *UGR*	照度均匀度 U_0	显色指数 R_a
客房	一般活动区	0.75 m 水平面	75	—	—	80
	床头	0.75 m 水平面	150	—	—	80
	写字台	台面	300*	—	—	80
	卫生间	0.75 m 水平面	150	—	—	80

注：* 指混合照明照度。

2. 软件。

软件方面，主要应用了酒店 SaaS 系统及住客小程序等，实现以下功能：

① 智能语音控制：通过智能音箱，用语音控制房间内的灯光、窗帘等设备，并可与音箱对话，获取天气、娱乐等信息，让客户享受到五星级酒店级别的智能互动体验。

② 场景联动：客人可一键切换睡眠模式、影院模式、休闲模式、阅读模式等多种场景，操作便捷。

睡眠模式：一键关闭所有功能性照明灯具，不需要依次关闭每个灯具，也可以通过智能音箱，说“我要睡了”，来实现睡眠模式。

影院模式：关闭阅读灯，打开床头灯，保证电视区域的低照度，同时通过床头灯提供辅助照明，在观看电视的时候，达到视觉的最佳舒适度。

休闲模式：仅打开休闲区域的照明，并保持较低照度和暖色温，提供休闲的氛围。

阅读模式：打开阅读灯，提供阅读、书写的功能性照明。

③ 能耗管理：通过定制的智能开关和人体存在传感器，在客人打开客房门时自动打开门廊照明，提供欢迎的灯光。在客人离开房间后，自动关闭房间的灯光和空调，减少无效的能源损耗。

经过以上改造，酒店实现了改造需求，即通过简单的能耗管理，同时使用万能中控系统，在物业空调计费系统要求空调不能断电的情况下，做到客人离开房间时可让空调自动关机，实现每月节省电费 20% 左右。由于使用了整体无线 ZigBee 改造方案，实施成本低，周期短，保证了酒店的营业计划。改造后，酒店房间售价平均提高 20 元左右，淡季入住率提升 10% 以上。

第四章 商场照明智能化设计及应用

4.1 商场照明概述

零售业是指主要面向最终消费者（如居民等）的销售活动。其形式多样，根据有无固定场所，可以分为有店铺零售和无店铺零售两大类；根据是否在互联网进行销售活动，分为线上和线下零售模式。

基于中国经济持续高速发展与高收入人群的增长，加之互联网推动的全球商业和文化的交融渗透，商品零售市场的细分、相关联的商店形式和种类，以及人们购物消费的模式，都已经发生深刻变化。比如在消费模式方面，原先多是单纯购物、计划购物，现在出现了很多休闲、娱乐购物，甚至是随机的冲动购物。在购物场所方面也有一些变化，比如由传统的百货商店向大型休闲广场、购物广场（即商店中的商店）转变，由传统的临街店铺向超大型连锁超市转变，由商品范围广的商店向单一商品的品牌店、专卖店转变。在经历了 2020 年新冠疫情的冲击之后，消费者又出现了以下变化：理性消费观念得到强化，健康消费意识觉醒，以及更加崇尚国货。这些，都将对我国商业零售市场的发展带来影响。

根据国家统计局的数据，由于受新冠疫情的影响，2020 年限额以上零售业单位中的超市零售额增长，百货店、专业店和专卖店出现下降；全国网上零售额增长，其中实物商品网上零售额增长 14.8%，占社会消费品零售总额的 24.9%。由此可见，线下零售还是商品零售的主体。

在零售市场的这种变化趋势和细分面前，在消费行为和心理活动日趋复杂化的情况下，零售商、商店如何树立和强化自己的品牌形象，以使自己的品牌形象、概念和特点区别于其他商店，怎样吸引和留住客户，就成了现代商店最为关心的问题。为达到目标，零售商、商店有多种选择，而照明是最为有效的手段和相对便宜的投资。

本章主要讲述百货店和专卖店的照明，超市和便利店的照明在下一章介绍。

4.1.1 商场照明的功能、特点与趋势

商场是商业活动集中的场所，对照明有其特定的要求，比如商场照明中需要采用高亮度对比。因为，在相同的平均照度下，高对比度的商品更容易产生良好的视觉效果，商品更生动好看。因此，照明可以作为有效手段和相对便宜的投资，吸引和引导目标顾客驻足、流连在商场店铺、橱窗前。

1. 简单来说，商店照明的具体功能可概括为以下几点。

① 吸引顾客。

② 创造合适的环境氛围，完善和强化商店的品牌形象。

③ 以最吸引人的光色使商品的陈列、质感生动鲜明。

④ 创造购物的氛围和情绪，刺激消费。

商场照明选用的灯具要与商场品牌文化、室内装修风格、所售卖的商品等协调一致。图 4.1 所示即一个典型案例。

图 4.1　美国的 Peeps & Company 糖果店，运用动态灯光来体现品牌的丰富色彩和甜蜜、快乐的特质（图片来源：昕诺飞）

2. 商场照明具备以下特点。

① 不同于一些其他场景的目测评估，用于商场的照明环境，照度、色温、光源的显色指数有清楚的界定，并且根据要求，可进行较为准确的测算。

② 商场照明的目标明确，针对性强，需要进行特定的设计，从而烘托环境，反映特定的商业性质及特点。图 4.2 所示即一个典型案例。

图 4.2　比利时布鲁塞尔的 Royales Saint-Hubert 百货商店，是一座建于 1847 年的建筑，灯光尊重和体现了其建筑细节和特色，并在节假日提供特殊的色彩变换的场景（图片来源：昕诺飞）

③ 商场照明往往使用区域多点光源与光色空间进行组合。

④ 随着控制系统的日趋成熟，能够以动态的、可变幻的、有特定程序的方式结合合理的传感技术，与顾客达到交互状态。图 4.3 所示即一个典型案例。

图 4.3　俄罗斯的 Lexus-Rublevskiy 商店，采用沉浸式的动态照明，烘托最新款上市的汽车，吸引客户驻足（图片来源：昕诺飞）

⑤ 随着光源的发展，商业照明灯具不断采用驱动电源等超小、超薄，以及使用各种新技术、新工艺的灯用电器配件，因而正在向小型化、实用化和多功能化方面发展，由单一的照明功能，向照明与装饰并重方向转化。

⑥ 商场照明时间较长，上午 10 点至晚上 22 点为营业时间照明，早晨、夜晚各 1 ~ 2 小时为商场维护、检修时间，同样需要适度的照明。因此，商场照明对灯具的寿命设计、环境耐候性都有更高的要求。

3. 随着照明技术与智能照明科技的发展，商场照明呈现如下趋势。

① 绿色和环保。我国商务部每年都会评选出绿色商场创建单位名单，而随着我国 2030 年碳达峰和 2060 年碳中和目标的提出，LED 照明、照明控制的应用，以及照明维护管理平台的开发与应用，成为有效的节能手段。

② 体验式购物。随着商场环境和功能的日趋复杂，商场已经不仅仅是单纯的购物场所，也越来越成为人们娱乐、休闲、会见朋友和家人的场所。如何能够让客户停留得更久，以及品牌聚焦在哪些特质的人群，都是商

场需要考虑的问题。同时，随着线上线下模式开始更广泛、更深层的合作和探索，线下体验、专业服务已经不断地与线上零售相融合。

③ 智慧零售。运用现代信息技术（互联网、物联网、5G、大数据、人工智能、云计算等），对门店商品展示、促销、结算、管理、服务、客流、设施等场景，以及采购、物流、供应链等中后台支撑，实现全渠道、全场景的系统感知、数据分析、智能决策、及时处理等功能，推动线上线下融合、流通渠道重构优化。以更优商品、更高效率和更好体验满足顾客便利消费、品质消费、服务消费。而利用照明，可以提供室内导航、就近发布促销通知等。图 4.4 即一个典型案例。

图 4.4　荷兰的多媒体商店 Media Markt Saturn 利用智慧照明为消费者提供实时实地的促销信息，同时又能保证个人隐私（图片来源：昕诺飞）

4.1.2　商场照明空间组成及照明规范要求

商场照明设计的首要目的是创造良好轻松舒适的购物环境，建立与品牌形象相符、装饰内部整体氛围恰当的照明环境。商场照明就要根据商场的需求来确定照明的标准，一要准确地选择光源、照度、色温，二要以顾客的感受为根本，考虑他们购物中的视觉感受，创造良好的商场氛围，激发顾客的购买欲望，从而树立商场的品牌形象。

依照《建筑照明设计标准》，商店建筑照明、公共和工业建筑通用房间或场所照明，标准值见表 4.1、表 4.2。

表 4.1　商店建筑照明标准值

房间或场所	参考平面及其高度	照度标准值（lx）	统一眩光值 UGR	照度均匀度 U_0	显色指数 R_a
一般商店营业厅	0.75 m 水平面	300	22	0.60	80
一般室内商业街	地面	200	22	0.60	80
高档商店营业厅	0.75 m 水平面	500	22	0.60	80
高档室内商业街	地面	300	22	0.60	80
一般超市营业厅	0.75 m 水平面	300	22	0.60	80
高档超市营业厅	0.75 m 水平面	500	22	0.60	80
仓储式超市	0.75 m 水平面	300	22	0.60	80
专卖店营业厅	0.75 m 水平面	300	22	0.60	80
农贸市场	0.75 m 水平面	200	25	0.40	80
收款台	台面	500*	—	0.60	80

注：* 指混合照明照度。

表 4.2　公共和工业建筑通用房间或场所照明标准值

房间或场所		参考平面及其高度	照度标准值（lx）	统一眩光值 *UGR*	照度均匀度 U_0	显色指数 R_a
门厅	普通	地面	100	—	0.40	60
	高档	地面	200	—	0.60	80
走廊、流动区域、楼梯间	普通	地面	50	25	0.40	60
	高档	地面	100	25	0.60	80
自动扶梯		地面	150	—	0.60	60
厕所、盥洗室、浴室	普通	地面	75	—	0.40	60
	高档	地面	150	—	0.60	80
电梯前厅	普通	地面	100	—	0.40	60
	高档	地面	150	—	0.60	80
休息室		地面	100	22	0.40	80
更衣室		地面	150	22	0.40	80
储藏室		地面	100	—	0.40	60
餐厅		0.75 m 水平面	200	22	0.60	80
公共车库	车道	地面	50	—	0.60	60
	车位	地面	30	—	0.60	60
	出入口	地面	300（日间） 50（夜间）	—	0.60	60

4.2　商场空间的智能照明控制系统

商场已不再只是购物场所，更是聚会、游览、娱乐乃至享受夜生活的综合空间。购物环境理应宾至如归，温馨迷人，方可带来令人难忘的购物体验。因此，理想的商场照明系统至关重要。从吸引顾客进入的外墙，到灯火通明的公共区域，乃至轻松穿梭的漫步路线，智能照明控制系统均可提供低成本、可持续的照明方案。

4.2.1　商场空间的智能照明控制策略

商场可以划分为多个功能区域，每个区域对灯光的需求都有所不同。传统灯光回路无法做到灵活控制，智能照明则可以简单快捷地实现多样化的灯光效果。商场空间的智能照明控制策略见表 4.3。

表 4.3　商场空间的智能照明控制策略

区域	基本			附加			扩展		
房间或场所	功能需求	控制方式及策略	输入、输出设备	功能需求	控制方式及策略	输入、输出设备	功能需求	控制方式及策略	输入、输出设备
服务大厅、营业厅	开关、变换场景	开关控制、分区或群组控制、时间表控制	开关控制器、时钟控制器	调光	调光控制器、天然采光控制	时钟控制器、调光控制器（可包括调照度、调色温）、光电传感器	与窗帘系统、空调系统等联动	智能联动控制	窗帘、空调盘管控制器

1. 中庭、公共空间。

可通过定时器，根据不同时间自动调节亮度，或者根据季节自动调节色温，冬季暖色更温暖，夏季冷色更清爽。

2. 商业店铺、橱窗。

① 可通过情景控制面板，实现一键控制灯光，极大地提高效率。

② 配合不同季节的商品陈列，照明控制可自由调节灯光色温，搭配最合适的照明效果。

③ 可通过情景控制面板，实现无级智能调光，随时改变灯具亮度。

④ 可通过控制面板控制彩色灯光，利用彩色强调商品，使用与物体相同颜色的光来照射物体，加深物体的颜色，使用颜色照射背景可以营造突出的效果，使商品展示突出。

⑤ 动态的效果可以更加吸引顾客的注意力，因此利用智能照明控制系统，便捷地完成灯光场景变化，或者用动态照明加上音乐控制，吸引顾客的注意力。

3. 楼梯过道。

智能感应灯光，当感应器感应有人通过时会调高灯的亮度，或者智能自组网功能自动通知上下楼层灯具一起联动，无人经过则可自动降低亮度，达到节能目的。

4.2.2　商场照明各区域的常用场景模式

商场照明区域的常用场景模式见表 4.4。

表 4.4　商场照明区域的常用场景模式

应用空间	场景模式	主要控制策略	描述
橱窗、店招	日常模式	通过店招、橱窗、玻璃透视等区域的灯光效果吸引顾客入店	根据季节、时间、客流量等进行场景切换，增加联动场景，营造新鲜感，提升客户体验夏天可使用冷色温，冬天宜使用暖色温
	节日模式、促销模式	可根据陈列设置进行改变	根据不同的陈列设置进行主光、辅助光、背景光、装饰光的改变，突出商品和橱窗的戏剧性，可根据节日进行色彩的调节
	故障报警	及时维护，保证商店形象	橱窗或店招灯有故障，及时报警通知维护
店铺功能区	按需调光	按照货架、餐台等不同功能提供焦点照明、环境光和装饰光，并调节到适当的照度	服装店的中场、边场、中台，餐饮区的长桌、独立餐桌、高台区等都需要不同的照明效果，可按需调节
	场景变化	可一键切换预设场景，也可根据时间自动切换场景	根据陈设主题，一键切换场景，保持客户的新鲜感，增强客户体验

续表 4.4

应用空间	场景模式	主要控制策略	描述
店铺功能区	色温变化	根据季节、时间进行色温变化	暖色温馨，令人放松，冷色温使人集中注意力，更可模拟一天 24 小时动态照明或者四季的变化
收银台	日常模式	根据功能性，提供灯箱、人工收银、自动收银等不同区域分层次的照明效果	收银台可展示形象，提供顾客与店员交流，方便顾客刷卡、扫码等行为
展演区域	表演模式	通过特定的表演吸引客流	在节日和特别场合的灯光秀：灯光 + 大型道具；灯光 + 水舞；灯光 + 音乐
互动区域	互动模式	通过特定的装置与人互动，提升参与感	在墙壁、地面利用特定装置，设置照明的互动模式，让人通过视觉效果对照明有所反应，而照明对人的反应又有所反馈，从而形成互动
公共区域（卫生间、走道、楼梯间）	有人、无人模式	通过动静传感器自动开启、关闭主照明灯具	通过动静传感，无人区域可关闭或维持低亮度以节能。有人时自动亮灯；人走延时灭灯或降低照度，降低能耗
	日常模式	时钟模式	通过日程表，天文时钟，定时开闭 / 调节灯光
地下停车库	节能模式	①自动感知人车状态，对灯光按需进行亮度调节； ②按区域进行管理，降低能耗； ③后台管理设备提高运维水平，提升效率； ④数据化能耗统计，节能效果一目了然	①无人、车时，保持低照度（10%），降低能耗；探测到人、车时，前后方 30 m，打开全亮度（100%）； ②可按区域、群组、单灯进行设定，可设定最大亮度、最低亮度； ③渐亮与渐暗，给予人眼适应过程，提高舒适度； ④可设定时间、设定场景联动、根据现场精确调整

4.2.3　商场照明智能控制对商场运营维护的帮助

IoT 物联助力智能照明对商场运营和维护有以下功能：

① 设备管理：对照明设备进行管理，例如故障报警、寿终报警、离线报警等，及时更换设备，降低维护的人力成本，保证顾客体验。

② 能耗管理：可对单设备、回路、区域进行能耗计量，输出数据大盘，并按项目、空间、时间进行分析，制定节能策略，智能系统适时适地按需求照明，有效节约成本。

③ 集中管理：对多地项目设备集中管理，及时监控各地设备状态，及时维护，对能耗状态统一监控。

④ 数据分析：对设备、能耗情况进行数据分析，所有状态可视化，并给予优化策略。针对场景和人因照明曲线进行学习和优化，根据项目经纬度进行分析和运算，并通过云端下发到执行设备。可本地自动执行，执行过程中也可人工干预。

4.3 商场空间智能照明应用案例

4.3.1 美国拉斯维加斯的弗里蒙特街天幕

弗里蒙特街（Fremont Street）是美国拉斯维加斯市中心的一个步行区，两旁是该市标志性的赌场和酒店。Viva Vision 天幕灯光秀是在一个悬挂在步行街上方，长 419.1 m、宽 27.432 m 的显示屏上进行的（图 4.5）。屏幕由 4930 万个节能 LED 灯组成，拥有 1640 万像素的亮点。在这里可以享受各种各样的灯光表演与高分辨率的图像，以及最先进的 600 kW 音乐会质量的音乐。

图 4.5 美国拉斯维加斯的弗里蒙特街天幕（图片来源：汇图网）

4.3.2 华为上海旗舰店

位于上海市南京东路的华为全球旗舰店，有着近 5000 m^2 的营业空间，是华为迄今为止全球最大的旗舰店（图 4.6）。旗舰店设置了大量的公共空间，原有老建筑的天井也以“中庭”的方式重新回归，宽大的步梯连接着各楼面，中庭的登顶模拟日光自然变化，让消费者在这里交流的同时，也可以享受到如自然日光下的人本体验。

图 4.6 华为上海旗舰店（图片来源：高嫱）

华为旗舰店一层作为产品体验区，高透玻璃窗设计搭配照明灯膜，打造贴近自然的照明环境。大面积的灯膜照明使用 DALI 控制系统，搭配 DALI DT8 色温电源，可以极致还原太阳光的感觉，根据时间节点，细腻地改变灯光亮度及色温变化，让人感觉不到光的调整。单独的恒功率设计，在调节色温的同时，也可以做到保持亮度一致，让灯光在悄然中改变，保证店内全天的视觉柔和舒适，贴合人因照明需求（图 4.7）。

图 4.7　华为上海旗舰店中的照明（图片来源：高嫱）

由于商品是最新款的手机产品，现场消费者经常体验、拍摄各种靓照及慢动作的高速摄影，因此灯光的无频闪也是业主严格要求的，建议使用无频闪的 LED 调光电源，在任何情况下手机都不会产生波纹现象，让拍照及摄影效果更加完美。无频闪还可以让人眼更舒适，让消费者能够在这里有更好的购物体验。

4.3.3　特步第九代形象品牌深圳中心店

特步集团全新第九代形象品牌中心店位于深圳东门步行街，于2021年元旦开业。新店采用全新的空间设计，营业面积超 1000 m^2，以特步“X”的元素贯穿，是特步集团新形象的标杆店铺，也是特步品牌迈向年轻消费者群体的重要一步（图 4.8）。店内空间布局充分考虑消费者的购物习惯，一楼是男子专区，中心是展示最新产品的炫酷区域；二楼为女子和儿童专区；三楼是特步旗下的奥莱专区，但摒弃了传统的奥莱形式，在视觉上给消费者一次极大的冲击。

图 4.8　特步深圳中心店（图片来源：叶子）

店内使用了基于 ZigBee 无线系统的商用智能照明方案，可根据不同销售区域，打造不同场景的照明氛围，营造沉浸式的购物体验。同时，通过自动灯控调节，达到节能减排、降低成本的目的。店中使用的设备见表 4.5。

表 4.5　特步深圳中心店中使用的智能照明设备

序号	设备类型	数量
1	ZigBee 网关	9 个
2	场景面板	9 个
3	智能轨道灯	575 套
4	商用照明 SaaS 系统	1 套

特步深圳中心店的智能照明系统主要实现以下几个功能：

① 设备管理：设备状态监测，故障自动报警。

② 集中管理：在一个终端可根据项目、楼宇、楼层、群组、单灯等进行群控或单控，可按平面图上绑定的设备点位进行监控。

③ 场景管理：一键切换场景，营造不同氛围。

④ 能耗管理：根据客流量、时间等制定节能策略并实施，有效降低能耗。

在营造沉浸式购物体验的同时，智能照明系统还通过运营分析能力与环境监测能力，全面实现门店数字化。

4.3.4 捷克布拉格的 Popper 高级服装定制店

作为一家高端奢侈品精品店，在布拉格市中心新开的 Popper 高级定制服装店，有意识地设计了专业的新型灯光效果，创造了独特的商店购物体验，从而完美契合他们的品牌形象（图 4.9）。

高级服装定制过程始于材料和配饰的选择，比如纽扣，色彩在这里起着决定性的作用。这意味着，灯光必须显示物品的真实颜色。定制店中最重要的工作空间是有剪裁操作的房间，它必须是完美的、明亮的，并且照明过程中没有任何阴影——作为顶级奢侈品公司的服装定制师，他们的精确程度需要达到毫米级（图 4.10）。同样，每一个缝纫台都必须要被高质量的灯光照亮，从而便于他们的工人精确地进行剪裁。当然，光线也必须温和护眼，因为服装定制师们在每件衣服上都要花费大量时间。

图 4.9 捷克的 Popper 高级服装定制店，希望采用新型照明来满足客户需求（图片来源：昕诺飞）

图 4.10 定制店中最重要的是剪裁操作房间，要求灯光能够完美地表现织物的细腻和色彩（图片来源：昕诺飞）

最终，客户选择了特殊的光配方产品，来自特殊的 LED Crisp White 技术。它可以原原本本地渲染颜色和不同的白色色调，这是创造高质量的时尚服装的关键因素（图 4.11）。该技术的特殊之处在于，通过 LED 的光谱配光变化，还原深层次的织物色彩和质感表现，将织物的细腻感觉还原和表现出来。

特别让定制店引以为豪的是试衣间照明（图 4.12）。试衣间通常是客户做决定的地方，在这里，通过特殊设置的场景，只要按一下按钮，试衣间的镜子便能真实再现明亮的自然日光，或是营造亲密的夜晚气氛，甚至打造一个舒适的家庭光照环境。这样，顾客可以看到他们的新衣服，在最常穿的环境中是怎样的效果。此外，镜子两侧设置的照明也在试衣间创造了一个令人愉快的漫射效果，不像射灯，它不会产生令人不适的阴影。所有这些优点都能帮助顾客和商店员工在最佳环境下判断服装是否合适。

图 4.11　利用具有特殊光配方的 LED Crisp White 技术，完美表现了材质的细微差异，尤其对白色织物表现出色（图片来源：昕诺飞）

图 4.12　试衣间采用了穿衣镜旁侧发光照明，并可以配备动态照明控制系统，模拟不同的生活场景，比如白天、晚宴、家中等，可以多方位地为客户提供决策参考（图片来源：昕诺飞）

如今布拉格的 Popper 定制店不仅为顾客提供高质量的时尚照明，还提供量身定制的照明系统，深受顾客和员工的赞赏喜爱（图 4.13）。

图 4.13　Popper 定制店中照明最大的特点是，试衣间提供了特殊照明场景模拟服务，帮助客户做购买决策（图片来源：昕诺飞）

第五章 超市与便利店照明智能化设计及应用

5.1 超市与便利店照明概述

目前全球超市产业主要可以分成综合超市、折扣店与仓储超市、便利店、超级市场（标准市场）、大型综合超市（大卖场）几类，其中便利店、超级市场、大型综合超市在我国各大城市普遍存在。中国连锁经营协会数据显示，2020 年中国超市百强销售规模为 9680 亿元，同比增长 4.4%，约占全年社会快消品零售总额的 5.5%；超市百强企业门店总数为 3.1 万个，比上年增长 7.4%。2020 年全国品牌连锁便利店销售额 2961 亿元，达到 6% 左右的增速。

如今顾客对于超市与便利店的要求已不局限于购物。它们除了要给人们提供需要的商品之外，还可以成为一个让人们可以放松、交际的场所，营造一种休闲氛围。事实证明，顾客的注意力更加容易被光效氛围好的区域所吸引，而且，不同的照明效果往往会带给客户截然不同的心理感受，从而影响他们的购物行为。因此，良好的照明设计能使顾客停留更长时间，提高产品的销量。

正因为如此，超市和便利店的照明需要兼顾效率与氛围营造（图 5.1）。比如，通过照明引导顾客的视线，来凸显产品的特色，从而完成视觉上的推销，让顾客感受到陈列商品的价值，并享受购物所带来的乐趣。

图 5.1　超市照明（图片来源：Pixabay）

5.1.1 超市业态及光环境特点和趋势

从规模上看，便利店的面积一般比较小，而超市的规模则会因为类型不同而有大有小，见表 5.1。

表 5.1　超市与便利店的特点

考虑因素	超市	便利店
需求时效	满足顾客日常生活所需商品	满足顾客即时消费需求
消费群体	以居民的一般消费者为主，以家庭为主要销售单位	以追求生活质量、习惯于夜生活、生活节奏快的人群为主

续表 5.1

考虑因素	超市	便利店
选址特点	主要在交通发达核心区、商圈	除了交通枢纽、商圈，在闹市区和居民区等地带
产品 SKU	超市是满足顾客日常生活所需“一次性购足”的商店，其商品一般在 3000 种以上，最多甚至可以达到 15000 种之多	商品主要是超市中消耗率比较高的日常消费品，具有即时消费性、应急性、少容量性的特点
营业时间	营业时间在 12 ～ 16 小时之间	在 16 小时以上，有的甚至到了 24 小时全天候营业

超市的业态发展经历了大型综合超市、仓储式超市、连锁精品超市、互联网生态圈新零售超市以及小型化趋势下的社区生鲜店等。在新零售环境下，超市确立了以顾客为导向的低成本、高效率的营运方式，供应链、场景设计、精细化管理与消费者的需求高度匹配。

2019 年的超市发展趋势强调场景化营销和沉浸式体验，努力在消费升级与服务升级的平衡中寻求突破。超市的光环境特点见表 5.2。

表 5.2　超市光环境特点

分类	特点	光环境
大型综合超市	10000 m^2 左右营业面积，超齐全 SKU，商品平价优质，选址接近中心城区或大型居住区，综合性强	卖场环境通透明亮，有利于顾客快速分辨商品品类与位置，天花布灯方式简单且单一，对商品细节的表现不够突出
仓储式超市	10000 m^2 以上营业面积，库架合一，装饰简单，仓内空间较高，选址近市郊，交通便利有大型停车场，批量性价比，会员制	卖场环境为高照度式的仓储照明方式，满足高空间，多层板货架垂直及水平面的照明要求，灯具款式较为粗放，多使用大功率且防眩效果好的照明产品
连锁精品超市	2000 ～ 5000 m^2 面积，主打生鲜食品与进口商品，精选 SKU，品质要求高，价格敏感度低，定位高端	卖场环境优雅舒适层次分明，不同区域的灯具应用丰富多样，灯光注重陈列的表现与视觉引导，灯光对商品细节的表现更加突出
互联网新零售超市	1000 ～ 2000 m^2 面积，线上引流线下消费，场景营销，零售新物种大爆发，沉浸式购物体验	卖场环境注重场景式呈现，以消费者体验为中心，光环境突出独特的品牌辨识度，以及贴心舒适的购买环境，餐饮等零售新物种的照明呈现更加多样化
社区生鲜店	500 m^2 以下面积，选址贴近顾客，运营成本低，选品聚焦一日三餐，新鲜不贵	卖场环境注重对生鲜食材的表现，使用与之对应的生鲜光色，照明手法重点突出，光环境注重营造温馨与舒适感，更加贴近生活

5.1.2　超市与便利店照明空间组成及照明规范要求

依据国家标准，一般超市 0.75 m 的高度所对应的照度要达到 300 lx，高档超市则是 500 lx。《建筑照明设计标准》中，关于超市的照度要求见表 5.3。一般来讲，便利店会高于这个标准。

表 5.3　超市的照度要求

场所	参考平面或者高度	照度标准（lx）	统一眩光值 UGR	显色指数 R_a
一般超市营业厅	0.75 m	300	22	80
高档超市营业厅	0.75 m	500	22	80

5.1.3 超市与便利店照明常用的灯具类型和特点

一个优质的超市光环境，是由一般照明、重点照明、装饰照明等三种照明方式相辅相成造就的，三者缺一不可。

① 一般照明：让空间主体环境更舒适，同时满足通道、收银区等区域的照明功能。在水平面或垂直面与重点照明要有适当的比例。最好选用较均匀的泛光照明灯具。

② 重点照明：是在整体通透明亮的基调下，突出商品细节的照明。重点照明通常将灯具沿货架布置，将光投射到所需要的区域。对主要物品和场所的重点照明，可以增强吸引力，吸引顾客的视线，让走廊等区域退化为背景。其亮度视不同被照物而定，是一般照明亮度的 3 ~ 5 倍。

③ 装饰照明：是采用灯带及其他装饰灯具对空间进行装饰，增加空间层次感的照明。使用色调、图案统一的系列灯具，以表现有强烈个性的空间艺术。

不同的区域，在灯具选型和照明的要求上也有各自的特点见表 5.4。

表 5.4 超市空间照明布局及要求

超市区域	照度值（lx）	区域色温（K）	灯具类型	照明要求
出入口照明	300 ~ 500	4000	筒灯、射灯、线性灯、格栅灯等	一般照明，营造明亮，轻松的氛围，同时光色比较暖，给人舒适的感觉，相对其他区域的亮度要高些
鞋帽、服装区	300 ~ 500	5700	射灯、格栅灯、面板灯、灯带等	在照明上营造的气氛追求明亮的视觉感受和高亮度的商品展示效果
化妆品、珠宝首饰区	500 ~ 800	3000	射灯、筒灯、灯带等	适宜采用柔和的色温，可以给人以亲近感，同时可以起到一种装饰的作用
家纺产品区	300 ~ 500	5700	射灯、线性灯、灯带等	照明上营造的氛围追求明亮的视觉感受和高亮度的展示效果
日用品区	300 ~ 500	5700	射灯、线性灯、灯带等	为通道及货架的立面提供均匀明亮的照明效果，营造明快的气氛
生鲜水果熟食区	500 ~ 800	4000	导轨式/嵌入式射灯、生鲜灯等	不宜采用发热量太高的照明灯具，导致生鲜水果的水分流失，使水果失去新鲜感，同时要配备无紫外、红外辐射的高显色性光源
通道	300 ~ 500	4000	筒灯、面板灯等	以一般照明为主，亮度不宜过高，并能达到一定的方向指引作用。根据空间特性采用特殊灯具或造型，能使整体看起来更整洁，同时具有一定的指引性
收银区	500 ~ 800	5700	筒灯、射灯、线性灯、面板灯等	提供均匀明亮的光环境，保证足够的工作面照明及面光

5.2 超市与便利店的智能照明控制系统

智能照明控制并非一个新的技术，过去五十年来，DMX、RS-485、KNX、DALI 等有线控制协议在各种场合的应用已经非常普遍。但这些传统的智能控制系统有一个通病：复杂，以及由复杂伴随而来的没完没了的售前售后服务。

以上这些有线控制都不是未来智能照明的解决方案，因此，许多物联网企业为灯具厂商提供各种无线智能模块，包括 ZigBee、蓝牙、Wi-Fi、NB-IoT、Lora 等。

5.2.1 超市与便利店的智能照明控制系统

由于 LED 照明的出现，智能照明控制系统越来越广泛地应用在我们的生活中了，而超市对智能照明的需求更加迫切。无线智能照明系统的通用产品系统拓扑图如图 5.2 所示。

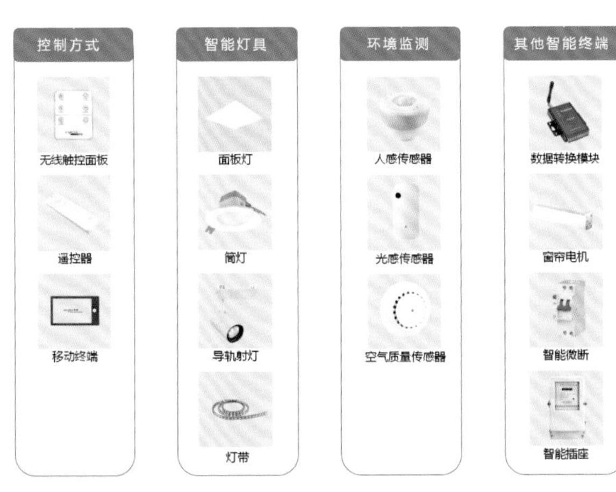

图 5.2 无线智能照明系统的通用产品系统拓扑图（图片来源：生迪）

从图中可以看到，智能终端设备（灯光、传感器、面板等）通过无线信号接入本地网关，网关设备通过因特网接入统一的云管平台。

无线智能照明系统的基础功能有：

① 灯的光输出可以进行调节（1% ~ 100%）。

② 灯的色温可以进行调节（2700 ~ 6500 K），支持 RGBW 控制。

③ 灯的参数和状态可自动上报。

④ 可配置预设场景模式，实现一键切换。

⑤ 可设定自动控制策略，定时自动调节灯光效果。

⑥ 恒照度控制，自定义光线传感器照度值，根据外界光的亮度自动调整。

⑦ 智能联动，可通过系统接入的传感器实现灯光的自动调节。

⑧ 云平台是具备完善的权限管理系统，可远程统一管理门店设备，实现远程控制、故障上报等，同时平台可自动生成各类状态、能耗报表。

无线智能照明控制系统相比于传统有线控制方案的优势见表 5.5。

表 5.5 无线智能照明控制系统的优势

项目	传统照明	无线智能照明系统
控制	强电回路控制，需布置回路电线	智能调光驱动，配置无线通信机组，可实现远程控制、联动控制，无需布置控制回路管线
调光	简单开关控制，或对物理回路进行模拟调光	真正意义上 0 ~ 100% 数字调光
管理	无照明管理系统，开关都需要人手动控制	远程控制、能耗管理、线路巡检
感应	红外、雷达或声音感应，只能单个控制	可实现光感、人感等多种功能联动
安全	一般要等管理人员观察到灯具出现问题，才去解决	智能巡检，电量异常、灯具故障自动上报

5.2.2 超市与便利店照明智能控制常用产品

智能照明无线通信协议，通常需要一个网关来作中控设备，调灯指令通过网关下发，而且调试过程必须连接外网。由于家庭里都有联网设备，这样的方案在智能家居里应用还可以满足需求，但在智能商用领域就会特别不方便。

要实现以上的功能，可以使用基于 ZigBee 无线模块的 LED 智慧照明控制系统。整个系统由两个网络组成：Wi-Fi 和 ZigBee 无线局域网，而产品就是一套 ZigBee 智能电源和网关组合起来即可。

5.2.3 超市与便利店照明各空间的常用场景模式

一个超市可以划分为多个功能区域，不同的时间段，每个区域对灯光的需求也有所不同，传统灯光回路无法做到灵活控制，智能照明则可以简单快捷地实现多样化的灯光效果。如图 5.3 所示超市区域的智能照明，可以实现三个功能：

① 可通过情景控制面板，实现一键控制灯光。

② 通过无线定时器，根据不同时间的客流量自动调光。

③ 根据智能传感联动，不同区域实现不同的亮灯调节。

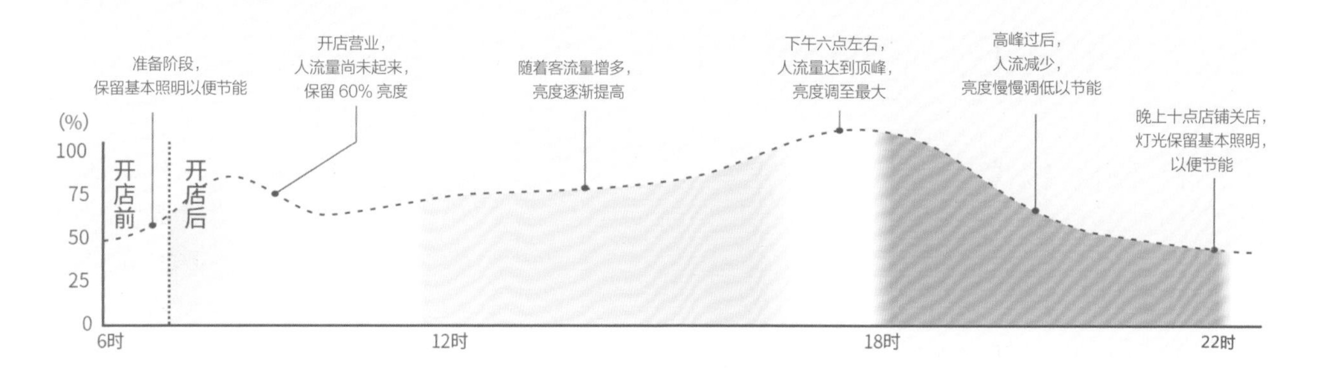

图 5.3 超市区域智能照明

超市经过这些年的飞速发展，已慢慢进入平缓期，下一阶段主要考验的是精细化的管理能力。智能照明系统可以助力管理者控制能耗成本，减少人工成本的付出，及时掌控每家店铺的状况，提高服务水平。并且智能照明系统还可以接入其他设备，例如断路器，照度、动静或者存在传感器，以及客流分析仪等。这里所涉及的技术，从单一的灯光控制，逐步向多信息化融合，实现机器学习，对自动无感的控制模式进行演变升级（图 5.4）。

图 5.4　多信息融合智能照明控制系统示意（图片来源：生迪）

未来，照明控制系统将通过融入更多的传感器，各类智能终端数据经过边缘计算服务器或者后台中控系统进行互联互通，并通过控制策略的自定义，以及数据的采集、学习，来自动执行灯光调控的策略。

传感数据源包括传统的如 PIR 传感、微波传感、光感、声控感应等，也可以是智能摄像头的 AI 结果或者 LIFI（Light Fidelity）光通信传感技术获取的信息，比如通过 AI 摄像头或者 LIFI 光通信传感设备，实时采集空间的人流数据，或通过人脸识别、人群画像标签，根据不同的客流、人群画像等自动实现灯光的调控，以实现控制方式及用户体验最优化。

具体来说，比如：

① 根据客流变化，自动调节不同区域的照明亮度。

② 根据外部环境光变化，自动调节靠户外光区域的照明亮度。

③ 根据不同年龄段的访客，自动调节适宜不同年龄段访客的灯光效果。

④ 根据营业时间不同，需要的照明需求不同，实现自动调光。

5.3 超市与便利店智能照明应用案例

5.3.1 案例 1：物美超市

物美的成功发展证明，其所秉承的“一切从实际出发，一切以成果为导向”的经营方针是成功发展的制胜法宝。生迪智慧利用智能照明及视频 AI 技术对物美部分超市进行了数字化、智能化部署，并探索新零售业态下的商场、超市升级改造的方法。

首先是对灯具分组并分别进行控制，然后根据购物人群的年龄特点及购物需求等，调整灯具色温（图 5.5）。例如中老年人群偏好 5000 K 偏冷色温，并且亮度要求较高；青年人群则比较活跃，更喜欢 3500 K 左右的暖色调。灯光可变，可以构建更适宜消费的空间，提升购买转化率。

图 5.5　超市客群年龄分布跨度较大，不同的年龄层人群对于灯光的需求也大相径庭。结合客流分析系统，精确调整不同时间段，针对不同年龄层客户的情景模式（图片来源：生迪）

对于智能照明系统，通过 AI 客流分析仪，可获取如下数据（图 5.6）：

通过客流数据可以看出，要做到智能节能，可以设定不同时间段的亮度，开启相应数量的灯具，从而达到节能的目的。比如在上午 10 点前的整理期间，仅仅开启主通道的灯具即可，晚上超市关门后则可定时关闭所有灯具，只留部分应急灯具。这样操作之后，比传统 LED 能耗降低 30%。

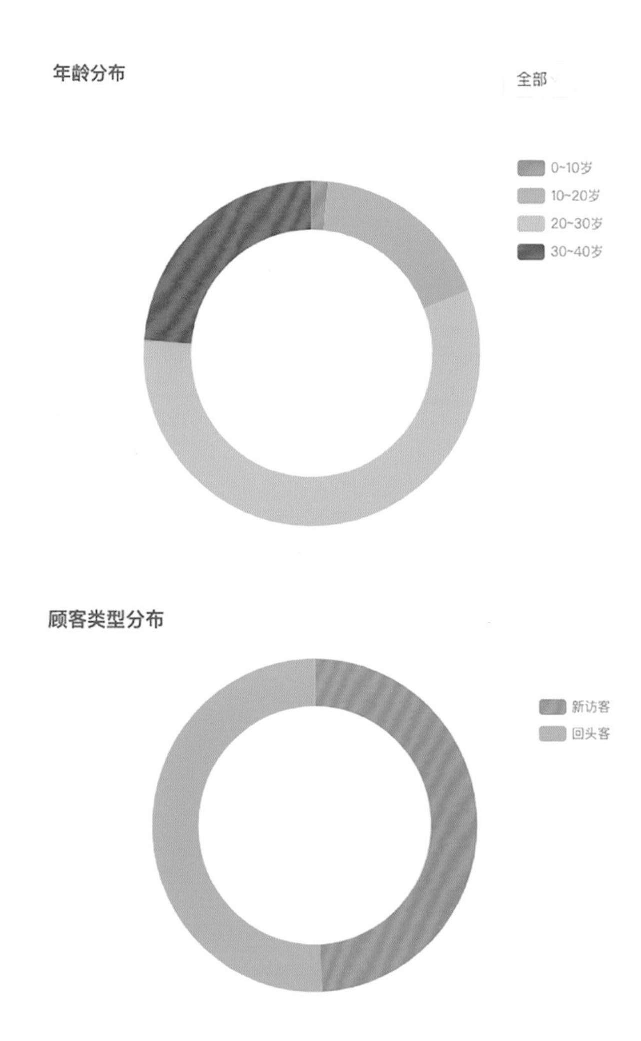

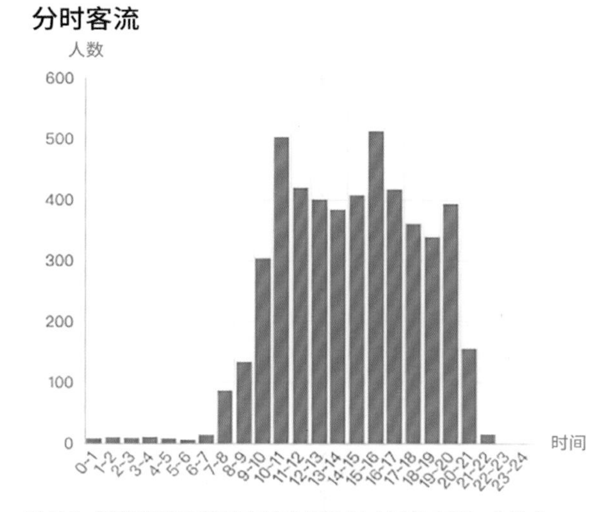

图 5.6　智能照明系统的客流分析数据（图片来源：生迪）

5.3.2 案例 2：苏宁小店

苏宁小店作为 24 小时营业的便利店，有效满足了用户快捷、方便的消费需求，但这也意味着店铺运营成本的增加。如何在保证全天候营业时间的同时，提高服务质量并降低成本，苏宁 2019 年提出了一种智能照明创新模式（图 5.7）。

图 5.7 苏宁小店的智能照明系统（图片来源：生迪）

苏宁小店根据有人或无人、白天或黑夜的营业模式，设计了以下几种照明模式（图 5.8）：

① 营业模式：白天人员较多时亮度调到 100%，确保在店消费者的成交销量。

② 空闲模式：亮度 60%，保证一定的节能率。

③ 夜间模式：只开启部分线条灯，感应有人或无人状态。无人状态时亮度 20%，感应到有人时亮度自动调整到 50%，当感应到人离开 5 分钟后，又自动调整到 20% 的亮度。

（a）营业模式

（b）空闲模式

（c）夜场无人模式

（d）夜场有人模式

图 5.8 苏宁小店不同模式下的照明（图片来源：生迪）

5.3.3 案例3：便利蜂（24 小时便利店）

便利蜂是一家以新型便利店为主体的科技创新零售企业，以数据为核心驱动运营，致力为消费者提供优质、健康、安心的产品和高效、便捷、满意的服务（图 5.9）。

图 5.9 便利蜂便利店及其智能照明（图片来源：生迪）

由于便利蜂以 24 小时智能便利店为主题，对智能照明的主要需求集中在节能方面，管理方式主要采用数字化管理。因此便利蜂的智能照明系统功能设置为：

① 根据营业时间，定制不同的明暗策略（尤其是后半夜，一般照明基本采用 20% 的亮度）。

② 设备远程巡检、管理，可以通过便利蜂自己的云平台，实时查看灯具的使用状态。

③ 故障检测展示，若设备产生故障，系统会自动弹出故障警报，并实时将具体故障信息推送至管理人员和灯具制造商。

④ 通过便利蜂的云平台，能够清晰地获得便利店所有区域的能耗状况，包括额定功率及实际功率信息，并可自由选择时间范围。此外，系统还可按日、月、季度、年度进行系统化统计，统计数据可形成报表输出。

5.3.4 案例 4：阿联酋迪拜 aswaaq 超市

作为迪拜领先的连锁超市之一，aswaaq 超市很多设计与国际相接轨（图 5.10）。aswaaq 超市采用了国际最新的智能互联照明系统室内导航软件，可以帮助他们为客户提供各种基于室内位置的服务，从而提供更为便利、更具个性化的购物体验。

图 5.10 aswaaq 是迪拜领先的连锁超市之一（图片来源：昕诺飞）

aswaaq 超市所采用的智能照明软件，与其品牌的创新理念无缝契合。其具体原理是：通过在优质的 LED 灯具中采用获得专利保护的可见光通信（VLC）技术，提供可靠且高度准确的基于位置的服务（图 5.11）。通过平面规划和路线领域的开发，该项目成功地打造出一流购物体验。

图 5.11　基于位置信息，aswaaq 超市智能互联照明软件可以提供附近折扣提醒等服务（图片来源：昕诺飞）

通过在 aswaaq 环境中使用室内导航，购物者只需打开应用程序，便可根据自己的购物清单和位置获取最佳路线指南、附近折扣提醒，甚至还有食谱建议，从而打造一个令人更加愉悦的、个性化且轻松无忧的购物体验。

应用程序和灯具是怎样提供这种实时位置信息的呢？超市中的每个灯具都可以发出独特的代码，我们称之为可见光通信（VLC）。智能手机的前置摄像头可接收此代码，然后该智能照明软件会识别此代码，并在超市地图上准确地指出手机所在位置，从而实现位置感知。

基于灯光的可见光通信技术令购物者得到的便利显而易见，对 aswaaq 超市的管理也大有裨益（图 5.12）。aswaaq 超市从智能照明软件中获益良多，包括提高应用程序的使用率，提升品牌效益，以及刺激消费者购物等。aswaaq 如今还能收集实时数据，以便公司分析购物者流量和行为、优化运营并准确衡量其市场营销的影响力。

凭借采用室内导航软件，aswaaq 为商场的长远发展铺平了道路，并朝着成为迪拜最具创新性和以客户为中心的零售商而稳步前进。

图 5.12　该位置导航技术采用了基于灯光的可见光通信技术（图片来源：昕诺飞）

第六章 餐厅照明智能化设计及应用

6.1 餐厅照明概述

近年来，我国餐饮行业飞速发展，随着百姓生活水平的提升，餐饮行业的市场需求不断扩大，并伴随着消费升级，不断进行产业升级。但与此同时，餐饮业也面临了新经济、新技术、新消费带来的种种挑战。我国餐饮业收入近年来保持较为快速的增长趋势，2019 年全国餐饮收入 46 721 亿元，比上年增长 9.4%，高于 2018 年增长率 7.7%，且全年餐饮收入高于社会消费品零售总额 1.4%。就照明而言，灯光有种奇妙的功能，它能潜移默化地影响食客的味觉和心理，这关系到餐饮的定位与经营情况。因此，照明是餐厅空间的重要元素之一。

6.1.1 餐厅照明特点

餐厅照明是室内照明中对用餐氛围起重要作用的一种照明方式。餐厅照明不只是简单地安装灯具照亮餐厅，业主还需要注重照明设计及装修的一些细节问题，从而构建温馨自然且灵活多变的用餐环境。餐厅照明要求色调柔和、宁静，有足够的亮度和显色性，能让客人清楚地看到食物，还能与周围的环境、家具、餐具等相匹配，给人一种视觉上的整体美感。餐厅的照明方式以局部照明为主，餐桌正上方的灯是照明的焦点。灯具形态需要与餐厅的整体装修风格一致，以便达到餐厅氛围所需的明亮、柔和、自然的照度要求。

作为照明的一种手段，餐厅照明还可以把灯光的明暗、虚实应用在餐厅的区域划分上。以灯光进行区域分隔而非物理性隔挡，既节省了空间和装修成本，又能营造更加完美的就餐氛围。大厅、餐桌、过道等餐厅的重要区域，都可以用不同亮度的照明给予区分。另外，餐厅是欢聚用餐的地方，灯具的造型、光线与餐厅的装修相配合，在一般照明的基础上，通过颜色和亮度动态变化，营造丰富的动态氛围效果，为就餐带来不一样的乐趣和情调。

6.1.2 餐厅照明空间组成及照明规范要求

1. 餐厅照明空间通常由接待区、就餐区、卫生间、后厨部分组成。

①接待区。餐饮行业竞争愈发激烈，越来越多的商家注重门面效果，如背景墙或酒柜。灯光除了能满足前台工作的照度需求，还可营造氛围，让客人一进门便感受到餐厅的温馨，因此可以跟据空间的背景墙或装饰物设计重点照明（图 6.1）。另外，当餐厅满坐的时候，接待区也是作为客人等待、休息的区域，可以选择较暖的色温，比如 2700 ~ 3500 K 左右，以便客人坐下休息等待。

图 6.1　接待区（图片来源：昕诺飞）

②就餐区。就餐区是餐厅的核心部分，主要提供餐桌面的水平照明。可以选用高显色性的灯具，还原菜品最真实的颜色，提高食客用餐的食欲。不同类型的餐厅，其就餐区对于照明设计要求也不同，具体见表 6.1。

表 6.1　就餐区照明要求

餐厅类型	照明要求
火锅店	桌面会产生一定的热量，建议使用 4000 ~ 5000 K 色温，300 lx 桌面照度，100 lx 水平均匀照度，可让客人专注用餐的时光，减少用餐的蒸汽带来的热感
快餐厅	追求高效和翻座率，建议使用 4000 K 左右的色温，300 lx 的水平均匀照度，从而减少客人的停留时间

续表 6.1

中餐厅、西餐厅	建议选用 3000 ~ 3500 K 的色温，利用高显指 90 以上可还原菜色，加上暖色调的氛围，让客人有舒适的就餐空间
宴会厅	属于多功能空间，对不同餐区实现分区的照明方式
咖啡奶茶店	属于休息闲谈的地方，建议使用 2700 ~ 3000 K 色温，水平均匀照度值 100 lx，另外利用射灯重点照射墙体的装饰品，提升空间的氛围舒适度
音乐餐吧	音乐、美食、美酒、表演融于一体，可分照明和舞台灯光部分，在正餐时间的空间水平均匀照度为 75 lx 以下，而餐桌面需要有 150 lx 左右
自助餐厅	多样化，多口味的特色餐厅，利用高显指的射灯，重点照射每个不同的取餐区，照度比一般区域高，可以指引客人和提高菜色，另外根据不同菜品选用不同色温加强空间的表现力，如肉类和点心类用低色温，饮品类用高色温，色温差不宜过大，应在 500 ~ 1000 K 以内

③卫生间。作为餐厅空间组成的一部分，卫生间的灯光氛围应和餐厅整体一致，不能太暗；一般来说要侧重于洗手台的位置，需提供足够的面部照明，建议用 4000 K 射灯或镜前灯，提供足够的垂直照明，方便客人整理妆容（图 6.2）。

④后厨。后厨区域对色温和照度要求相对比较高，整个空间需要有 500 lx 以上的水平均匀照度，而且空间相对比较闷热潮湿，建议选用高色温、高照度的防潮灯盘。比如色温可选择 5000 ~ 6000 K，有利于减轻工作人员的燥热感（图 6.3）。

图 6.2 卫生间的照明要求（图片来源：袁逸群）

图 6.3 后厨的照明要求（图片来源：汇图网）

2. 照明规范要求。

餐厅从功能类型上分为中餐厅、西餐厅、音乐餐吧、酒吧餐厅、火锅店、自助餐厅、咖啡奶茶店等。与各类餐厅空间的多样化设计相对应，照明环境也各不相同。比如中餐厅比西餐厅的照度高一点，咖啡厅和酒吧餐厅的照度要求相对偏低，宴会厅的照度比中餐厅偏高。而接待区要满足书写和阅读的照度等级，后厨区域至少需要 500 lx 以上的照度才能满足操作需求。

目前没有关于餐厅照明细分领域的专业照明要求，参考最新的《建筑照明设计标准》，其中给出了餐厅建筑照明的标准值要求，可供餐厅照明引用，见表 6.2、表 6.3。

表 6.2　餐厅建筑照明标准值

房间或场所	参考平面及其高度	照度标准值（lx）	统一眩光值 *UGR*	照度均匀度 U_0	显色指数 R_a
中餐厅	0.75 m 水平面	200	22	0.60	80
西餐厅	0.75 m 水平面	150	—	0.60	80
咖啡奶茶店	0.75 m 水平面	75	—	0.40	80
音乐餐吧	0.75 m 水平面	75	—	0.40	80
宴会厅	0.75 m 水平面	300	22	0.60	80
后厨	台面	500*	—	0.70	80
卫生间	0.75 m 水平面	150	—	—	80

注：* 指混合照明照度。

表 6.3　餐厅照明功率密度限值

房间或场所	照度标准值（lx）	照明功率密度限值（W/m^2）	
		现行值	目标值
中餐厅	200	≤ 8.0	≤ 6.0
西餐厅	150	≤ 5.5	≤ 4.0
卫生间	150	≤ 6.0	≤ 4.5

相比照明标准值，各区域之间的照度比更值得关注（重点照明与基础照明结合形成的不同空间照明层次的比例，称之为照度比，具体如图 6.4 所示），因为照度才是人的直观感受，较为舒适的照度比为1：3～1：6，太高会令人不适，太低则会显得沉闷无趣。

（a）照度比1：2

（c）照度比1：8

（b）照度比1：5

（d）光束角 60°、36°、15°

图 6.4　不同照度比和光束角（图片来源：华艺照明）

6.2　餐厅的智能照明控制系统

随着国民消费水平的提升，人们对“吃”越发讲究。除了对美食本身的要求之外，食客对用餐环境也逐渐有更多的期望。舒适的座位、适宜的温度、恰到好处的照明环境，能给餐厅带来更多的回头率。食物讲求色香味俱全。“色”为首，一个好的照明环境，带来的不止是心情愉悦，还有食物的鲜艳外观，看之令人食指大动。随着智能化照明的加入，餐厅的照明环境少了些呆板，增添了几分灵动（图 6.5）。

图 6.5 智能照明控制塑造轻松休闲氛围(图片来源：昕诺飞)

6.2.1 餐厅的智能照明控制策略

1. 始终围绕餐厅的主题和风格进行场景设计。

选择加入智能控制的餐厅，通常有着中高端的定位，对其照明和就餐环境有执着的追求，也往往有自己的主题设计风格。比如一些东南亚餐厅里面拥有很多植物，充满生机；高端的西餐厅，环境舒适安静，注重食客隐私；日式餐厅，则更多地使用木头、纸、樱花进行点缀。设计师在设计场景的过程中，最重要就是跟业主确定好餐厅的主题和方向，然后对使用的智能系统要非常熟悉，了解它对设备使用数量的限制、场景功能要求等。

2. 场景设计简单化。

常常有不少设计师误入一个“技术”怪圈，即为了展示而展示，脱离了实际的使用体验。比如，常用的“全亮”场景，给每个灯都设定了动作，一盏灯接着一盏灯地点亮。由于设定的动作太多，甚至嵌套多个条件，导致控制时间过长。因此建议，除非是很特殊的应用，否则不要使用超过五个动作，尽可能少用条件触发。设备在五步动作以内实现的场景，既可以让食客感受到整个氛围的变换、仪式感，又不会让场景的变化显得杂乱。此外，条件触发使用过多，还容易造成场景控制死循环。比如设定条件指令 A 灯亮，B 灯灭，同时又设定了条件指令 B 灯灭，A 灯亮，这样会让两个条件不停地跑，造成程序冗余。

举个例子，餐厅场景中可能会用到生日模式。工作人员通过手机 APP 一键开启，指令发送至网关进行处理，它会分成三步下发控制指令：第一步，发送照明控制指令，让全场的灯光缓缓暗下；第二步，发送单控指令，让“寿星公”头上的射灯缓缓亮起；第三步，发送指令，让生日音乐响起。用简单的三步完成场景，干脆利落，不会让人觉得繁琐突兀。

3. 控制方式通常以总控、场景分控、感应器等三个维度组成。

针对餐厅的使用习惯，我们把餐厅照明系统的控制方式分成三部分：总控、分控、感应器。总控负责调度全餐厅的照明控制。通常情况下，当照明控制有特殊需求的时候，可以由总控机进行处理。如临时关闭部分区域的照明灯光，或是设备检修、后台设置等，都会用到总控。总控的设备形式，包括且不限于手机 APP、电脑、

Pad 等，通常是大屏幕，且可以展示更多信息。分控通常位于每个区域的入口处，例如每个包间的门口，可以是单控开关、场景面板，又或者是更高级的超级面板等。由这些来处理分片区域的照明控制，一般情况下应当足够了。最后是传感器，常用的是人体感应，一般安装在洗手间、过道位置。它可以让该亮的地方亮，没人的时候又可以让亮度调低或者熄灭，从而节约能源，并延长灯具使用寿命。传感器的运用多种多样，甚至可以每个餐桌位置都安装存在式人感，有人就餐时灯光亮起，无人用餐的餐桌则自动熄灭。这种使用方式，比较适用于高级西餐厅，用来营造私密且安静的氛围。

6.2.2　餐厅照明各空间的常用场景模式

1. 中餐厅（如中式酒楼），整体亮度要求较高（表 6.4）。

表 6.4　中餐厅常用场景

模式	应用效果
迎客模式	保证空间的用光需求，体现舒适，轻松的灯光效果。整体亮度达到标准亮度。整体色温可以提高，让环境显示干净清晰明亮
演出模式	主舞台灯光亮起，成为全场的聚焦点，用餐区桌面保证最低照度用餐需求，微亮灯色温，增加温馨感
会议模式	主舞台灯光亮起，屏幕区不反光，用餐区变成观众席，保证适度的文字书写要求
午间休息	中午暂停营业的时候，把大部分光源都关了，只留少量光源，保证安全行走即可。既保证安全，让员工或客人不会觉得冷清，又可以节约用电
备用模式（加编号）	预留“临时控制模式”，管理人员可以根据情况临时调整添加场景，在一段时期内可以方便调用

2. 咖啡奶茶店（如星巴克、瑞幸咖啡），休闲舒适，整体亮度要求适中（表 6.5）。

表 6.5　咖啡奶茶店常用场景

模式	应用效果
迎客模式	保证空间的用光需求，体现舒适、轻松的灯光效。根据人的趋光特性和视觉空间亮度变化，进行色温与亮度调节，侧重体现餐桌区域的局部照明，从而拉近空间距离感
休闲模式	保证空间的用光需求，体现舒适、轻松的灯光效果。整体光环境层次分明，桌面亮度适当提高。把焦点聚焦到店内主题、LOGO 等，形成重点照明
清洁模式	把整体环镜设置成高亮度、高色温，方便清洁打扫，让工作人员看得一清二楚

3. 火锅店、自助餐厅（如海底捞），整体亮度要求适中（表 6.6）。

表 6.6　火锅店、自助餐厅常用场景

模式	应用效果
迎客模式	保证空间的用光需求，体现舒适，进行色温和亮度调节，侧重于餐桌区域的局部照明，拉近空间距离感。可以根据室外温度适当调整色温。比如冬天时，将室内色温调低，食客进店后会有暖和放松的感觉；夏天时，让系统调节成高色温，即使食客进店吃火锅也不会觉得炎热。过道保持合适的亮度，保证行走安全
清洁模式	把整体环镜设置成高亮度、高色温，方便清洁打扫，让工作人员看得一清二楚
备用模式（加编号）	预留“临时控制模式”，管理人员可以根据情况临时调整添加场景，在一段时期内可以方便调用

4. 西餐厅（如威尼斯餐厅），私密安静，整体亮度要求较低（表 6.7）。

表 6.7　西餐厅常用场景

模式	应用效果
营业模式	灯光整体亮度较低，配合舒适的轻音乐，给人以私密感；餐桌上低色温加充足的局部亮度，可拉近人与人之间的距离
午间休息	暂停营业的时候，大部分灯光关闭，只留少量灯光，保证安全行走即可。既保证安全，让员工或客人不会觉得冷清，又可以节约用电
清洁模式	把整体环镜设置成高亮度、高色温，方便清洁打扫，让工作人员看得一清二楚
备用模式（加编号）	预留“临时控制模式”，管理人员可以根据情况临时调整添加场景，在一段时期内可以方便调用

5. 音乐餐吧、酒吧餐厅（如胡桃里），台上焦点、酒红灯绿，整体亮度较低（表 6.8）。

表 6.8　音乐餐吧、酒吧餐厅常用场景

模式	应用效果
营业模式	营业模式，加上舒适的轻音乐，整体亮度低，给人私密感。桌面上，低色温加充足的局部亮度，可拉近人与人之间的距离。四周的灯光适合加入彩色，流转的色彩灯光可以让人愉悦，心情舒畅
演出模式	整体亮度再拉低，保留行走的基本亮度，给予舞台高光，让场景聚焦台上。也适合求婚、演讲等互动活动
午间休息	中午暂停营业的时候，关闭大部分光源，只留少量光源，保证安全行走即可。既保证安全，让员工或客人不会觉得冷清，又可以节约用电
清洁模式	把整体环镜设置成高亮度、高色温，方便清洁打扫，让工作人员看得一清二楚

6. 其他类型的餐厅，可参照如下通用场景，整体亮度中等即可（表 6.9）。

表 6.9　其他类型的通用场景

模式	应用效果	图示
迎客模式	保证空间的用光需求，打造舒适、轻松的灯光效果，根据人的趋光特性和视觉空间亮度变化，进行色温和亮度调节，侧重体现餐桌区域的局部照明，从而拉近空间距离感	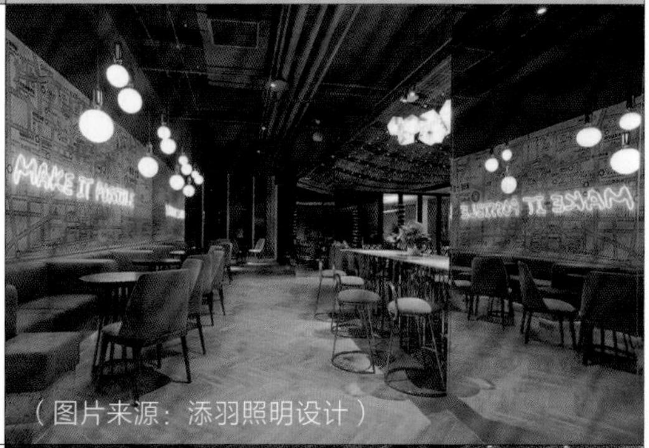 （图片来源：添羽照明设计）
咖啡厅模式	烘托柔和、舒适的气氛；运用朦胧、轻快的灯光，增加空间的变化，突出咖啡馆主题。总体的空间照度要求不需要很高，以人员能够正常活动的最低照度为宜，重点放在局部的重点照明上	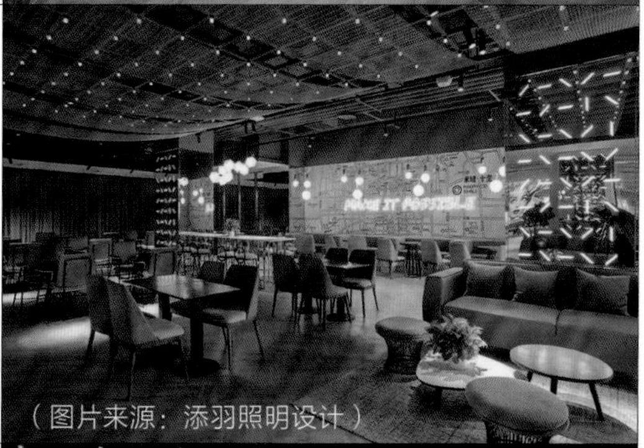 （图片来源：添羽照明设计）
聚会模式	用彩光营造聚会模式，散座区灯光关掉。将所有视觉效果集中在聚会区域桌面，用灯光做重点突出，同时也可营造轻松的氛围，让客人轻松自在地和朋友们分享快乐时光	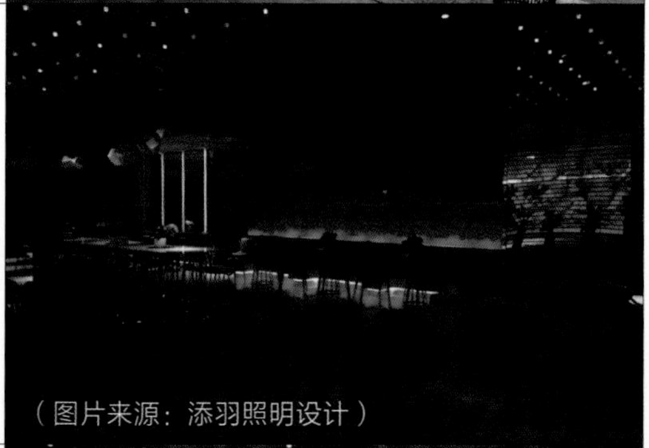 （图片来源：添羽照明设计）
酒吧模式	酒吧作为放松休闲的场所，气氛营造至关重要，灯光是一种灵活而富有趣味的设计元素，可以成为气氛的催化剂，创造舒适的光环境	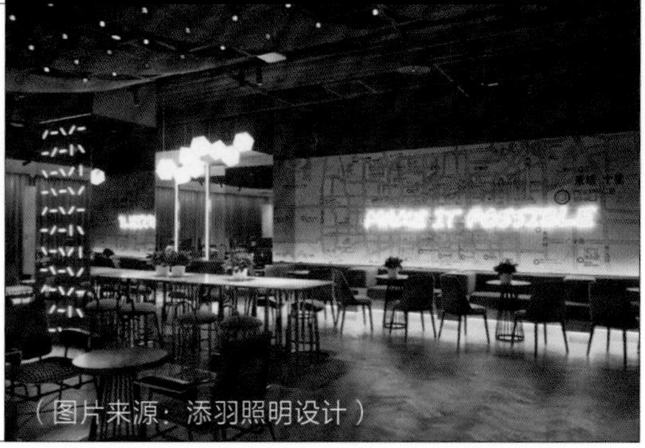 （图片来源：添羽照明设计）

6.2.3 餐厅照明智能控制常用产品

照明在餐饮空间中起着表现材质及色彩、划分空间、烘托及营造气氛等三个方面的作用。正如前面所说，现在人们对灯光的需求已不再仅仅满足于照明，灯光的运用是餐饮空间中不可缺少的重要部分。餐厅照明智能控制将照明方式和环境设计结合起来，将它们融为一体，创造出美观、丰富的艺术效果，使之不仅具有照明功能，并且能够满足人们的视觉享受。

餐厅照明的设计原则有以下几点：

1. 结构简单，造型精炼。

现在的餐厅照明设计中，用来装饰的灯具造型越来越趋于结构简单、做工精细、色彩明快，设计风格十分现代。人们喜欢设计简单的传统灯饰，因而选择灯饰时更注重设计的简洁美观和与整体装饰的和谐统一。

2. 美观实用，追求个性。

每个人对光照有不同需求，追求个性化的照明风格是越来越多的人的需求。这样就促使设计师把家具和灯饰不断结合创新，才能给客人提供更多更好的选择。

3. 以人为本，节能环保。

随着环保日益成为全世界关注的热点问题，无论国内还是国外，照明设计及其市场需求和设计发展，都离不开环保这个主题。在今后的餐厅装饰中，具有环保功能的灯饰会得到越来越多的运用。可以说，环保是灯具生产技术的崭新主题，显示人们对室内生态环境的重视，也是未来照明的主要发展方向。

4. 光源过渡，色彩协调。

国内的餐厅照明设计，已由过去的单光源过渡到现在追求多光源的效果。多光源设计可以满足每个人对灯光的需求。主光源提供的环境照明使室内空间有均匀的照明，而不同类型的灯具则丰富了空间照明的层次。多光源的配合，使得空间照明无论是浓墨重彩，还是轻描淡写，都能形成曼妙的空间氛围。注重光色的选择，用光来营造情调和氛围，满足人们心理和精神上的追求。

5. IoT 赋能，产品跨界融合。

随着 IoT 技术的兴起与发展，餐厅照明不仅依靠照明产品来实现，还可以与越来越多的跨界产品和智能控制技术相结合。比如，集成音响、语音控制、感应器、手势控制开关、调光等，可以为餐厅照明丰富更多功能。

6.3 餐厅智能照明应用案例

6.3.1 新加坡 Picnic 餐厅的花园主题

新加坡 Picnic 餐厅的名字迎合了花园主题，室内环境也像一个巨大的城市花园，与家人朋友在这里用餐，就像在户外野餐一般自在（图 6.6）。

该餐厅没有只采用一般的射灯作为餐厅功能照明，而是主要采用了动态照明控制配合 LED 织物屏，使得环境更加舒适、贴近自然，将沉浸式的照明体验带给客人。

图 6.6 新加坡 Picnic 餐厅（图片来源：昕诺飞）

餐厅将光投射到织物上，通过照明控制形成动态、引人入胜的图像，而且能有效控制眩光，即使顾客坐在附近用餐，也不会有过于明亮的感觉。这种间接 LED 织物屏，不像纯 LED 屏幕那样会产生过于锐利的画面，而是通过模糊化的影像，带来印象画派的体验和想象力，显得更加柔和。甚至织物屏还可以吸收声音，创造更加典雅的用餐环境。

根据季节变化，照明场景可进行相应变换（图 6.7）。通过照明控制可实现不同照明场景变化，以模拟自然光场景，或如玫瑰般的晚霞，或如点点星空，甚至流动的云彩，以此增强进餐体验。

图 6.7 新加坡 Picnic 餐厅中的自然光场景模拟（图片来源：昕诺飞）

该项目完全按照室内设计师的要求进行 LED 织物屏的尺寸和影像定制，和室内环境及主题完全融为一体。根据客人需要，启动场景按钮，可以瞬时切换场景。甚至需要时，也可以根据客户的要求，加载定制的动态影像，创造更加贴近客人理想的餐厅氛围。

6.3.2 济南的符腾堡餐厅

济南的符腾堡餐厅，整体空间色调和线条都沿袭了复古的路线（图 6.8）。从圆形的穹顶，复古的廊柱，深邃的灯光到经典的巴伐利亚“屋中屋”构造，客人在这里可以沉浸式体验德国风情。餐厅还利用传统空间的塑造手法，结合现代理念的餐饮经营形式，把西餐厨房明档化，让客人与大厨零距离交流互动。

餐厅的照明特点，一是在餐桌位置上方安装了排列有序的复古吊灯，二是将重点照明和基础照明相结合，给顾客带来灯光柔和的舒适感，如图 6.9 所示。

图 6.8 济南符腾堡餐厅（图片来源：邦奇智能）

图 6.9 济南符腾堡餐厅的灯光（图片来源：邦奇智能）

餐厅的智能照明控制系统十分先进，有以下几点功能：

① 调光：使用 DM512 和可控硅实现调光。

② 场景切换：根据不同的场景需要，随时切换白天、夜晚、用餐、酒吧等场景模式，所有的场景切换和灯光控制都通过一个情景面板来实现。由于充分利用了色温的冷暖变化和亮度的明暗变化，餐厅用不同的灯光变化为客人营造出或狂欢，或浪漫，或温馨等不同的氛围体验。

③ 场景预设：根据不同的逻辑，将不同的灯光场景分别存储在智能控制面板的各个按键中。当有需要时，调用所需场景状态，通过对各类灯光进行合理调控，在多种灯光变化下呈现出多种层级联系，营造出丰富的空间感。

④ 控制：PAD 控制，简单易行。

⑤ 感应联动：在餐厅入口处安装了光感探头，可根据室外照度自动调节灯光的最佳亮度，从而带给客人最舒适的光环境，同时起到节能环保的作用。

⑥ 氛围制造：让音乐律动与灯光氛围相结合，带给客人舒适的体验。

以上所述场景控制，均可通过餐厅内的智能情景面板进行操作（图 6.10）。

图 6.10 济南符腾堡餐厅的智能情景面板（图片来源：邦奇智能）

第七章 办公场所照明智能化设计及应用

7.1 办公场所照明概述

伴随着我国“十四五”时期高质量发展的进程，作为人们的“第二空间”，工作场所已经成为活动空间最重要的部分之一，无数的社会经济活动、创意在办公场所诞生。我国的办公环境也在发生着深刻的变革。

我国的实体经济，坚定不移地朝着建设制造业强国、质量强国、网络强国、数字中国的方向发展，这也推动着我国智慧办公的进程。伴随着数字化发展的加速，大数据、云计算、移动互联网、人工智能等数字技术不断落地，视频会议、远程办公、共享办公、多站点管理等，都逐渐成为智慧办公的有效模块。

办公照明是最大的商业室内市场之一。绿色节能、舒适健康和创新力是办公照明发展的核心驱动力，LED照明产品和智能照明控制技术的发展，成为办公照明技术推动的主力。

7.1.1 办公场所照明特点和发展趋势

办公行业不断发展，但无论如何变化，在迈向智能照明和智能楼宇管理的过程中，绿色节能、员工的舒适与健康，以及激发员工的创造力，是办公照明行业技术和应用发展的驱动力。

办公照明用电量可达整幢大楼能耗的 30%，节能也是办公照明的一大课题。节能环保的实施，已经通过照明标准的功率密度等参数，限定在各大设计院所、实际项目中展开，是我国目前办公照明的主流课题。基本上新建办公建筑都采用了 LED 照明产品，与传统照明相比，节能在 60% 以上。而采用智能照明控制，可以实现“适宜的光线在需要的时间出现在正确的地点”，可以额外节能 30% ~ 70%。智能化的照明控制通过策略节能，中央能源控制管理系统监测，以及云端可视化远程集中管理等方式，利用 IoT 技术，能极大地提升运营效率和维护管理的便利性。最终打造满足健康照明和绿色照明需求的智慧办公照明系统，营造绿色的办公空间。

良好的办公环境不仅要有足够明亮的工作照明，更要营造健康、舒适和安全的光环境，以满足员工办公、沟通、思考、会议等工作上的多元化的办公视觉作业要求和视觉心理健康要求。采用智能照明控制系统，根据办公室的实际使用情况，因地制宜地执行一种或多种控制策略，如恒照度控制、人员动静探测、时钟控制、场景控制、人因照明控制等，可实现动态的照明效果、个性化照明和更优化的灵活的用光体验，由此提升照明环境的舒适度和安全性，营造适宜的办公光环境和氛围。

近年来，人因照明是关注的热点之一，自然光的模拟，色温随时间和工作内容的改变，可以让照明系统通过光线调节员工的情绪、生理节律以及减轻身体疲劳（图 7.1）。各大公司都在推出各类不同的产品和控制系统来引领该趋势。

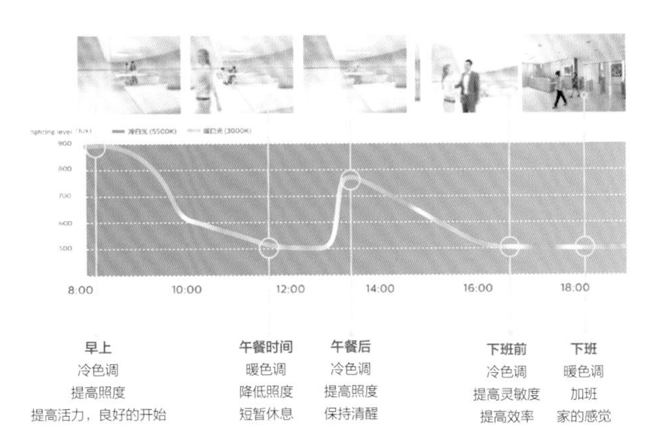

图 7.1　人因照明在办公照明环境下的动态光环境设置（图片来源：昕诺飞）

创新力一直是企业发展和领先的核心驱动力。如何创造更好的环境，来激发员工的创新力，一直是企业领导者的核心关注点。利用照明控制系统创造出多场景空间，既适合偶尔的独立思考，又可以让大家协同讨论，将更大地激发员工的创新力。图 7.2 中即一个典型案例。

图 7.2　天然光模拟在封闭会议室的应用，工作环境的多功能性激发员工的创造力（图片来源：昕诺飞）

绿色建筑评估体系主要有我国的《绿色建筑评价标准》GB 50378—2014、美国绿色建筑评估体系 LEED、英国绿色建筑评估体系 BREE-AM 等。近年来，国际 WELL 健康建筑标准也在引领着办公室的变革。WELL 标准的侧重点是人，通过关注建成环境与人体系统之间的关系，来实现对人体健康的保护。对于光部分，WELL 的光概念提倡人接触光，旨在营造最利于视觉、心理和生理健康的光环境，强调自然光的引入、人因照明和高品质照明。

正是在这样的行业驱动发展力下，LED 照明技术和智慧照明控制技术的发展交相辉映。纵观办公照明控制技术的发展，随着智慧城市、智慧办公的进程加速，未来的十年将是行业发生深度变革的十年。

无线照明控制技术发展迅速，甚至有线照明控制和无线照明控制并存的混合型网络将会越来越多地被应用在新建或改造的智能办公建筑项目中，图 7.3 中即一个典型案例。

图 7.3　上海维亚生物科技有限公司办公楼 3 层楼面，采用了 ZigBee 无线照明控制系统，连接了 50 个无线传感器、4 个网关和 200 盏十个种类的灯具（图片来源：昕诺飞）

办公照明控制将极大程度地与办公建筑管理系统相结合。人们对照明的需求，从单一的光环境需求，逐渐上升为对整体空间的联动需求，以满足全方位整合式的用户体验；对工作场所管理的需求，也从单一空间的使用，上升为系统性的楼宇规模的可视化管理。做到“结灯为网，智联万物”。以整体化用户体验和新型应用价值为导向的需求的快速兴起，将促成跨厂商设备之间的互操作性，跨系统之间的互联性和软件平台的跨界融合，并反过来产生更丰富的新型智能化应用场景。图 7.4 中即一个典型案例。

图 7.4　加拿大皇家山大学 1 楼空间，依靠照明控制系统的感应器，生成利用率热力图，为未来空间优化提供了可靠的数据基础（图片来源：欧司朗）

7.1.2　办公场所照明空间组成及照明规范要求

办公空间按照不同功能，分为办公空间与公共空间两部分。其中，办公空间主要包含大空间办公室、个人办公室、会议室等；公共空间主要包含前台、茶水间、卫生间、走道、楼梯间等（图 7.5）。办公照明在满足日常办公需求的基础上，还应考虑节能，做到安全、可靠，方便维护与检修，并与环境协调。

图 7.5　典型的大空间办公室布局（图片来源：欧司朗）

1. 大空间办公区域。

① 大空间办公区通常被桌椅家具分割成单独的工作空间。照明设计时，一般不考虑办公用具的布置，只提供均匀的一般照明。适宜采用顶棚上均匀的一般照明方式，确保办公区桌面的水平面照度均匀且足够。增加适当的间接照明，提高天花板亮度，可以提升空间的视觉感和光的分布。

② 合理利用自然光，灯具分组宜选用平行于外窗的方向按顺序分组，靠窗侧的灯具可单独分组，如图 7.6 所示。

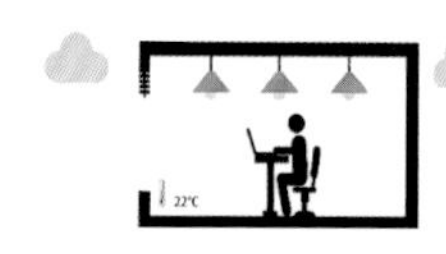

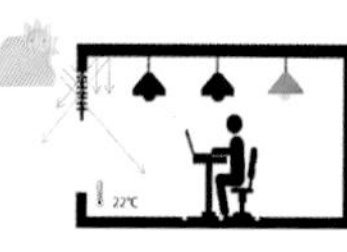

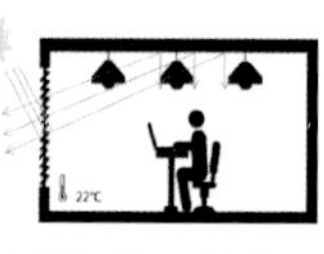

图 7.6　根据进入室内的自然光情况，合理地控制灯光（图片来源：涂鸦智能）

2. 个人办公室。

① 个人办公室一般分为办公区和会客区，需要根据内部的家具布局和空间功能，进行照明设计（图 7.7）。

图 7.7　个人办公室（图片来源：昕诺飞）

② 个人办公室一般会同时设有整体空间的通用照明，办公桌会客区的局部照明，以及展示墙的重点照明。

③ 相对于大空间办公室，个人办公室更注重灯光效果及灯光体验，结合不同的场景，配有办公、放松、会客等模式。

3. 会议室。

① 会议室为典型的空间多元化需求的场景，需要满足会议的讨论、报告、投影等需求（图 7.8）。

② 会议室灯光按空间主要分为投影屏上方、会议桌上方，以及其他区域等多个回路，在不同场景下组合控制，满足场景需求。

③ 投影时，投影屏上方及前排灯具须设置单独回路，在使用投影时关闭灯具，同时调暗其他区域的灯光，提供更好的视频观看的体验。

④ 会议室一般会加装灯槽，在会议中场或午休期间，营造舒适的间接光环境。

图 7.8　会议室（图片来源：欧司朗）

4. 前台、接待区。

前台接待区为公共区域，照明灯具从上班到下班全天开启（图 7.9）。照明需要重点照明塑造公司形象、愿景，并凸显企业特征。

图 7.9　前台和接待区（图片来源：昕诺飞）

5. 走道、楼梯间。

① 公共区域，一般无自然光，采光条件较差(图 7.10)。

② 为保证安全及使用方便，照明灯具从上班到下班全天候开启，但实际使用时间较短。

图 7.10　走道区域（图片来源：欧司朗）

6. 卫生间。

① 公共区域，一般采光条件较差。

② 为保证安全及使用方便，灯具从上班到下班全天候开启，但实际使用时间较短。

③ 洗手台有整理仪容仪表、化妆的需求，需要配置漫射光，通常在镜子背面加装灯带、硬灯条，或选用镜前灯。

办公照明相关的照明规范，目前主要有《建筑照明设计标准》，其第 5.3.2 条给出办公建筑照明的一般照明标准值要求，其中包括照度、照度均匀度，以及和节能相关的照明功率密度限值的要求，见表 7.1。单位面积上的照明安装功率（包括光源、镇流器或变压器），单位为瓦每平方米（W/m^2）。在此项标准中，明确规定照明功率密度为国家强制执行的建筑照明节能标准。

表 7.1 办公照明照度标准值和照明功率密度限值

房间或场所	参考平面及其高度	照度标准值 (lx)	统一眩光值 *UGR*	照度均匀度 U_0	显色指数 R_a	照明功率密度值（W/m²）	
						现行值	推荐值
普通办公室	0.75 m 水平面	300	19	0.60	80	≤ 9.0	≤ 8.0
高档办公室	0.75 m 水平面	500	19	0.60	80	≤ 15.0	≤ 13.5
会议室	0.75 m 水平面	300	19	0.60	80	≤ 9.0	≤ 8.0
视频会议室	0.75 m 水平面	750	19	0.60	80	≤ 9.0	≤ 8.0
接待室、前台	0.75 m 水平面	200	—	0.40	80	—	—
服务大厅、营业厅	0.75 m 水平面	300	22	0.40	80	≤ 11.0	≤ 10.0
设计室	实际工作面	500	19	0.60	80	≤ 15.0	≤ 13.5
文件整理、复印、发行室	0.75 m 水平面	300	—	0.40	80	—	—
资料、档案存放室	0.75 m 水平面	200	—	0.40	80	—	—

7.1.3 办公场所照明常用的灯具类型和特点

办公室的照明灯具种类相对来说并不复杂，主要有面板灯、线条灯、筒灯、射灯、灯槽和其他装饰性灯具。为实现办公场所的高质量照明，应该合理选用灯具的基本参数，如防眩光性能、配光特性、显色性（一般要80以上）、调光特性等，以充分满足办公区域的照度、均匀度、色温等需求，以及增加照明空间的统一性和层次感。同时，也要看到一些室外灯具，诸如动态线条灯、点光源和投光灯在室内的装饰性应用，带来不同的空间感受。

近年来人们对环境的卫生要求逐渐提高，于是紫外消杀灯具的应用在办公室开始出现（图 7.11）。传统 254 nm 的紫外线对新冠病毒和细菌的消杀力极强，但是对人的视网膜和皮肤也都有损伤，所以一般要经过特殊培训的人员来安装和使用，并采用独立的回路和开关，甚至用单独的照明控制系统来进行管控。

图 7.11 常见的紫外消毒灯具，需要在专业指导下使用（图片来源：昕诺飞）

而随着紫外应用技术的进步，一些具有紫外保护，以空气消杀为主的灯具开始在有人的环境中直接使用。近年来，以 222 nm 为主的紫外传统灯以及紫外 LED，也是行业前沿的研究热点。配合合适的照明控制系统，可以延长系统的有效使用寿命，并进一步保障安全性和有效性。图 7.12 所示即一个典型案例。

图 7.12　大堂安装了 3 台上层空气紫外消毒装置，其特殊的光学设计，仅消除上层空气里的病毒和细菌，并通过空气循环来达到整体空气的消毒。这使得该紫外装置可直接应用于有人员流动的公共空间消毒，而不用担心对人的伤害（图片来源：昕诺飞）

7.2　办公场所智能照明控制系统

办公智能照明是整体智能办公解决方案中的一部分，要充分结合办公环境、功能区划分、光线需求、灯具的配光曲线和照度，以及与其他智能系统互联等因素，以求实现最好的智能照明效果。从整体而言，智能照明包括照明、智能化控制、不同网络系统之间的交互兼容等三个主要功能。

7.2.1　办公场所智能照明控制策略

办公空间的智能照明应充分考虑办公人员的用光需求，并提供最适宜的光环境——合适的光线在需要的时候出现在正确的地方。通过对自然光的利用，采用恒照度感应控制、无接触自动感应控制（红外或微波感应）、时间控制、场景控制、人因照明、跨界互联等综合照明控制策略，打造出更加绿色、节能、健康、舒适和高效的智能办公环境。

1. 恒照度控制。

靠窗位置的灯具应配合光线感应探头进行调光（图 7.13），它可以根据窗外入射的自然光光线的强弱，动态地自动调节亮度，以保证最佳的工作面照度。在晴天，灯具的亮度降低以更加节能；而在阴雨天，它们会提高光输出，从而补足照度。

图 7.13　采用恒照度控制的办公室，靠窗的位置增加感应器（图片来源：欧司朗）

2. 无接触自动感应控制。

通过在特定场所部署红外或微波感应器，可实时感应空间内是否有人员通过或占用，从而实现“人在灯亮，人走灯暗，超时关闭”的灯光控制（图 7.14）。避免手动控制因人员频繁触碰墙面控制面板而带来的交叉感染风险。

图 7.14　受人体感应控制来开启照明（图片来源：欧司朗）

3. 时间控制。

通过中央控制系统，按预先设定的时段调用不同场景，典型时间控制有上班时间、下班时间，以及午休时间的不同灯光环境选择。也可以依据日常办公时间、节假日和周末，以及公司特殊庆典等，预先进行场景设置。

4. 场景模式。

场景模式主要是指，人在办公空间的不同活动，需对应不同的照明环境。不同场景模式的触发可以来自传感器收集到的照度和人员状态信息，或通过触控面板，或为特定时间触发，灵活满足多样化的照明需求（图 7.15）。

图 7.15　会议室通常会采用多场景控制（图片来源：欧司朗）

5. 人因照明。

结合最新医学、生理学研究，不同照度和色温伴随人的生理节律，会对人的身心健康产生影响。人因照明可以依据不同时间段中人对灯光的需求进行变化，比如在早上和傍晚时间采用暖色色温，在白天时间采用可以提升工作效率的日光色。人因照明在满足照明视觉需求的同时，还兼顾了人的情绪化和生理需求（图 7.16）。

图 7.16　人因照明使用于办公室，高质量的照明环境可以提升工作效率，并愉悦心情（图片来源：欧司朗）

6. 跨界互联。

通过开放的接口，与建筑物中的楼宇自动控制系统联动，可实现跨界融合，带来除照明本身之外的进一步的节能，并创造更舒适、更健康的工作环境，助力智慧建筑提供整体式的综合性解决方案。比如：

① 人体感应器探测到无人存在时，通过系统联动，降低该区域空调系统和抽排风系统的负载，除了关灯之外，以上操作还可进一步降低建筑物的能耗。

② 夏季太阳光强烈时，可联动空调系统适当调低温度，可带来更舒适的体感。

③ 在会议室可一键调用灯光场景，实现最合适的照明效果，并同时联动影音、会议系统和窗帘控制，带来整体式的综合体验。

④ 发生火灾时，通过与消防系统的对接，可以使逃生通道上的灯光全部亮起，辅助人员快速撤离。

⑤ 通过统一的楼宇自动控制平台界面，可实时掌握灯光状态，并进行预测性维护管理和规划。

中国工程建设标准化协会关于办公建筑智能照明控制系统，有如下推荐设计标准，见表 7.2。

表 7.2　办公建筑智能照明控制系统设计

房间或场所	基本			附加			扩展		
	功能需求	控制方式及策略	输入、输出设备	功能需求	控制方式及策略	输入、输出设备	功能需求	控制方式及策略	输入、输出设备
办公室、设计室	开关、变换场景	开关控制、分区或群组控制、时间表控制	开关控制器、时钟控制器	调光	调光控制器、存在感应控制、天然采光控制、作业调整控制	时钟控制器、调光控制器（可包括调照度、调色温）、光电传感器、存在传感器	与窗帘系统、空调系统等联动	智能联动控制	窗帘、空调盘管控制器
会议室	开关、变换场景	开关控制、分区或群组控制	开关控制器	调光	调光控制器、存在感应控制、天然采光控制、作业调整控制	时钟控制器、调光控制器（可包括调照度、调色温）、光电传感器、存在传感器	与窗帘系统、空调系统等联动	智能联动控制	窗帘、空调盘管控制器
接待室	开关、变换场景	开关控制、分区或群组控制、时间表控制	开关控制器、时钟控制器	调光、艺术效果	调光控制器、艺术效果控制	时钟控制器、调光控制器（可包括调照度、调色温）	与办公自动化、安防系统联动	智能联动控制	—
服务大厅、营业厅	开关、变换场景	开关控制、分区或群组控制、时间表控制	开关控制器、时钟控制器	调光	调光控制器、天然采光控制	时钟控制器、调光控制器（可包括调照度、调色温）、光电传感器	与窗帘系统、空调系统等联动	智能联动控制	窗帘、空调盘管控制器
文件整理、复印、发行室、资料、档案存放室	开关	开关控制	开关控制器	开关	存在感应控制	开关控制器、存在传感器	与空调系统、通风系统等联动	智能联动控制	空调控制器、通风控制器

7.2.2 办公照明各空间的常用场景模式

按照办公空间的组成，主要分为办公区域、会议室和公共区域，按此划分来介绍各常用场景模式。同时，由于近年来人因照明的兴起，有时也会按照人因照明来设定特别的场景模式，见表 7.3。

7.2.3 办公照明智能控制常用产品

办公室照明智能照明控制常用的产品，主要包含传感器、场景控制面板、遥控器、控制器、窗帘控制电机、网关，以及与其他第三方设备的接口等。例如空调、第三方窗帘电机、会议系统等。近年来，光感应控制器、电流的反馈模块、大屏显示终端也都成为其有机组成部分。

表 7.3 办公照明各空间常用的场景模式

应用空间	场景模式	主要控制策略	描述
办公室（主要包含大空间办公室，个人办公室）	上班模式	恒照度控制，自动节律控制，动静传感控制，手动操控	逐渐打开平板灯，根据季节和时间控制窗帘，引进自然光，通过恒照度传感器，保持桌面照度 300 ~ 700 lx，实现自然光与人工照明的动态平衡，也可根据节律按时间自动调节色温和照度；通过动静传感，无人区域可关闭或降低照度以节能；可手动操控
	午休模式	降低色温、降低照度，保证休息	逐渐调低平板灯照度，可关闭窗帘，保证充分放松；午睡区域可完全关闭平板灯；通过动静传感，无人区域可关闭或降低照度以节能；可定时控制，也可手动操控
	无人模式	通过动静传感器自动关闭主照明灯具	通过动静传感，无人区域可关闭或降低照度以节能，有人时自动亮灯
	人因照明模式	结合地理位置信息，结合生理节律，自动调节灯具照度和色温	通过天文时钟，结合位置信息及自然光算法，自动调节灯具照度和色温
	下班模式	多种关灯模式，节约能耗	可一键关闭所有灯，也可通过时钟设定下班时间自动关灯，或通过动静传感器探测无人关灯。有人时自动亮灯。通过集中控制平台监控所有照明状态，发现未关灯具，可集中关灯
	会客模式（个人办公室用）	不同回路的空间光分布调整	将照明重点集中于会客区，降低色温、开启周边漫反射照明，降低对比度，以营造融洽的沟通氛围
会议室	会议模式	保持会议桌照度，适当降低环境照度，保持会议区注意力	逐渐开启会议桌上主照明，调低周边建筑照明和辅助照明，开启窗帘，引进自然光，聚焦会议区，保证交流效率
	投影、报告模式	集中关注屏幕，提供环境照明可观察表情并利于交流	逐渐关闭屏幕上方灯具，关闭窗帘，适当调低侧方和后方灯具亮度，聚焦屏幕
	午休模式	降低色温、降低照度，保证休息	逐渐调低整体照度，可关闭窗帘，保证充分放松；通过动静传感，无人区域可关闭灯以节能；可以与会议预定系统联通
	人因照明模式	结合地理位置信息，结合生理节律，自动调节灯具照度和色温	通过天文时钟，结合位置信息及自然光算法，自动调节灯具照度和色温
	无人模式	通过动静传感器自动关闭主照明灯具	通过动静传感，无人区域可关闭或降低照度以节能；有人时自动亮灯
公共区域（主要包含公共空间主要包含前台、茶水间、卫生间、走道、楼梯间）	有人或无人模式	通过动静传感器自动开启、关闭主照明灯具	通过动静传感，无人区域可关闭或维持低亮度以节能；有人时自动亮灯；人走延时灭掉或降低照度，降低能耗
	日常模式	时钟模式	通过日程表，天文时钟，定时开关或调节灯光

7.3　办公场所智能照明应用案例

7.3.1　荷兰阿姆斯特丹德勤事务所总部大楼

充满创意风格的“The Edge”办公楼是一座位于阿姆斯特丹泽伊达斯（Zuidas）商业区的多租户办公大楼，占地面积达 40 000 m^2，也是德勤事务所的总部大楼（图 7.17 至图 7.19）。该项目的主要设计目标是，为员工创建一个直观、舒适且高效的环境，能够成为世界各地设计师在设计可持续建筑时的灵感来源。

图 7.17　荷兰阿姆斯特丹德勤事务所总部大楼的夜景（图片来源：昕诺飞）

图 7.18　大楼内的大堂是一个超挑高空间，利用重点照明、装饰灯光与家具设置功能分区（图片来源：昕诺飞）

图 7.19　从高层俯瞰中庭，舒适的空间感（图片来源：昕诺飞）

作为国际一流会计师事务所，德勤希望建立新的标杆：“创新是我们的首要任务，我们想要提高数据分析的标准，从而提供有关办公室空间使用情况的新见解。它展示了我们为减少大楼的二氧化碳排放量，以及打造一个更加可持续发展的世界所做出的成绩和努力。”因此，在该项目上，整体空间完全采用 LED 灯具，配合不同的办公空间，不同选型和分布，创造了舒适的办公光环境（图 7.20）。

图 7.20　半敞开式的洽谈区（图片来源：昕诺飞）

值得关注的是，在该项目上，照明公司与顾问管理公司 OVG 与业主德勤紧密合作，共同推出了一套采用顶尖物联网技术的互联照明系统，以通过自定义的软件应用，实现数据收集和分析，从而增强了开放式办公室的灵活性。

该系统不仅允许员工使用智能手机应用程序，对工作场所的照明和温度进行个性化设置和调节，而且还通过控制面板，为大楼管理人员提供有关运营和活动情况的实时数据。这些数据能够让物业经理最大程度地提高运营效率，并降低大楼的二氧化碳排放量。

大楼共有 15 层，由近 6500 个互联 LED 灯具组成的照明系统，为大楼打造了一个“数字天花板”。其中 3000 个灯具中的集成式物联网传感器与照明管理软件配合使用，使得该系统可在整个照明空间中实现信息的获取、存储、分享和发布（图 7.21、图 7.22）。物业经理可以使用智能互联照明控制软件，来查看和分析这些数据、跟踪能耗情况并简化维护操作（图 7.23、图 7.24）。

图 7.21　不同的建筑室内透视，不同层次的建筑照明、一般照明和重点气氛照明相混合（图片来源：昕诺飞）

图 7.22　利用专业的照明控制软件按照各楼层空间进行灯光场景的配置（图片来源：昕诺飞）

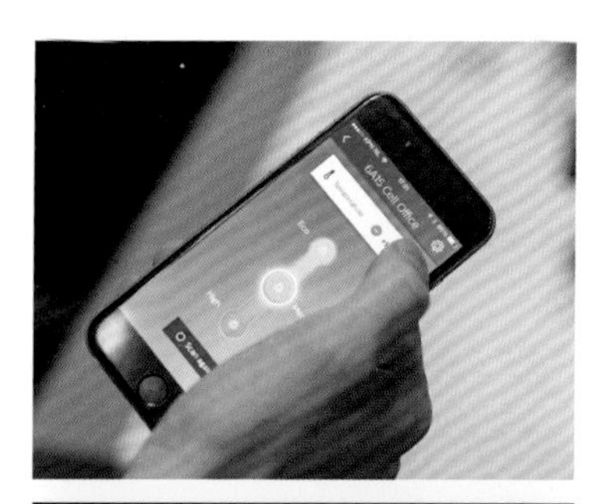

图 7.23　可利用手机 APP 来随时调用数据，控制灯光（有不同权限设置）（图片来源：昕诺飞）

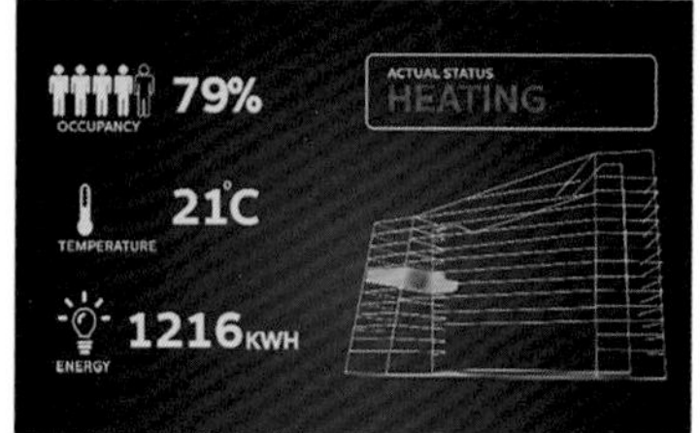

图 7.24　操控软件的仪表盘（图片来源：昕诺飞）

7.3.2　宜家亚太总部办公楼

宜家亚太区总部新办公大楼设在上海，整个空间大而广（图 7.25、图 7.26 所示为大楼两处局部区域），所以传统的手动式单路照明开关，从操作、节能、后续维护等方面都无法满足照明需求，需要采用先进的智能化控制方式，实现办公大楼的节能、智能化管理，营造舒适的办公环境，如图 7.27、图 7.28 所示区域便比较典型。

图 7.25　宜家亚太总部办公楼入口处（图片来源：邦奇智能）

图 7.26　办公区域——前台（图片来源：邦奇智能）

图 7.27　公共休息区（图片来源：邦奇智能）

图 7.28　大楼内的休息区和公共走道上都贴心地配置了光照度感应器，在有人时自动开启照明（图片来源：邦奇智能）

宜家每层的大开间办公区都采用了 BA 信号进行时间表控制（图 7.29），工作时间自动打开所有灯光，下班时间自动关闭灯光。通过对应区域的开关面板可实现“一键加班”模式，方便控制的同时，减少不必要的能源损耗。一楼设置了应急总控面板，预设了“上班”“下班”等场景，操作简单快捷。

图 7.29　大开间办公区域（图片来源：邦奇智能）

新办公楼配备了 3 个大会议室和 8 个小会议室，根据不同的会议需求，对会议室设置了“会议”“投影”“清扫”“离开”等多种场景模式，对灯光、窗帘、投影仪等进行集中控制，面板上还增加了手动调光按钮，可以根据个性化需求，手动进行灯光的明暗调节（图 7.30 至图 7.32）。

每个会议室里还安装了红外动静探头，当人走入房间时，灯光全部打开，会议室门打开，人沿门口走动，不会误触发。当会议完毕，人离开会议室 15 分钟后，灯光自动关闭，窗帘打开，投影仪关闭，投影幕布收回。

图 7.30　会议室一（图片来源：邦奇智能）

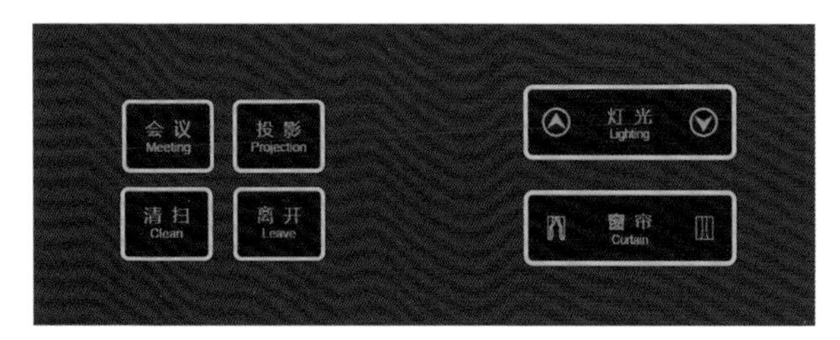

图 7.31　会议室控制面板（图片来源：邦奇智能）

图 7.32　会议室二（图片来源：邦奇智能）

7.3.3　昕诺飞大中华区总部——物联网照明典范

全球照明领导者飞利浦照明于 2018 年 5 月 16 日宣布更名为昕诺飞（Signify），同日，其位于上海的大中华区总部新办公大楼正式投入使用（图 7.33）。该大楼整合了公司创新的 LED 产品与智能互联照明系统，全方位展现了物联网照明为各应用场景带来的巨大提升：不仅使员工享受以人为本的舒适照明体验，提高工作效率，激发创新力；更为大楼管理者提供了绿色智能的照明解决方案，优化空间使用，降低运营成本。

图 7.33　昕诺飞大中华区总部大楼（图片来源：昕诺飞）

昕诺飞重视员工在办公时的照明体验，针对不同工作场景和时间，设置了不同的“光配方”。为了帮助员工调节工作情绪和状态，大楼照明系统应用了动态照明曲线，在不同时间段采用不同的色温和亮度组合，从而更好地模拟自然光的变化，提高工作效率（图 7.34）。办公楼内的各个空间则设置了不同的照明模式，在休闲区域温馨的暖光模式下，员工可以在轻松愉悦的氛围里，边喝咖啡边进行头脑风暴（图 7.35）；为了解决上班族们运动量不足的问题，楼内还设置了运动区域，员工可以在舒适的照明模式下，一边骑单车一边工作，放松心情，释放工作压力（图 7.36）。

图 7.34　通过灯光与室内设计的配合，利用照明控制系统进行分区和场景控制（图片来源：昕诺飞）

图 7.35　员工休息区，可在不同时段选择不同的照明模式（图片来源：昕诺飞）

图 7.36　员工健身区，都有日光感应的控制(图片来源：昕诺飞)

便捷性是智能互联照明的另一大优势，大楼内标准工位照明不仅可由智能互联照明系统自动化调节，还可以由员工通过多种控制方式，轻松设置个性化的照明效果。通过扫描办公桌上的二维码，员工可登录工位，通过手机应用程序 APP 对桌面上方的灯具色温及亮度进行调节，甚至可以控制空调温度，打造个性化工作空间（图 7.37）。开放工位区域则通过传感器监测自然光变化和人员空间占有率，自动调节照明效果。除了先进的智能化、个性化控制外，大楼还采用了智能化墙面控制面板，从多维度实现了以人为本的设计理念。

图 7.37　每个员工的工位上都有二维码，可以扫描进入调节自己工位的照度和色温（图片来源：昕诺飞）

大楼遵循精益工作原则，采用了移动工位工作制。为解决该工作制的“找人难”困扰，大楼创新地利用以太网供电（PoE）智能互联照明系统的可见光编码技术，进行位置定位和路线规划，轻松快捷地实现快速找人功能，让员工在移动办公环境中体验更优（图 7.38）。

图 7.38　采用了室内定位技术可以方便找人（图片来源：昕诺飞）

在为员工提供优质的照明体验的同时，昕诺飞大中华区总部新楼也优化了大楼管理功能。管理者可以通过管理软件轻松查看及管理照明、能耗、室内环境、工位管理、室内定位、室外照明等方面的情况。另外，通过软件不仅可以直观地了解工位的占用比例，更可以查询室内集成的温度、湿度、空气污染物等监测探头的实时及历史数据，由此掌握室内环境质量、各区域能耗及照度等各种参数（图 7.39）。

这些参数能帮助大楼管理者方便洞察各个区域的用电和照明情况，更好地调配资源。比如员工比较密集的区域，可以设置灯光常开，而使用较少的区域，则可以适当调低亮度。物业管理同样也能从中得到优化，如果传感器检测到某个会议室当天未使用，保洁清扫就可以直接跳过该会议室，从而节省了人力成本。

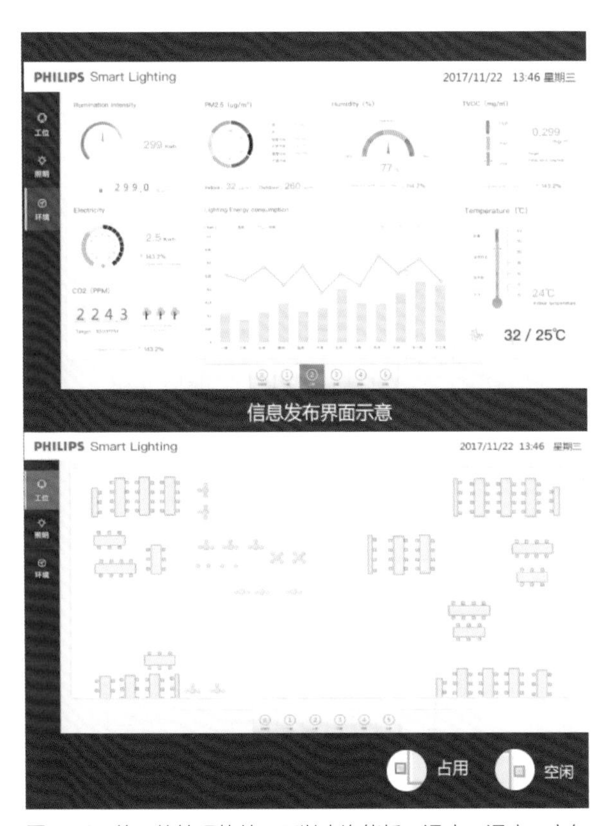

图 7.39　统一的管理软件，可以查询能耗、温度、湿度、空气污染物、工位占用等实时及历史数据（图片来源：昕诺飞）

照明拥有覆盖广泛、渗透深入的特点，将照明点转换为物联网的接入点，能够大大加速物联网推进，实现智能化和信息化。该项目还设立了光通信办公室，用LIFI来传递信息，用于比较保密的内部信息传输。该楼是公司创新LED产品和智能互联照明系统的集大成者，从大楼周边的路灯到大楼的建筑外立面照明、楼内的办公照明，全方位展示了智能互联照明所带来的巨大飞跃。光已成为一种智能语言，可以连接和传递信息。

遵循以人为本的照明理念，昕诺飞为楼内办公的员工提供了优质的照明体验。受益于智能互联照明系统对于照明的控制，办公楼的管理者能对楼内各区域能耗、照明等情况一目了然，就像有了一位绿色节能、灵活高效的智能照明管家。在设计方面，楼内应用了创新型色温可调白光照明 LED 照明产品，专业照明系统可呈现各类动态照明效果，为环境增添科技感（图7.40）。此外，大楼还在室内多个区域更大胆地选用了个性化智能照明产品、发光地毯、LTP霓裳屏等，以为采用色彩的方式（图7.41），为办公室增添了几分活力，营造更好的氛围。

图7.40　入口大堂采用了动态照明，每天一个主色调，用灯光和员工传递时间信息（图片来源：昕诺飞）

图7.41　主会议室除了采用人因照明的色温变化，还采用了色彩，甚至可设置公司的品牌LOGO（图片来源：昕诺飞）

物联网将万物互联，昕诺飞大中华区总部这座楼以人因照明为起点，将路灯、建筑、室内、能耗等管理整合为一体，为人们全方位地展示了智能互联照明如何创新性地帮助各类空间实现绿色、健康、精益的目标。

7.3.4　维亚生物科技（上海）有限公司大楼

维亚生物的使命是成为全球创新型生物科技公司的摇篮。公司的 CFS 业务为全球生物科技及制药客户的临床前阶段的创新药物开发，提供了世界领先的基于结构的药物发现服务，涵盖客户对早期药物发现的全方位需求，包括靶标蛋白的表达与结构研究、药物筛选、先导化合物优化，直到确定临床候选化合物。公司的 EFS 业务亦向全球高潜力的生物科技初创公司提供药物发现及孵化服务。

作为快速发展的中小型制药高科技公司，虽然整个装修只有 2 ~ 3 个月的时间，该公司希望新的办公大楼照明能够体现公司的品牌定位：高科技、简洁、高端（图7.42）。是否能有成熟稳定的商用无线解决方案，帮助其原照明系统快速便捷地升级成智能照明系统？答案是肯定的。最终该项目全部采用了 ZigBee 无线照明控制技术（图7.43），覆盖了约200套十多种LED灯具（图7.44所示为一处大会议室的照明场景，图7.45、图7.46为手机 APP 控制照明场景及 APP 界面），整体项目采用了 4 个网关进行全网络联控（图7.47）。

图7.42　维亚生物科技大楼位于上海张江开发区，共三层（图片来源：昕诺飞）

图 7.43　所有灯具采用了 ZigBee 无线照明控制技术，无需布置控制线，利用高科技降低安装成本，升级成为智能照明（图片来源：昕诺飞）

图 7.44　大会议室约 70 m^2，可容纳 30 余人，采用了 4 个无线传感器和一个无线面板场景开关进行控制，并且可以通过手机 APP 进行调控（图片来源：昕诺飞）

图 7.45　所有的控制均采用感应器控制或场景开关控制，以及手机远程 APP，进行场景、时间表、感应、个性化等不同控制策略，充分体现智能、节能、舒适（图片来源：昕诺飞）

图 7.46　手机 APP 界面参考（图片来源：昕诺飞）

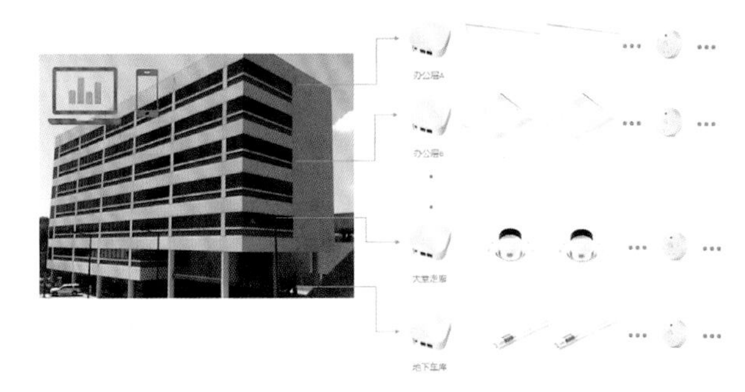

图 7.47　系统示意图，采用了 4 个网关进行联网（图片来源：昕诺飞）

该项目同时可以为大楼管理人员提供通过 Web 网页实时查看设备状态、故障及能耗，具体项目比如单灯状态、单灯故障、设备故障、单灯能耗、项目总照明能耗和能耗分析曲线等功能。

7.3.5　雷士照明上海办公室案例

雷士照明上海办公室的智慧办公照明项目，是国家“十三五”科技支撑计划课题示范项目。在这个示范项目中，主要实现了以下功能：

① 根据人体的生物节律，对光环境的响应曲线及不同场景的需求效应进行灯光节律控制，智能调节适宜人体健康的不同时段光环境参数。

② 利用遮阳与人工照明一体化的控制窗帘和灯具，根据日照强度变化，通过涂鸦提供的控制系统调配电控窗帘，保持室内照度在合理区间，灯具均支持色温可调和日光检测，让人尽可能在合适的太阳光环境里工作。

③ 在会议室，灯光场景根据会议模式进行色温调整，财务部开预算会议和市场部开创意头脑风暴会，都有不同的光环境场景（图 7.48）。

④ 在独立办公区，使用人工照明干预，模拟日光环境，双向光输出。

图 7.48 雷士照明上海办公室的智慧办公照明（图片来源：涂鸦智能）

这个项目使用了蓝牙 Mesh 解决方案，通过蓝牙 Mesh 转换器把 DALI 系统成功地与蓝牙系统对接，取代了传统复杂的 DALI 专线布线方式，节省了布线成本，并通过快速配网的功能，节省了 90% 的配网时间，使平均每个节点的配网速度缩短至 3 秒，大大提高了施工效率。同时，通过综合的商用照明解决方案，该办公室的日用电功耗同比下降了 70%。该项目设备清单见表 7.4。

表 7.4 设备清单

序号	设备类型	数量（个）
1	DALI 平板灯及筒灯	161
2	无线蓝牙网关	2
3	光照传感器	12
4	PIR 传感器	5
5	卷帘电机	12
6	DALI 转换器	161

第八章 教室照明智能化设计及应用

8.1 教室照明的特点

教室照明近几年越来越受到国家和社会的重视，作为新兴的照明细分领域，从 2014 年开始，国内相关科研机构、检测机构、教育主管部门、照明厂商等，逐步加大在这一细分领域的研发和推广投入，但从目前产品技术、国家标准、应用推广方面来看，仍需持续探索。

和其他照明细分领域相比，教室照明看似功能简单，但实际上特点非常明显。纵观照明行业趋势，教室照明也顺应了健康照明、智慧照明的行业发展趋势，目前也具备将这两大概念广泛推广至市场的条件，教室照明将大幅度推动照明行业的整体发展。因此，教室照明至少具备如下四个特点：

① 改善教室照明环境是综合防控儿童青少年近视的关键行动。我国儿童青少年近视率常年位于全球第一，近视防控行动已刻不容缓，其中有一项关键行动，便是改善教室照明环境。2018 年 8 月 30 日，教育部等八部委联合出台了《综合防控儿童青少年近视实施方案》，明确要求学校改善视觉环境，使用利于视力健康的照明设备，目前全国各省也都出台了具体的实施政策，且已大范围启动中小学校教室照明改造行动。

② 智慧校园建设是推进教育现代化建设的重要举措。为了加快推进教育现代化、教育强国建设，以及积极推动“互联网 + 教育”的普及，教育部及相关部委出台了《教育信息化 2.0 行动计划》《中小学数字校园建设规范（试行）通知》《智慧校园总体框架》等相关政策及标准。作为智慧校园建设的重要环节，智慧教室照明也被纳入建设要求。

③ 行业有明确相关标准要求。国内目前关于教室照明的标准较多，其中相关的国家标准有 5 项，行业标准、地方标准、团体标准合计 6 项以上，这些标准对教室照明的灯具产品、安装规范、照明效果都做出了明确的、详细的要求说明，且这些标准为教室照明设计应用提供了非常明确的参考依据。

④ 有特殊的功能定位。不同于商业场所、办公场所的照明，教室照明的功能定位只有一个：为教学服务。服务的对象比较特殊：学生、老师。追求的是基础的照明条件和效果，而不是照明氛围与环境。照明场景中心的行为活动比较简单，但是意义非凡，从典故“凿壁偷光”就可以看出照明对学习的重要性。尤其对现代教育建筑而言，没有良好的照明条件，几乎无法正常开展教学活动。

8.1.1 教室照明空间组成及照明规范要求

1. 教室照明空间组成。

① 三个基本面：地面、教室课桌水平面、黑板立面。

② 六大核心技术指标：照度、照度均匀度、统一眩

光值、显色指数、功率密度、频闪等六项为教室照明最关键的考核项目。

③ 多个功能场所：根据教学场景和功能定位，可分为普通教室、多媒体教室、科学教室、史地教室、书法教室、音乐教室、语言教室、多功能教室、理化生实验室、美术教室、舞蹈教室、劳动教室、图书室、德育展览室、综合实践教室、通用技术教室、信息技术教室、体育活动室等。

2. 教室照明规范要求。

教室照明规范要求详见表 8.1、表 8.2。

表 8.1 教育建筑照明标准值

房间或场所		参考平面及其高度	照度标准值（lx）	统一眩光值 UGR	照度均匀度 U_0	显色指数 R_a
教师、阅览室		课桌面	300	19	0.70	80
实验室		实验桌面	300	19	0.60	80
美术教室		桌面	500	19	0.60	90
多媒体教室		0.75 m 水平面	300	19	0.60	80
电子信息机房		0.75 m 水平面	500	19	0.60	80
计算机教室、电子阅览室		0.75 m 水平面	500	19	0.60	80
楼梯间		地面	100	22	0.40	80
教室黑板		黑板面	500*	—	0.80	80
学生宿舍		0.75 m 水平面	150	22	0.40	80
幼儿园、托儿所	活动室	地面	300	19	80	80
	寝室、睡眠区	0.75 m 水平面	100	19	80	80

注：* 指混合照明照度。

表 8.2 教育建筑照明功率密度限制

房间或场所	照度标准值（lx）	照明功率密度限制（W/m^2）	
		现行值	目标值
教室、阅览室	300	≤ 8.0	≤ 6.5
实验室	300	≤ 8.0	≤ 6.5
美术教室	500	≤ 13.5	≤ 9.5
多媒体教室	300	≤ 8.0	≤ 6.5
计算机教室、电子阅览室	500	≤ 13.5	≤ 9.5
学生宿舍	150	≤ 4.5	≤ 3.5

3. 教室照明规范性要求相关文件。

现行教室照明相关标准详见表 8.3。

表 8.3　教室照明相关标准

序号	文件层次 / 类别	文件编号	文件名称
1	国家标准	GB/T 5700—2008	照明测量方法
2		GB 7793—2010	中小学校教室采光和照明卫生标准
3		GB/T 12454—2017	光环境评价方法
4		GB/T 36342—2018	智慧校园整体架构图
5		GB/T 36876—2018	中小学校普通教室照明设计安装卫生要求
6		GB 50034—2013	建筑照明设计标准
7		GB 50099—2011	中小学校设计规范
8		GB 40070—2021	儿童青少年学习用品近视防控卫生要求
9	产品标准	CQC 3155—2016	中小学及幼儿园教室照明产品节能认证技术规范
10	地方标准	DB31/T 539—2020	中小学及幼儿园教室照明设计规范
11	团体标准	T/JYBZ 005—2018	中小学教室照明技术规范
12		T/CAQP 013—2020	学校教室 LED 照明技术规范

4. 教室照明健康光环境设计示例。

灯具指标达到要求不等于照明环境满足要求，教室照明设计尤为重要。就像好的食材不一定能做出美食一样。还需要对使用现场进行专业设计模拟，并确定灯具的安装位置与方向，统一眩光值、照度、照度均匀度等跟灯具的安装有直接关系。本章设计示例按表 8.1 和表 8.2 照明规范要求设计了单间教室（6.8 m×9.7 m）模拟情况，其他功能室可依教室面积、布局和照明质量要的求不同，在进行照明设计时参考此设计思路和方法，做适当调整（图 8.1）。

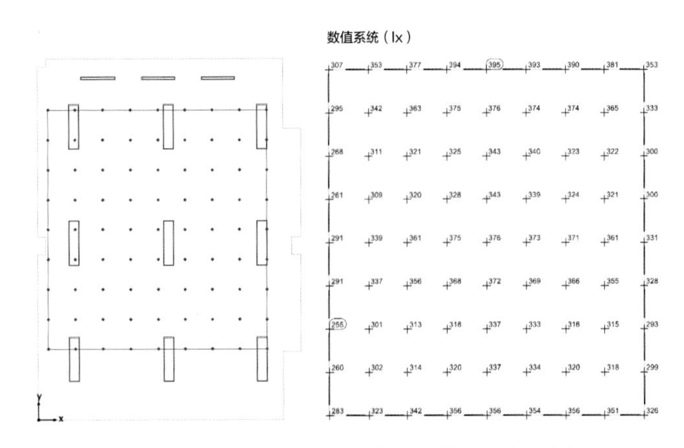

图 8.1　教室灯具布置和桌面照度分布设计模拟图（图片来源：立达信）

① 课桌面水平照度分布（维护系数取 0.8）。平均照度 336 lx，最小照度 255 lx，最大照度 395 lx，照度均匀度为 0.76 ~ 0.65，参考平面高度为 0.75 m。

② 黑板面直角照度分布（维护系数取 0.8，模拟见图 8.2）。平均照度 521 lx，最小照度 442 lx，最大照度 613 lx，照度均匀度为 0.85 ~ 0.72，参考平面高度为 0.75 m。

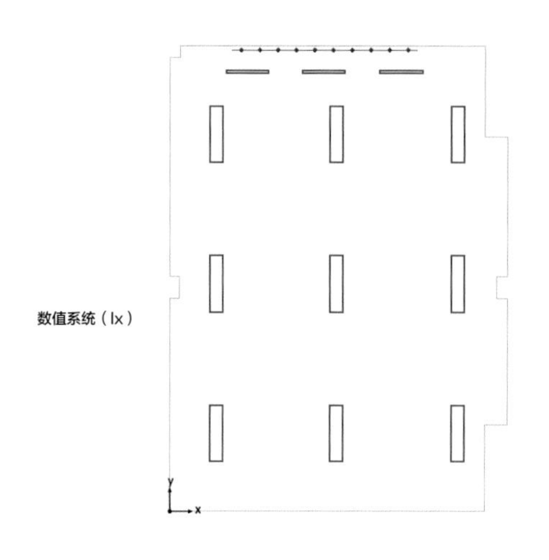

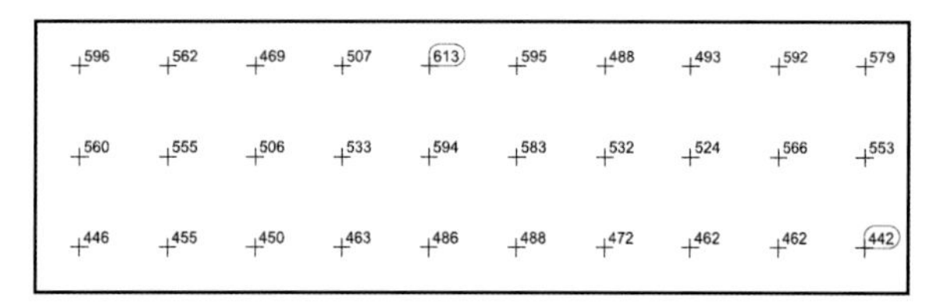

图 8.2 黑板灯具布置和照度分布设计模拟（图片来源：立达信）

③ 眩光计算模拟结果（图 8.3）。

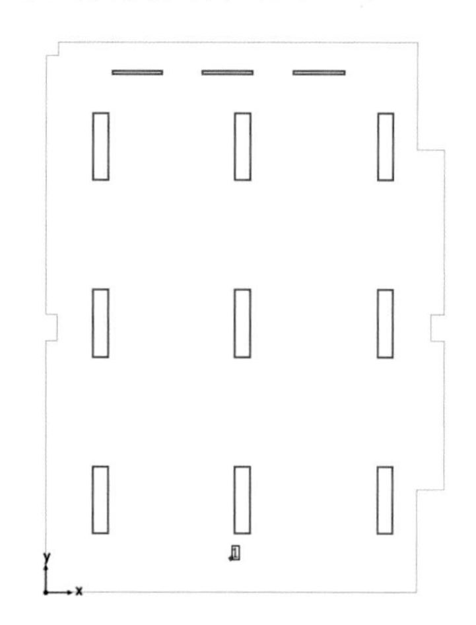

UGR 测量点

最大眩光值在 135°
最大值：15.8
限制值：≤ 19.0
观察范围：0° ~ 180°
步距：15°
高度：1.2 m

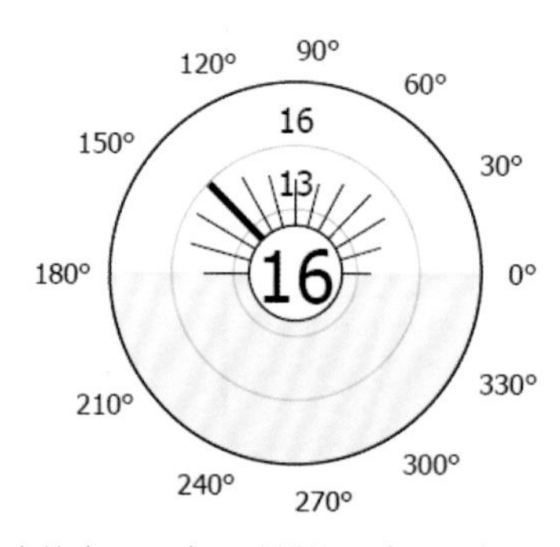

图 8.3 教室灯具统一眩光值（*UGR*）设计模拟图（图片来源：立达信）

④ 教室照明平面布置图（图 8.4）。

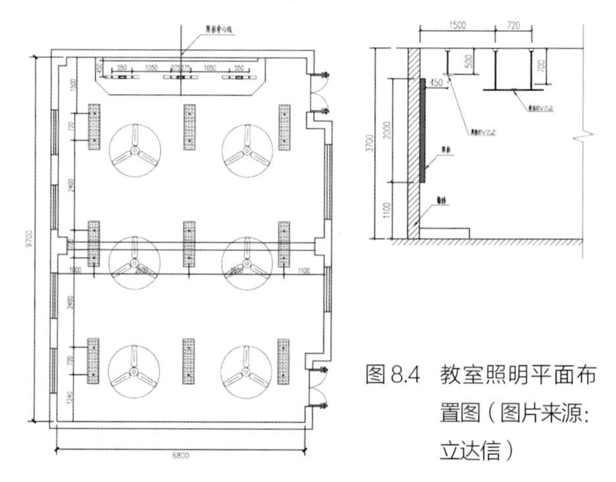

图 8.4 教室照明平面布置图（图片来源：立达信）

⑤ 教室电气设计图（图 8.5）。

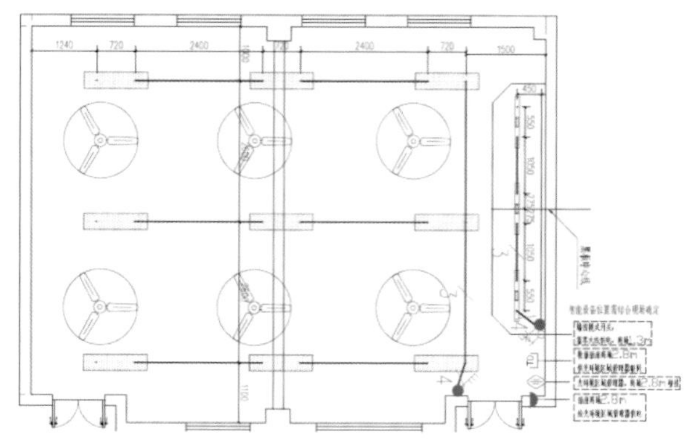

图 8.5 教室照明平面布置图（图片来源：立达信）

⑥ 教室照明渲染图和改造后现场效果图（图 8.6）。

图 8.6　教室照明渲染图（上）和改造后现场效果图（下）（图片来源：立达信）

教室照明的健康光环境，是通过灯具专业的光学设计与照明工程设计有机结合，能够精准地控制光线的出射角度和方向，将光照在需要的地方，并且避免形成光污染。从而实现舒适、护眼的光环境，达到视觉健康的目的。

8.1.2　教室照明常用灯具类型及特点

教室照明按灯具功能可划分为：教室灯具、黑板灯具。

对于不免除视网膜蓝光危害评估的灯具，普通教室一般照明灯具和读写作业台灯的蓝光危险组别应达到 RG0，黑板局部照明灯具的蓝光危险组别应达到 RG0 或 RG1。

灯具的波动深度应不大于相应的限值，以减少闪烁对人眼的影响，波动深度是表征光源频闪特性的参数。灯具在交流或脉冲直流电源的驱动下会出现闪烁的现象，导致视疲劳和脑疲劳。目前国内外广泛采用 IEEE Std 1789—2015 相关要求评估观察静止状态下光源的闪烁。

教室灯具主要特点有：具有防眩光结构；尺寸为 300 mm×1200 mm、600 mm×600 mm；可吊杆安装、可嵌入式安装；配光对称。

黑板灯主要特点有：具有防眩光和偏光光学结构设计；尺寸为长 900 ~ 1800 mm；可吊杆安装、壁装安装。

8.2　教室智能照明控制系统

8.2.1　教室智能照明控制策略

① 通过智能照明，实现教室照明灯具智能连接、组网，根据教学需求，按模式划分，统一控制，保障操作的便利性，加上恒照度调光功能，最大程度地做到节能。具体策略见表 8.4。

表 8.4 教室照明智能照明控制策略

模式层级	模式名称	具体场景
基础模式	板书模式	教室灯全开，保证课桌面、黑板面照度达到标准
	投影模式	部分黑板灯、教室灯关闭或者调低亮度，保证投影效果，画面不产生反光
	自习模式	黑板灯关闭，教室灯全开，保证课桌面照度达到标准
	放学模式	教室灯、黑板灯全关
扩展模式	课间模式	黑板灯关闭，教室灯关闭或者调低亮度，做到节能
	考试模式	黑板灯关闭，教室灯亮度调到最大，色温调至 5000 ~ 5500 K
	消杀模式	非上学时期启动，教室灯、黑板灯全关，紫外消毒灯打开，有人进入教室时紫外消毒灯自动关闭
	窗帘控制	配合教学模式需求进行同步联动
	设备控制	配合教学模式需求进行同步联动

② 综合运用物联网、云计算等领域新技术，对教室内部的照度、温度、湿度、声音、空气质量等大数据，进行采集、分析、处理，实现了实时监测、平衡预测分析及综合管理等功能，做到校园集中管理，提高效率，节约能耗。

8.2.2 教室照明智能控制常用产品

教室照明智能控制常用产品有：墙控开关、智能网关、智能感知、智能链接器、智能空开、智能窗帘控制器、移动终端等（详见第二章）。智慧校园智能控制策略具体见表 8.5。

表 8.5 智慧校园智能控制策略

系统层级	具体功能	联动设备
感知设备层	本层实现各空间照明状态、用电回路参数、环境质量、安防视频的实时监测、采集、控制、上传	由分布在现场智能灯具、智能连接器、智能空开、空气质量传感器、IPC 摄像头等设备组成
网络传输层	本层实现对感知层上传的各类数据进行传输，把现场采集的数据实时传输到中心服务器	一般由交换机等设备组成
系统应用层	本层实现数据的管理和数据的处理功能，如数据的收发、计算、转发、存储、统计、分析、报警、显示、打印等功能，并为各类应用提供服务	由应用软件平台、操作系统、数据库、客户端软件、服务器及配套设施组成
用户交互层	本层实现用户与智能系统的交互实现功能，提供 Web 浏览器访问界面的交互形式，实现设备实时监控、数据报表查看以及各种应用场景的交互	客户端软件

8.3 教室智能照明应用案例

8.3.1 阿联酋智慧大学案例

1. 项目背景。

阿联酋的 HBMSU 智慧大学（The Hamdan Bin Mohammed Smart University）是一所基于现代教育技术构建的大学，希望创造更加愉悦、舒适和安静的学习场所。学生通常通过教室和网络两种联合方式来上课，这也使得其教学概念走在了现代教育的前沿。该学校支持迪拜建设智慧城市的理念，希望通过采用世界一流的照明控制系统，提供更加个性化的学习氛围。

2. 照明特点。

为了帮助客户达到其目的，该项目最终采用了高舒适的 LED 照明灯具，内置传感器，并采用智能互联照明控制系统来管理，效果如图 8.7 所示。值得注意的是，大学的整个大楼里没有墙面开关，所有照明都通过手机 APP、人员动静传感器或者中央智能照明控制系统来控制，并能和室外自然光联动。

图 8.7 建筑内部照明效果（图片来源：昕诺飞）

3. 智能照明控制系统特点。

该学校选用的智能互联智能照明控制软件，可以接入大楼的智能楼宇管理系统，和其他设备无缝对接（图 8.8）。大楼的制热、通风和空调系统与教室的时间表同步，在满足舒适需求的同时，尽量节约能源——当学生进入教室，传感器传输信号开启灯光；而当教室空闲时，空调和灯光系统都会关闭。

图 8.8 手机操控智能照明（图片来源：昕诺飞）

该智能互联照明控制系统可以同时通过该大学的 APP 接入，提供室内导航，以便学生能更快地找到教室（图 8.9）。通过手机上的 APP，也可以调节灯光和温度，以创造更加舒适的个性化环境。空间使用状况的统计数据会通过该软件来存储，并帮助学校管理人员来优化空间的使用，最大程度地优化设施和空间的利用，并快速响应。

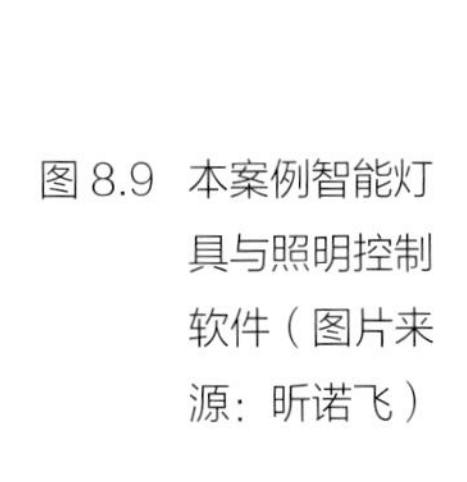

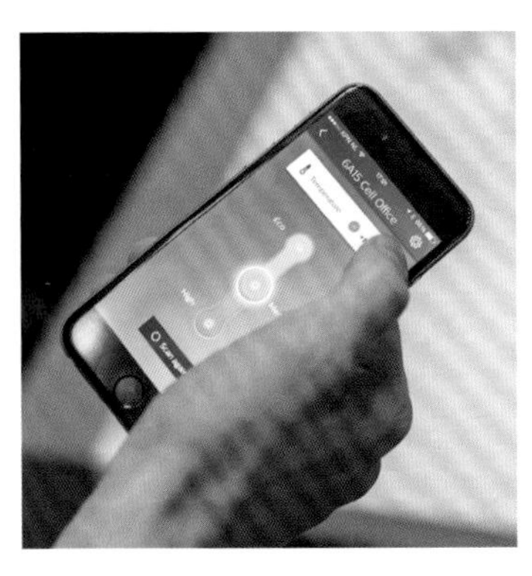

图 8.9 本案例智能灯具与照明控制软件（图片来源：昕诺飞）

4. 应用效果。

该项目通过 LED 灯具、智能互联的照明控制系统，创造了舒适的个人空间环境，帮助在校师生更好地生活和学习。

8.3.2 厦门五缘第二实验学校案例

1. 项目背景。

厦门五缘第二实验学校是厦门市教育局直属的九年一贯制公办学校，于 2015 年秋季开始招生办学。学校位于厦门岛东北角的五缘湾西片区，学校用地总面积 7.9 公顷，建筑面积为 4 公顷，规模宏大，建筑模仿清华风格，美轮美奂，是一所现代精品学园。

改造前，该校使用传统荧光灯用于教室照明，照明质量指标均低于国家标准要求，影响学生用眼健康，容易引起视疲劳、近视等问题；且灯具光效不高，造成了大量的能源浪费。本案例设计总体效果如图 8.10 所示，经升级改造后，旨在打造健康护眼、智慧便捷、节能高效、安全环保的智慧校园整体解决方案，显著提升了该校现代化的治理体系和治理能力。

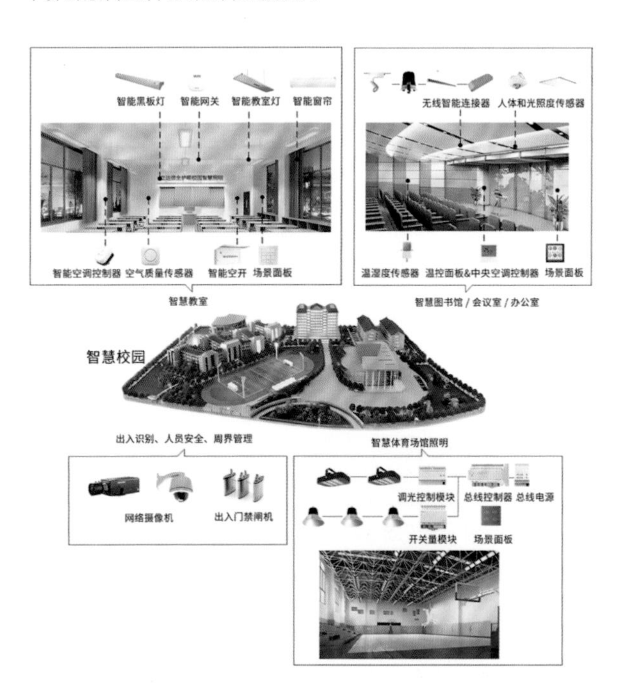

图 8.10 校园设计总效果图（图片来源：立达信）

2. 照明特点。

本案例采用健康光环境中的智能恒照度方案，其系统架构如图 8.11 所示：

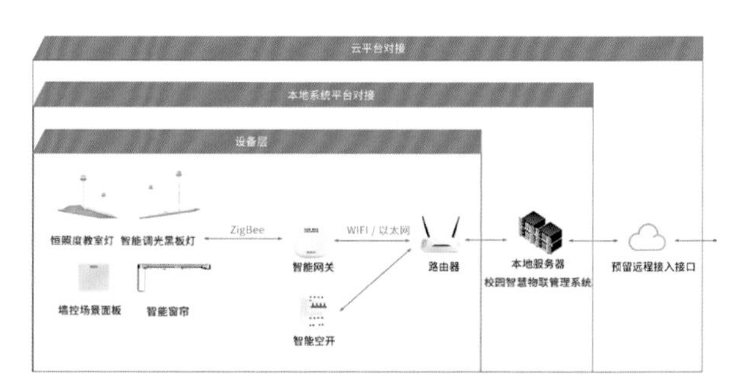

图 8.11 校园系统架构（图片来源：立达信）

照明特点体现在照明系统和窗帘联动工作、自动感知调节、智能控制有机融合等方面（图 8.12）。

① 窗帘和灯光场景之间联动控制，根据灯光的场景模式，自动开启或关闭窗帘。

② 上课前，灯光系统根据日程设置自动亮灯，并达到设定的教室照度值。

③ 放学后，系统根据设定，自动关闭教室内灯光，避免能源浪费。

④ 上课时，内部照度传感器检测教室桌面的照度，自动调整灯光亮度，桌面照度值保持在 300 lx 以上，黑板照度保持在 500 lx 以上。即：当外界射入光线变强的时候，教室灯光亮度自动降低，课桌面的照度保持在国际要求的 300 lx 以上，达到节能省电的目的；当外界射入光线变弱的时候，教室灯光亮度自动调亮，课桌面的照度保持在国际标准的 300 lx 以上，不需要人为开灯或关灯。

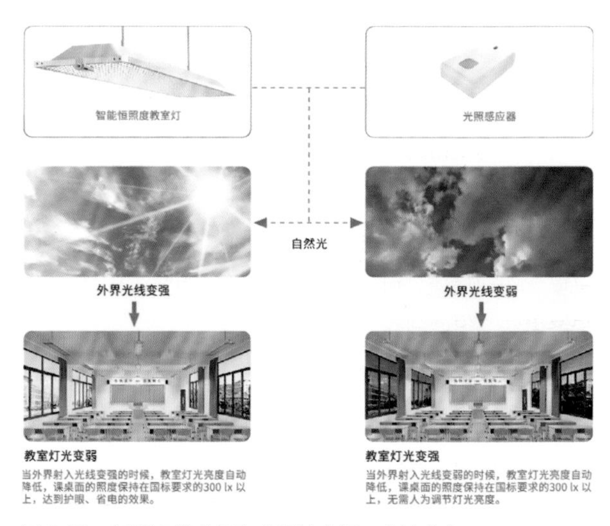

图 8.12 恒照度模式示意（图片来源：立达信）

⑤ 上课时，还可根据需求灵活配置各种场景模式。可通过场景控制面板或 APP 终端设备，对照明环境进行一键切换控制，切换教室灯光的 4 个场景模式——板书模式、投影模式、自习模式、活动模式，为师生营造健康舒适的教学环境（图 8.13）。

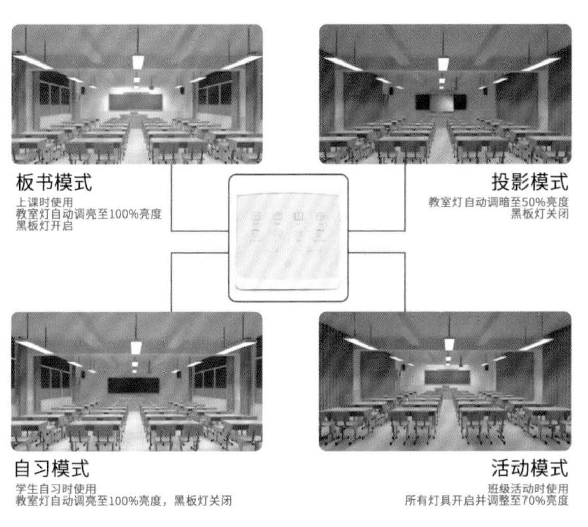

图 8.13　四种不同场景模式示意（图片来源：立达信）

3. 智能照明控制系统特点。

本案例智能照明控制系统实现了三大主要功能：照明管理、用电管理、权限与访问管理等。

首先，照明管理包含了照明状态监测、照明设备管理控制。

照明状态监测主要监测学校各区域所有照明设备的开关状态。照明设备管理控制又可分为照明设备的远程控制、照明设备的日程化自动运行、照明设备的联动控制和照明设备的自我感知运行。具体来说：

① 照明设备的远程控制：远程控制灯光开关、调节亮度、切换情景；可对单个设备进行控制，也可对多个设备进行分组控制或统一控制。

② 照明设备的日程化自动运行：能够对照明设备按照日程表进行自动化控制，根据每天、每周、每月的照明需求，快速、直观地进行自动化配置。

③ 照明设备的联动控制：照明、窗帘设备联动控制。

④ 照明设备的自我感知运行：照明设备联动光照度传感器，根据系统设定的联动策略，实现灯光自动调节亮度（图 8.14）。

图 8.14　照明管理（图片来源：立达信）

其次，用电管理包含了能耗数据监测、能耗数据分析、用电线路监控报警三部分。

① 能耗数据监测：计量统计用电回路的耗电量。

② 能耗数据分析：将统计的能耗数据生成多维度的用电量分析报表，帮助学校更好地进行用电管理。

③ 用电线路监控报警，是用电远程及自动化控制，具体来说有两方面：一是对学校的用电回路进行远程控

制，按照日程表自动运行，按需用电；二是安全用电管理（图 8.15）：每月线路漏保自检、实时检测用电回路的异常，一旦出现漏电、过流、过载、过温、过压、打火、欠压、缺相等异常情况，系统可在第一时间收到报警信息，并对异常问题进行分析，帮助学校快速定位。

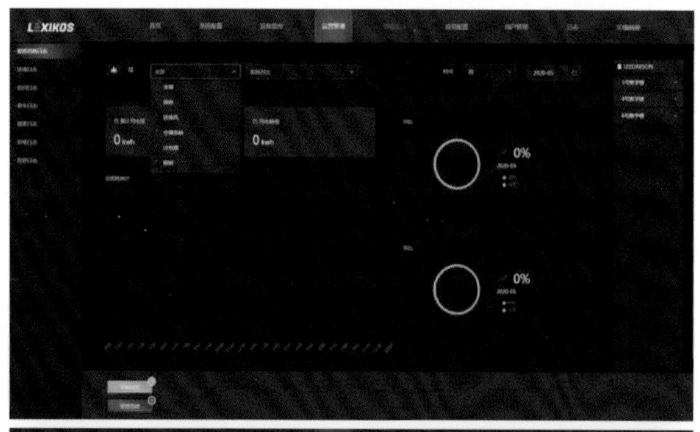

图 8.15　用电管理（图片来源：立达信）

最后，权限与访问管理：账号权限管理、远程数据访问控制。

① 账号权限管理：校园智慧物联管理系统支持设置每个账号的管理权限。系统赋予每个账户不同的管理权限，每个账号使用者根据权限的不同，只能使用分配的功能以及查看控制分配区域的设备，从而做到专人专区的有效管理。避免因非相应管理人员的不当操作而造成教学事故，确保学校真正实现科学、智能化管理。

② 远程数据访问控制：在学校允许的情况下，校园智慧物联管理系统在数据传输加密保护下进行远程访问，通过远程数据访问服务平台，能够让学校的管理者远程访问校园智能物联管理系统。系统具备访问权限管理，通过用户权限管理以及验证功能，确保系统访问的安全性，用户只需打开网页浏览器即可访问。

4. 应用效果。

① 三个“智能”。智能化：结合智能传感器检测设备和智能控制器，老师在墙控开关上实现上课、投影、自习、活动等四种教学场景的一键切换。智能控制：按照学校的教学时间安排，智能照明设备可以自动检测教室的人员活动和光照度水平，进行自动运行。智能管理：能耗系统实时监测教室内灯具的工作状态和系统设备的总体能耗情况，对能耗进行多维度的对比分析，提高管理效益。

② 节能与按需。节能性：教室照度始终高于国家标准，还可节能 60% 以上。走廊按需给光：白天熄灭，低照度或夜晚人来时灯亮，人走灯微亮和人走灯灭双模式可切换。

③ 舒适性、健康性：采用优质 LED，光效高，照度、均匀度高，教室更明亮；驱动专业无纹波设计，无频闪危害；专业光学防眩设计，统一眩光值小于 16，舒适、眩光低，可减少视觉疲劳；实现显色指数高于 90，最接近自然光，色彩更逼真、视觉更清晰；色温适中，采用 5000 K，光线更柔和，保护学生眼部健康；优质 LED 光源，专业光学设计，无蓝光危害，达豁免级 RG0。

④ 环保性：传统荧光灯打碎后会造成汞污染，汞毒不易消除；LED 灯具使用环保材料，没有汞和铅污染。

8.3.3　广东惠州第一小学白鹭湖分校

1. 项目背景。

广东省惠州市惠州市第一小学白鹭湖分校在改造前采用传统荧光灯具，存在照度不足不均、色温过高、眩光严重、显色指数低等问题，整体教室照度仅为 151.3 lx，低于国家标准（图 8.16）。根据当前近视防控、疫情防控、智慧校园建设等需求，雷士照明帮助学校进行了标准化和全方位的教室照明环境改造。

图 8.16 改造前现场照明实景（图片来源：雷士）

2. 照明特点。

学校采用了“9+2+4”标准化全方位教室照明方案，即：9 盏教室灯盘 +2 盏黑板灯 +4 盏紫外线消毒灯。此方案针对教室照明所存在的问题，提出专业的解决方法，具有健康化、智能化、安全化的特点。

① 健康化。

该方案采用的教室专用照明灯盘及黑板灯，无蓝光、低眩光、无频闪，色温为 3300 ~ 5500 K，均达到国家标准，为学生提供了明亮舒适的学习环境，能够更好地保护孩子们的双眼。以中国质量认证中心认证技术规范（CQC）和国家标准（GB）为基础，从产品、安装、实际效果三方面出发，营造健康的教室照明环境。

教室照明产品符合《中小学校及幼儿园教室照明产品节能认证技术规范》CQC 3155—2016，教室照明环境达到《建筑照明设计标准》GB 50034—2013、《中小学校教室采光和照明卫生标准》GB 7793—2010、《中小学校普通教室照明设计安装卫生要求》GB/T 36876—2018。灯具的具体要求及标准见表 8.6。

② 智能化。

雷士智能教室照明系统首先通过智能光感功能，根据教室自然采光情况，智能调节灯具亮度，保证桌面照度，达到最佳节能效果。

系统拥有自适应、多媒体教学模式、自习模式、全关模式等模式，可根据不同的教学场景需要，切换到对应的照明模式，提高教学管理的质量的同时节约能耗。具体模式的功能与效果见表 8.7，不同模式的实景效果如图 8.17 所示。

表 8.6 灯具的要求、标准及安装规范

灯具要求		安装规范		照明标准	
结构	防眩光	教室灯到桌面	≥ 1.7 m	教室照度	≥ 300 lx
色温	3300 ~ 5500 K	黑板灯到黑板面	≤ 0.8 m	教室均匀度	≥ 0.7
光通量	≥ 2800 lm，光效≥ 80 lm/W	教室灯数量	9	黑板照度	≥ 500 lx
显色指数	$R_a \geq 80$，$R_9 \geq 50$	黑板灯数量	2 或 3	黑板均匀度	≥ 0.8
功率因素	≥ 0.9	无顶灯	吊杆	统一眩光值	≤ 16
光波动深度	无危害或≤ 1%	有顶灯	嵌入	功率密度	≤ 8 W/m^2
光生物	安全蓝光 RG0 级	安装称重	4 倍承重	照明测量	中心布点法

表 8.7 雷士智能教室照明系统的多种模式

模式	功能与效果
自适应模式	阴面采光条件较差，灯具自适应将亮度调至 60%，保证课桌面照度≥ 300 lx；阳面采光条件较好，灯具自适应将亮度调至 5%，保证课桌面照度≥ 300 lx
多媒体模式	黑板灯与第一排教室灯关闭，最大程度保证教学显示屏的清晰度
自习模式	黑板灯关闭，所有教室灯保持自适应亮度
全关模式	所有灯具可一键关闭，教室无人状态≥ 20 分钟，灯具会自动关闭

图 8.17 不同模式下现场照明效果（图片来源：雷士）

③ 安全化。

结合当下疫情防控需求，教室配备有紫外线消毒杀菌灯（无臭氧型），通过智能控制，自动在凌晨 2 ~ 3 点间进行消毒杀菌。实景效果如图 8.18 所示。

为了避免发生紫外灯意外伤人的情况，智能感应设备在感应到教室里有人的情况下，紫灯便会自动处于断电状态。

图 8.18　安全消杀模式下现场照明效果（图片来源：雷士）

3. 应用效果。

在教室照明改造完成后，邀请第三方检测机构进行现场测试，照明指标均符合国家标准，并达到理想设计值。改造后效果如图 8.19 所示。

图 8.19　改造后现场照明效果（图片来源：雷士）

第九章 医疗照明智能化设计及应用

9.1 医疗照明概述

医疗照明是医院建设与环境健康安全管理的重要组成部分，对从医人员的健康及诊疗效果的实现、病患人员的康复及医患关系的改善、医院运营管理及成本控制等，都具有重要的作用和显著的影响。但在医院建设和实际运营过程中，照明所受到的重视尚不够多。究其原因，一是医院建设方对健康的照明环境了解不多，学术上针对医疗照明影响健康安全的研究也相对较少；另一方面，照明电气工程界对医疗照明的需求理解不深，造成市场上专用于不同医疗环境的环境照明器材比较缺乏。

要做好医疗照明，就要了解其特点。我们知道，光不仅能通过不同的照度、色温及显色性影响人的视觉，还可以通过提高注意力、传递情绪感受等途径，影响人的生理和心理状态。医院建筑是集各种功能于一体的综合建筑体，医疗照明设计应满足实际的功能要求和使用目的，既要平衡患者在视觉、心理和生理的不同需求，也要通过合理的照明设计，营造健康、舒适的诊治空间，促进患者身心康复。在合理设计照度、色温、显色性与眩光控制的同时，还要考虑照明的能耗规范，有效配置照明灯具与控制方式。

9.2 医疗照明空间组成及照明规范要求

从医院的功能上，可以把医疗照明分类为：医院门诊照明、检查医技照明、手术和洁净空间照明、病房照明、药房照明、公共空间与办公照明、室外景观照明等。医疗照明应严格遵守国家相关照明标准中的数值规定，达到不同场所要求的基础照明光环境。具体标准可参考《建筑照明设计标准》和《医疗建筑电气设计规范》中的标准值。具体见表 9.1。

表 9.1 医疗建筑照明标准值及照明功率密度限值

房间或场所	参考平面及其高度	维持平均照度 (lx)	统一眩光值 UGR	显色指数 R_a	功率密度 (W/m^2)	照明功率密度限值（W/m^2）	
						现行值	目标值
治疗室、诊室	0.75 m 水平面	300	19	0.7	80	≤ 8.0	≤ 6.5
化验室	0.75 m 水平面	500	19	0.7	80	≤ 13.5	≤ 9.5

续表 9.1

房间或场所	参考平面及其高度	维持平均照度（lx）	统一眩光值 UGR	显色指数 R_a	功率密度（W/m²）	照明功率密度限值（W/m²）	
						现行值	目标值
诊 室	0.75 m 水平面	300	19	0.6	80	—	—
候诊室、挂号厅	地面	200	22	0.4	80	≤ 5.5	≤ 4.0
病 房	0.75 m 水平面	200	19	0.6	80	≤ 5.5	≤ 4.0
走 道	地 面	100	19	0.6	80	≤ 4.0	≤ 3.0
护士站	0.75 m 水平面	300	—	0.6	80	≤ 8.0	≤ 6.5
药 房	0.75 m 水平面	500	19	0.6	80	≤ 13.5	≤ 9.5
重症监护室	0.75 m 水平面	300	19	0.6	90	—	—

9.2.1 医院门诊照明

门诊包括普通门诊和急诊，创造明亮舒适的照明环境，让患者在有安全感的光环境中接受医生的诊疗，同时让医护人员在有现场感的光环境下清晰、准确地了解病患的病症，从而制定并实施适合的治疗方案，是门诊照明的核心（图 9.1）。门诊照明既要考虑医生的工作需求，保证必要的照度、亮度和良好的色品特征，实现良好诊断；同时也要考虑病患的心理和身体状况，采用无视觉伤害的暖白光源，有利于放松情绪，实现医患之间的无障碍沟通。

图 9.1 医院门诊照明（图片来源：昕诺飞）

9.2.2 检查医技照明

常规的检查和化验科室一般都设置在医技楼。检查分为两类，一是以检体为对象的部门，二是以患者为对象的生理检查部门。

以检体为对象的部门与一般的化学实验室等相同，照明的重点是作业以及观察，要求环境明亮，没有视觉障碍。另外，这些部门的医疗器械比较多且灵敏，显示设备也较多，照明灯具的使用，除了需要考虑照明环境的因素外，还要考虑是否对医疗设备和器械有影响(图 9.2)。

生理检查部门的照明除了观察之外，还需要创造没有压迫感的氛围，要为患者提供舒适放松的照明环境。

图 9.2 检查医技照明（图片来源：昕诺飞）

9.2.3 手术和洁净区域照明

手术室是医院建设的重要项目之一，需要全部采用无菌洁净环境，与之类似的还有产房和新生儿室（NICU）、重症监护室（ICU）、血液透析室、洁净实验室、GMP 制剂室等区域，同样需要无菌洁净环境，都必须使用符合洁净要求的专业灯具（图 9.3）。

无菌洁净室水平是衡量医院医疗水平的重要指标之一，所以为各大医院所广泛重视，投资也较多。一般而言，医疗洁净室的照明应注意以下几点：

① 要选择满足光生物安全、电气安全与电磁兼容要求的灯具，不含紫外线辐射，不含红外辐射，不含可能影响医疗仪器精准度的电磁干扰。建议洁净室照明灯具均采用低压直流供电的 LED 光源，在工程施工中可以把交流驱动电源安放在技术夹层，从而提高电气安全，降低电磁干扰的风险。

② 采用合适的表面材料和防护方式，灯具表面不仅要满足物理洁净（无尘）的要求，还要满足生物洁净（无菌）的要求，有机高分子材料表面不能产生静电，金属材料表面要进行防腐处理，灯具结构上要防尘防水。

③ 根据气流类型选择合适的灯具结构和合理的安装方式，一般采用顶部安装面板型灯具，可以避免顶部开孔造成的污染和隐患。

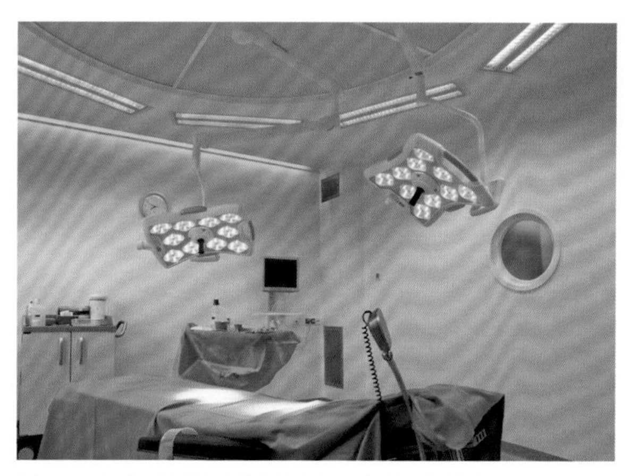

图 9.3 手术和洁净区域照明（图片来源：昕诺飞）

9.2.4 医院病房照明

病房是患者接受中长期观察和治疗的场所，也是医护人员基于观察并实施救治的作业场所，对照明要求呈现多样化，既要求照明环境针对视觉系统无障碍，更要求对生理系统无危害。因此相关区域应采用分层照明（图 9.4）。

从医护人员的角度看，应为治疗和护理提供充分的照明，以便清晰地观察人体和物品的细节；从病患方面看，要有柔和的照明环境，不产生心理压力和紧张情绪。此外，照明环境的舒适性、照明控制的便利性，以及多人病房的相互影响，都需要在照明设计的过程中充分注意。

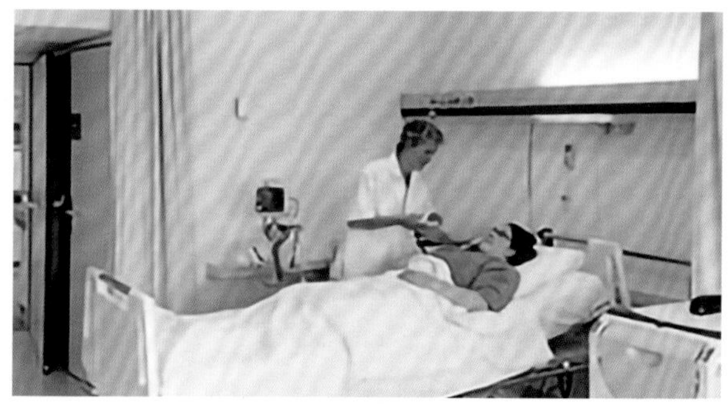

图 9.4 病房照明（图片来源：昕诺飞）

9.2.5 医院药房照明

药房是医院建设中非常重要的一个方面。药剂师是医院中非常重要的人群，工作强度高，而且要求无差错。药房的药物种类繁多，近似药品差异不显著，药品标识字体太小，药剂师配药时间紧且要求速度快，要控制差错率，必须有非常好的照明环境。尤其需要注意的是，药房不仅有水平照度要求，更有垂直照度要求（图 9.5）。

图 9.5 药房照明（图片来源：昕诺飞）

9.2.6　公共空间和办公照明

医院公共空间包括门诊大厅、急诊大厅、候诊室、公共通道、护士站等区域（图 9.6）。

门诊大厅一般是医院的向导，包括挂号、取药、建档及咨询等功能，面积较大，人员进出较多，流动性强，照明设计上要采用较高的照度。大厅如果有中庭自然采光，应处理好自然光与人工照明的平稳转换，防止与周围回廊之间明暗差距太大而引起视觉不适。

医院公共通道较多，人流较大，应保持明亮的环境，并且照度与诊室不宜差距太大，以避免出入诊室对光线变化不适感。随着就医人次的不断增多，候诊室的候诊病人和陪同人员越来越多。为了缓解候诊人员的紧张情绪，候诊室应选用比较柔和的暖白光照明。

护士站又称护士工作台或导诊台，一般位于各病区的中心位置，灯光也是病区中最醒目的，而且要保持全天候照明。

医院行政管理和后勤部门的用房可以按照通用办公进行照明设计，在满足照明效果的基础上，灯具的外形最好也可以与其他部门相协调。

图 9.6　医院公共空间照明（图片来源：昕诺飞）

9.3　医疗照明常用的灯具类型和特点

医疗照明主要分为四大区域：公共区域、办公区域、生活区域（病房）和洁净区域。医院是一座综合建筑体，照明约占整体电力消耗的 20% 以上，是医院运营成本的重要构成部分，因此采用的灯具需遵循以下特点：

① 采用高光效的照明光源，可以大幅降低照明能耗。

② 采用配光合理的灯具，根据空间高度和室型指数，选择合理的配光设计灯具。

③ 采用无视觉伤害的暖白光源，有利于放松情绪，实现医患之间的无障碍沟通。

④ 在洁净区域照明中要选择满足光生物安全、电气安全与电磁兼容要求的灯具，不含紫外线辐射，不含红外辐射，不含可能影响医疗仪器精准度的电磁干扰。

⑤ 根据气流类型选择合适的灯具结构和合理的安装方式，一般采用顶部安装面板型灯具，可以避免顶部开孔造成的污染和隐患。

⑥ 在生活区采用多色变光的健康光源灯具，既要为医护人员提供充分照明，又要为病患者提供柔和的照明环境。

⑦ 智能化是照明节能的有力措施。比如公共通道和楼梯、停车场和卫生间等辅助设施、护士站等公共空间都可以采用感应控制，有些还可以进行场景设置，不仅节能，还可以改善照明效果。

设计师选择灯具通常比较关注外观尺寸，但对于灯光效果来说，更应该关注灯具的配光，也就是光线是如何发散的。医疗照明常用的灯具，按配光类型可大致分为以下六类：筒灯、射灯、面板灯、悬吊线性灯、感应墙角灯和紫外消毒灯具。

9.4 医疗智能照明控制系统

9.4.1 医疗照明智能控制策略

LED 作为照明光源，相比于传统光源，能耗方面有了极大降低，但是数量的增多也会成为能源负担。医疗空间大部分场所没必要打开全部照明灯具，大部分时段也没必要满功率运行，所以对照明进行分区、分时管理十分有必要。表 9.2 给出了医疗建筑场景的照明智能控制策略建议（参照《智能照明控制系统技术规程》T/CECS 612—2019 表 5.5.6）。

表 9.2 医疗建筑智能照明控制系统设计

房间或场所	基本			附加			扩展		
	功能需求	控制方式及策略	输入、输出设备	功能需求	控制方式及策略	输入、输出设备	功能需求	控制方式及策略	输入、输出设备
治疗室、检查室、化验室、诊室	开关	开关控制、时间表控制	开关控制器、时钟控制器	调光	调光控制、天然采光控制	时钟控制器、调光控制器（可包括调照度、调色温）、光电传感器	与窗帘系统、空调系统等联动	智能联动控制	窗帘、空调盘管控制器
手术室	开关	开关控制	开关控制器	调光	调光控制、维持光通量控制	调光控制器（可包括调照度、调色温）、光电传感器	与空调系统等联动	智能联动控制	空调盘管控制器
候诊室、挂号厅	开关、变换场景	开关控制、分区或群组控制、时间表控制	开关控制器、时钟控制器	调光	调光控制、天然采光控制	时钟控制器、调光控制器（可包括调照度、调色温）、光电传感器	与窗帘系统、空调系统等联动	智能联动控制	窗帘、空调盘管控制器
病房	开关、变换场景	开关控制、分区或群组控制、时间表控制	开关控制器、时钟控制器	调光	调光控制	调光控制器（可包括调照度、调色温、调颜色）	与窗帘系统、空调系统等联动	智能联动控制	窗帘、空调盘管控制器
走道	开关	开关控制、存在感应控制	开关控制器、存在感应传感器	调光	调光控制	调光控制器、存在感应传感器	—	—	—
药房	开关、变换场景	开关控制、分区或群组控制、时间表控制	开关控制器、时钟控制器、存在感应传感器	—	—	—	—	—	—
护士站	开关、变换场景	开关控制、分区或群组控制、时间表控制	开关控制器、时钟控制器	调光	调光控制	时钟控制器、调光控制器（可包括调照度、调色温）	与医院自动化、安防系统联动	智能联动控制	—

续表 9.2

房间或场所	基本			附加			扩展		
	功能需求	控制方式及策略	输入、输出设备	功能需求	控制方式及策略	输入、输出设备	功能需求	控制方式及策略	输入、输出设备
重症监护室	开关	开关控制	开关控制器	调光	调光控制、维持光通量控制	调光控制器（可包括调照度、调色温）、光电传感器	与空调系统等联动	智能联动控制	空调盘管控制器

9.4.2　医疗照明灯控系统应满足的功能

采用智能照明控制系统，可以使照明系统工作在全自动状态。系统将按照预先设定的若干基本状态进行工作，这些状态会按预先设定的时间自动切换。

1. 可实现分时控制。

在公共区域可以通过时间控制，按照正常的工作时间安排灯的开关调光时间，使灯能够定时开、关、调光和场景调用。

2. 场景控制。

通过场景控制键，按照预先设定的多种场景进行灯光控制，可以定义开、关、调光亮度值，也可定义为延时，比如开灯以后自动延时关断。

3. 人机互动。

与存在传感器配合工作，实现人来灯亮、人走灯灭的控制模式。

4. 就地控制。

各个灯区不但可以自动（定时或计算机）控制，同时提供现场智能面板就地控制，以便发生特殊情况时，由自动（定时或计算机）状态就地改为手动状态，控制照明场景开关。

5. 集中开关控制和集中调光控制。

通过计算机上使用的带有图形显示的监控软件，给最终用户提供一个友好的图形化界面，让管理人员可以远程智能控制一组灯或多组灯的开启、关闭和调光，掌握每个灯的状态。

6. IoT 物联平台。

① 设备管理：对照明设备进行管理，例如故障报警、寿终报警、离线报警等，便于工作人员及时更换设备，保证使用体验。

② 能耗管理：可对单设备、回路、区域进行能耗计量，输出数据大盘，并按项目、空间、时间进行分析，制定节能策略。

③ 集中管理：对多地项目设备集中管理，及时监控各地设备状态，及时维护，对能耗状态统一监控。

④ 数据分析：对设备、能耗情况进行数据分析，所有状态可视化，并给予优化策略。针对场景和人因照明曲线进行学习和优化，根据项目经纬度进行分析和运算，并通过云端下发到执行设备。可本地自动执行，执行过程中也可人工干预。

9.4.3　医疗照明中各空间的常用场景模式

医院可以划分为多个功能区域，每个区域对灯光的需求各有不同。传统灯光回路无法做到灵活控制，智能照明则可以简单快捷地实现多样化的灯光效果。

1. 医院大堂（图 9.7）。

① 根据季节自动调节色温，冬季暖色更温暖，夏季冷色更清爽。

② 通过无线定时器，根据不同时间自动调节亮度和色温，让医患人员感受更加自然的灯光。

③ 通过恒照度传感器，根据采光情况自动调节室内灯光，智能化节能。

图 9.7　医院大堂的照明（图片来源：三雄极光）

2. 会诊室（图 9.8）。

① 可通过情景控制面板实现一键控制灯光、窗帘，极大地提高效率。

② 可通过情景控制面板实现无级智能调光（通过控制 LED 的电流大小来实现调光），随时改变灯具亮度。

③ 配移动控制面板或智能遥控器，随时随地实现灯光控制。

图 9.8　会诊室的照明（图片来源：三雄极光）

3. 注射室（图 9.9）。

① 可通过情景控制面板实现一键控制灯光、窗帘，极大地提高效率。

② 可自由调节灯光色温，让等待区暖光更舒适，注射区白光让医生更容易看清血管。

③ 可通过情景控制面板实现无级智能调光，随时改变灯具亮度。

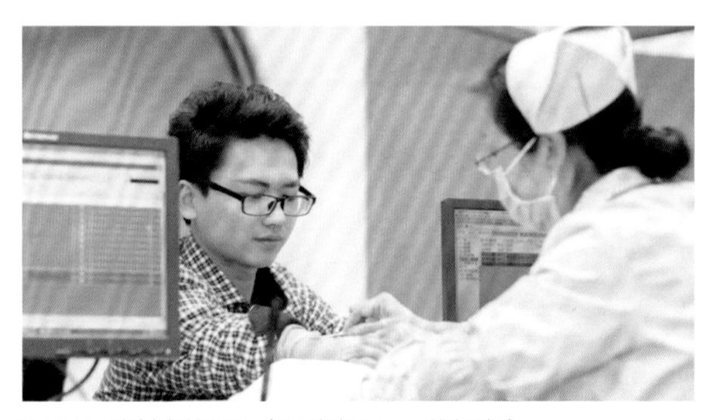

图 9.9　注射室的照明（图片来源：三雄极光）

4. 病房（图 9.10）。

① 可通过情景控制面板实现一键控制灯光。

② 可通过情景控制面板实现无级智能调光，随时改变灯具亮度。

③ 根据不同时间自动调节色温和亮度，让病人感受更加自然的灯光。

④ 可安装智能的灯光装置，通过色温、色彩等灯光效果，舒缓患者的焦虑情绪，帮助患者恢复。

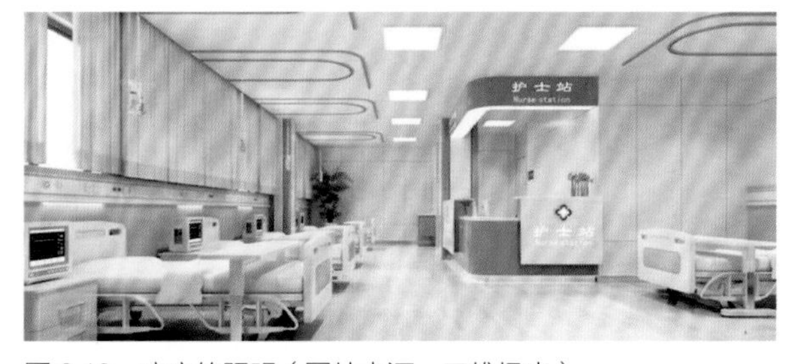

图 9.10　病房的照明（图片来源：三雄极光）

5. 走廊过道（图 9.11）。

① 智能感应灯光更加舒适，无人经过时自动降低亮度，智能化节能。

② 智能自组网，其中一灯感应有人通过，自动通知走廊灯具一起联动，更舒适、更节能。

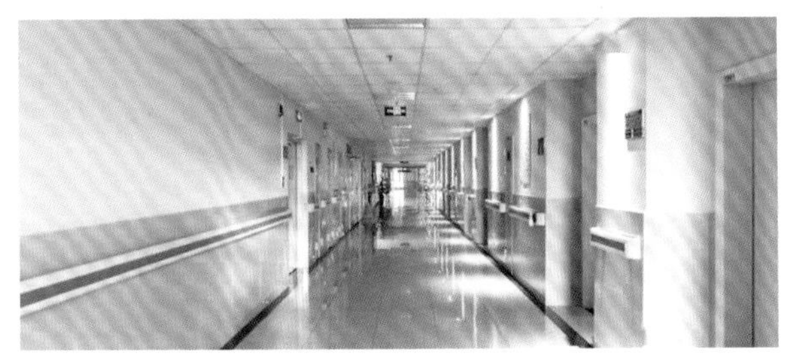

图 9.11　走廊照明（图片来源：三雄极光）

6. 医生办公室（图 9.12）。

① 通过分控式位置传感器，实时监控医生是否在办公位置上，如医生离开办公位置，会自动调低该区域灯光亮度，从而节能。

② 通过无线定时器，根据不同时间自动调节亮度以及色温，让医生感受更加自然的灯光。

③ 通过恒照度传感器，根据采光情况自动调节室内灯光，智能化节能。

总体而言，系统会根据采光情况自动调节室内灯光，环境暗则补光，环境亮则节能。并且在一天 24 小时不同时间，都能实现自动调节室内灯光亮度和色温，让室内灯光与阳光同步变化，实现节律照明的效果（图 9.13）。

图 9.12　医生办公室照明（图片来源：三雄极光）

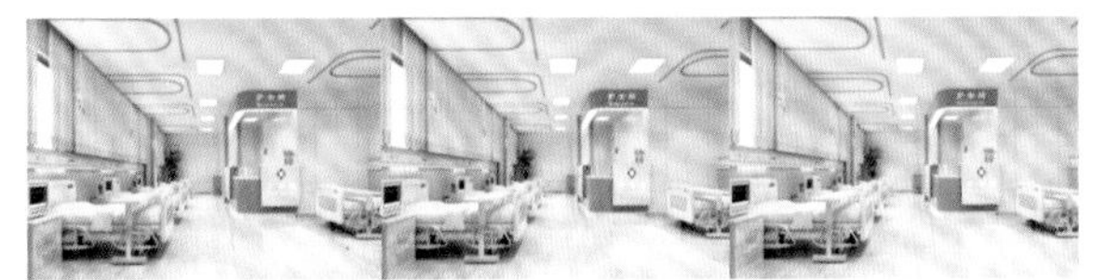

图 9.13　健康的医疗照明（图片来源：三雄极光）

9.5　医疗照明的发展趋势

医疗照明是高度专业化的领域，应该委托具有相应能力的专业机构和人员进行设计。专业照明产品是实现照明设计的保障，要选用符合医院要求的专业照明灯具。照明施工则是保证照明设计实现的手段，应强化灯具安装工程控制。另外，照明节能是医院运营必须要关注的问题，应从光源、灯具和控制方式上采取措施。

医院照明除了考虑照度、色温、显色性、眩光、功率密度之外，还要考虑健康及舒适问题，这不仅是灯具本身的要求，而且是对医院整体照明环境的要求。健康舒适的照明环境是医疗照明的重要发展趋势之一。影响照明健康舒适的因素很多，基于人因及行为模式是其中重要的一种。基于人因及行为模式的动态照明环境是指：根据一天中不同时段人体对照明环境的响应及需求，以及一天中同一场合人体的不同行为模式对舒适照明环境的需求，来确定适宜人体健康舒适的照明环境参数指标（比如光谱、照度、色温等），根据这些指标来控制调节动态照明环境。根据相关科研成果，根据人体生物节律及其影响因子、褪黑素抑制率、非视觉效应等因素，提出人一天中不同时段人体对照明环境的响应及需求，简单来说就是，健康的照明环境需要不同时段的照明环境与人体的生物节律相一致。人一天中同一场合不同行为模式对舒适照明环境的需求是不同的，例如同样在病房内，人处于治疗、休息、阅读等不同的行为模式时，对光的舒适度的感受和需求是不同的。

9.6 医疗智能照明应用案例

9.6.1 西安国际医学中心医院

西安国际医学中心医院是一所集医疗、科研、教学、预防、保健、康复、健康管理为一体，以急危重症疑难疾病诊疗为重点，实施 MDT 多学科联合的现代化综合性医院（图 9.14）。医院位于西安市高新区，中心主楼单体建筑面积超过 40 公顷，床位超过 5000 张，是目前亚洲最大单体医疗建筑。其中 1 ~ 3 层裙楼为门诊，4 ~ 11 层 4 座塔楼为住院部，采用全调光调色温系统，网关 40 台，控制设备 2300 多台，调光调色温光源 3.5 万多盏（套），全系统采用恒亦明物联网光环境系统，照明设计采用大量一体化照明设计，蓝天白云软膜的天花可模拟一天中的照度色温变化，实现动态光环境照明（图 9.15）。

图 9.14 西安国际医学中心医院（图片来源：恒亦明）

公共区域控制策略：大厅、走廊、候诊区、护士站、电梯间等区域，系统集中控制，根据时段、区域、场景等需求设置灯光计划表，自动调节亮度、色温、灯组、场景等；设置有感应设备，在人员流动密集时段，跟随时序灯光计划运行，在人员流动稀少时段，自动开启感应功能，自动感应亮灯和延时关闭；电脑或手机后台可远程进行即时管理与控制，分层级设置控制权限。

非公共区域控制策略：病房、诊室、办公室等区域，除了系统集中控制，可通过现场墙壁智能开关或遥控，根据不同的需求自行调节亮度、色温、灯组、场景等；多人病床，每个床头贴无线开关，绑定对应床位的灯具，病人可通过无线开关根据自己的需求及喜好，自行调节自己对应床位的灯光状态。

项目系统的主要特点包括：

① 集控、变色温、变亮度一体化数字光源，布光调试简单，可降低改造光源适配的难度。

② 全无线系统，线路布局简洁，降低施工难度，减少周期。

③ 降低成本，LED 照明最高可降低 50% 能耗，结合智能控制策略，综合节能率可高达 70%。

④ 减少人力投入，走廊、楼道、电梯间等公共区域，设置时序管理，灯光按设定的时间、亮度、色温自动运行，无需护士或保安手动管理。

⑤ 改善患者体验，每位患者能单独控制自己区域的照明，避免相互打扰，从而安心休养，快速康复。

⑥ 提升能效监管能力，电能分项计量，能源在线监测，便于评估节能目标，督促各科室节能。

⑦ 提升管理能效，通过局域网或互联网，远程开展照明管理，后台查看目标区域开关灯的状态，监控各科室的用电情况及远程开关灯等。

图 9.15　西安国际医学中心医院的智能医疗照明（图片来源：恒亦明）

9.6.2　荷兰阿姆斯特丹 Kinderstad 医院

如何创造治愈的环境，是每一家医院建设者和工作者的希望，也是病人的心声。

荷兰 Kinderstad 医院就像一座小型的儿童乐园，设有一座小型足球场、一辆赛车、一间无线电播音室、一处计算机和电视休闲角，以及一台射击飞机的游戏机。那么，是否能在医院里再增添一些令人兴奋的灯光，帮助孩子忘记病痛的烦恼呢？

为了将医院环境转换为欢乐世界，该项目设计了一个配有彩色照明的特殊灯光隧道，孩子们非常喜欢这个隧道，通过它可进入医院。这个隧道长 7 m，宽度足以容纳一张病床进出（图 9.16）。这就意味着，隧道内的灯光必须足够明亮，以便人们能看清躺在地上的孩子，但又不能过于刺眼，以防患有癫痫症的孩子出现问题。

图 9.16　Kinderstad 医院的灯光隧道（图片来源：昕诺飞）

在尝试了各种照明系统之后，该项目最终选择了特殊的 LED 像素点作为光源，和墙面半透明材料相配合，以打造令人愉悦的医疗照明效果，并显示由电脑控制的图像。为了达到最佳灯光效果，在半透明白色塑料墙后约 15 cm 处放置了 1722 个 LED 像素点，让饱和色展现出美妙绝伦的扩散效果。借助特殊的智能控制影像处理器，这个隧道可以瞬间变成一道红绿相间的彩虹，当然，还可以显示雨滴或在风中摇摆的草坪。

这个全新的灯光隧道使孩子们心醉神迷、兴奋异常，帮助他们将注意力从医院环境中转移过来。这些变幻无穷的美妙色彩能够让患有精神疾病的患者更加镇定，特别是当他们躺在病床上或坐在轮椅上时。

9.6.3 德国索林根老人院

德国索林根老人院是一家现代化的老人院，希望通过对老人的细心照顾和培养老人的个性特征，来为他们提供更好的生活（图 9.17）。那么，照明能否改善居住在这里的老人和工作人员的健康和安全状态呢?

图 9.17　德国索林根老人院（图片来源：昕诺飞）

通过前言我们已知，灯光能对人们的感受和行为方式产生一定的影响。基于这一原理，索林根老人院想利用照明在新的关爱中心营造一种令人镇静的氛围，目的是通过灯光再现熟悉的日夜节奏，帮助管理老年痴呆患者的睡眠模式。

照明方案最终选择了动态照明控制系统，该系统的核心部分是可调光调色的灯具和控制装置，这两种装置通过改变亮度和色温来打造自然的日光模式。早上散发出偏蓝偏亮的白光，而晚上则散发出更加温馨柔和的白光。这些变化顺应人体的自然生理节奏（生物钟），所以能让患者们白天更精神，夜晚睡得香。

全新的医疗照明有助于提高老人院住户的生活质量。舒适的环境有助于改善睡眠，让人们感觉更好，并鼓励大家参与社交。较高的照明级别带给住户和护理人员更高的能见度，让他们更加自由安全地活动。此外，宜人的环境还能提高工作人员的健康和工作满足感。

现代技术为护理行业带来了太多的变化，专业的动态照明系统就是一个非常好的例子。它可以帮助老人，尤其是老年痴呆症患者按照正常的作息生活，为他们的健康及安全提供保障。

第十章 工业照明智能化设计及应用

10.1 工业照明概况

我国 2019 年的国内工业生产总值达到了 32 万亿元，在国民经济中占比近 30%，是我国国民经济和发展的支柱行业。

我国工业行业跨度大，结构由轻工业、重工业构成，根据《国民经济行业分类》GB/T 4754—2017，目前共有 41 个大类，见表 10.1。

表 10.1　《国民经济行业分类》GB/T 4754—2017 中我国工业的分类

工业行业门类	工业行业大类
采矿业	1. 煤炭开采和洗选业；2. 石油和天然气开采业；3. 黑色金属矿采选业；4. 有色金属矿采选业；5. 非金属矿采选业；6. 开采辅助活动；7. 其他采矿业
制造业	8. 农副食品加工业；9. 食品制造业；10. 酒、饮料和精制茶制造业；11. 烟草制品业；12. 纺织业；13. 纺织服装、服饰业；14. 皮革、毛皮、羽毛及其制品和制鞋业；15. 木材加工和木、竹、藤、棕、草制品业；16. 家具制造业；17. 造纸和纸制品业；18. 印刷和记录媒介复制业；19. 文教、工美、体育和娱乐用品制造业；20. 石油加工、炼焦和核燃料加工业；21. 化学原料和化学制品制造业；22. 医药制造业；23. 化学纤维制造业；24. 橡胶和塑料制品业；25. 非金属矿物制品业；26. 黑色金属冶炼和压延加工业；27. 有色金属冶炼和压延加工业；28. 金属制品业；29. 通用设备制造业；30. 专用设备制造业；31. 汽车制造业；32. 铁路、船舶、航空航天和其他运输设备制造业；33. 电气机械和器材制造业；34. 计算机、通信和其他电子设备制造业；35. 仪器仪表制造业；36. 其他制造业；37. 废弃资源综合利用业；38. 金属制品、机械和设备修理业
电力、热力、燃气及水生产和供应业	39. 电力、热力生产和供应业；40. 燃气生产和供应业；41. 水的生产和供应业

我国的照明标准，按照照明的应用特性，合并和挑选了 17 个子行业进行阐述（参见表 10.2 的内容）。仓储行业另外单列。

我国工业在复杂严峻的经济环境中保持了中高速增长，透视“十四五”规划和 2035 年远景目标纲要，我国的工业发展将更加突出碳达峰、碳中和，突出产业的结构化调整，突出科技创新、科技自主。

如今，我们迎来了世界新一轮科技革命和产业变革同我国转变发展方式的历史性交汇期。从全球来看，人工智能、物联网、大数据、云计算等先进技术正在以“工业 4.0”之名，掀起对传统工业的智能革命，工业照明逐渐走向智能化（工业革命的历史参见图 10.1）。从国内来讲，我国经济已经由高速增长阶段向高质量发展阶段转变，数字化对传统产业提高生产效率、实现转型升级发展提供了新动能，工业照明智能化应用迎来了历史发展的好时期。经历了疫情大考后，工厂更需要主动适应数字化变革，加快促进智能化与信息化的融合发展。随着“工业 5.0”概念的提出，我国工业开始聚焦于人与机器的协作，为客户提供大规模的定制和个性化服务。

绿色节能、舒适安全、提高生产效率是驱动工业照明智能化发展的三大行业因素。

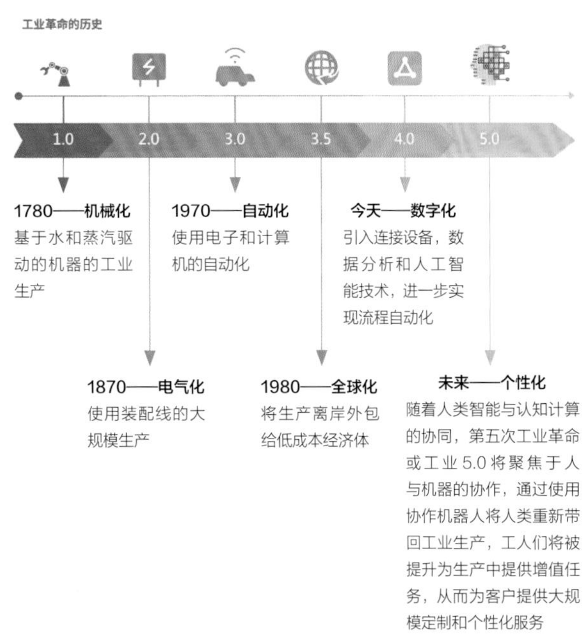

图 10.1 工业革命的历史

10.1.1 工业照明特点和趋势

对于工业照明，绿色节能、舒适安全、提高生产效率，一直是行业持续发展的驱动力，是驱动工业照明智能化发展的三大因素。

先来看绿色节能。工业照明用电占比较大，大约占我国照明用电量的 30% 左右，一直是实施节能减排政策的重点领域。近年来，随着 LED 工艺和技术的不断进步，以及规模经济效应带来的单灯成本的大幅降低，工业领域的照明设备使用 LED 已具备很强的经济可行性，LED 在工业照明的渗透率也逐步提高。照明和情景需求有机融合，实现灵活、节能、无线通信、远程控制的工业照明应用。现如今，在“工业 4.0”的浪潮下，以节能为核心，实现以人与空间的协调、设备与节能的同步为出发点，使照明和情景需求有机融合，从而实现工业生产协调高效发展。在未来，灯具将可以直接集成无线组网控制器，任意灯具可自由组合，单个灯具随设备布局调整、功能间调整而快速进行分组，从而实现更加灵活、节能的照明应用（图 10.2）。

图 10.2 LED 在工业照明的渗透比例逐渐升高，节电效果超过 50%（图片来源：昕诺飞）

再来看舒适安全。随着我国工业生产水平的不断发展，工业照明的标准不断提高，合理的工业照明至关重要，是保证安全生产的必要措施。照明设计不仅要满足视觉要求，还要兼顾作业性质和环境条件，使工作区或空间获得良好的视觉功效。

工业行业涵盖的子行业较广，根据《建筑照明设计标准》的分类，通常包含机电工业、电子工业、纺织和化纤工业、制药工业、橡胶工业、电力工业、钢铁工业、制浆造纸工业、食品及饮料工业、玻璃工业、水泥工业、皮革工业、卷烟工业、化学和石油工业、木业和家具制造、水处理工业、汽车工业等。不同子行业的照度及其主要照明参数要求不同（图 10.3）。同时，工业领域对照明设备的光效和寿命，以及安全、防尘、散热、高温等方面均有特殊要求，例如低温环境、粉尘环境、洁净空间、特别潮湿场所、有腐蚀性气体或蒸汽场所、有盐雾腐蚀场所、有杀菌消毒要求的场所、高温场所、多尘埃的场所、装有锻锤和大型桥式吊车等震动和摆动较大场所、易受机械损伤且光源自行脱落可能造成人员伤害或财物损失场所、有爆炸危险场所等，要合理选择灯具和光源。

图 10.3 不同工业子行业常常会有特殊要求，例如半导体行业的光刻区要求有黄光区（图片来源：昕诺飞）

工业智能照明未来的应用将跨领域整合感知、无线控制、云端、室内定位等技术，大幅提升 LED 照明系统功能，创造 LED 照明的附加应用价值，依托运营商 5G 网络能力和边缘化计算能力，后台通过相应的路线规划，进行照明系统的场景设定配合，并针对需要巡检的物件实现重点照明。异常状态下，照明系统与其他系统联动，实现应急措施。

提高生产效率对于制造业降低成本、提高交付能力和产品质量至关重要。未来的工业照明将通过智能控制，更好地实现工厂人性化的健康光环境，实现建筑与灯光的一体化融合设计。同时，光通信技术也将逐渐出现在智慧化工业生产流程中。

照明资产数字化管控，实现照明系统与其他工业系统之间的有效联动及大数据交融管理，是工厂照明的关键应用。数字化不仅要求产品数据化，同时还要求生产过程、生产数据、生产要素之间的管理数据化。因此，把照明资产进行数字化管控，最终实现照明系统与其他工业系统之间的有效联动，实现工厂数据交融整合，以及实现工厂生产的大数据管理，将极大促进管理效率的提升，这就达到了工业互联网发展的范畴。未来，我们将会看到更多的一体化智慧照明工业控制平台的出现，可以极大地提升管理效率（图 10.4）。

图 10.4 一体化智慧照明工业控制平台将极大促进管理效率的提升（图片来源：昕诺飞）

近年来，智慧工业、智慧工厂概念的不断升级，照明控制系统在工业照明中的应用也不断出现。0/1 ~ 10 V 信号调光、DALI 等各项技术，配合不同的照明控制策略，实现分区控制、时间表控制、感应调光等。由于智慧制造多采用 KNX 系统，所以照明控制系统平台多要求和其做对接（图 10.5）。

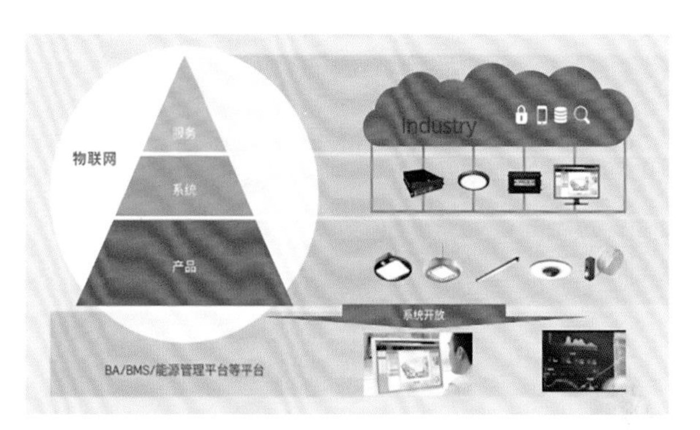

图 10.5 智慧工业中将逐渐采用基于物联网的智慧工业照明控制平台（图片来源：昕诺飞）

经济全球化促进了现代物流的高速发展，作为物流企业的核心组成部分和重要支柱的仓库，在物流系统中起着至关重要的作用。全球物流企业巨头纷纷开始在世界各地建立高度自动化、多功能、高密度的现代物流枢纽中心，以提高物流运转效率，这直接带动了仓库照明市场需要的迅速增长。仓库照明对照明功能的要求也从最基本的“有灯能亮”提升到高品质、高效节能的高度，高效智能的 LED 照明系统提高了物流作业的效率，同时在降低故障率、保障作业安全和降低企业运行成本等方面起到了非常关键的作用。

10.1.2　工业照明空间组成及照明规范要求

工业照明空间布局可分为工作车间和辅助设施等，其中工作车间比如主作业区、辅助作业区等，辅助设施比如仓库、办公区、停车场、通道、园区等。

工业照明通常由一般照明、局部照明（作业照明）和疏散应急照明组成。

工业照明相关的照明规范，依照《建筑照明设计标准》中的一般照明标准值要求，其中包括照度标准值和照度均匀度、显色性，以及和节能相关的照明功率密度限值的要求等，标准中同时也给出了智能照明控制系统相关的建议，详见表 10.2、表 10.3，未标出的部分可以参考原标准。需增加局部照明的作业面，增加的局部照明照度值宜按该场所一般照明照度值的1.0 ~ 3.0倍选取。

表 10.2　工业建筑一般照明标准值

房间或场所		参考平面及其高度	照度标准值（lx）	统一眩光值 *UGR*	照度均匀度 U_0	显色指数 R_a	备注
1. 机电工业							
机械加工	粗加工	0.75 m 水平面	200	22	0.40	60	可另加局部照明
	一般加工 公差 ≥ 0.1 mm	0.75 m 水平面	300	22	0.60	60	应另加局部照明
	精密加工 公差 < 0.1 mm	0.75 m 水平面	500	19	0.70	60	应另加局部照明
机电仪表装配	大件	0.75 m 水平面	200	25	0.60	80	可另加局部照明
	一般件	0.75 m 水平面	300	25	0.60	80	可另加局部照明
	精密	0.75 m 水平面	500	22	0.70	80	应另加局部照明
	特精密	0.75 m 水平面	750	19	0.70	80	应另加局部照明
电线、电缆制造		0.75 m 水平面	300	25	0.60	60	—
线圈绕制	大线圈	0.75 m 水平面	300	25	0.60	80	—
	中等线圈	0.75 m 水平面	500	22	0.70	80	可另加局部照明
	精细线圈	0.75 m 水平面	750	19	0.70	80	应另加局部照明
线圈浇注		0.75 m 水平面	300	25	0.60	80	—
焊接	一般	0.75 m 水平面	200	—	0.60	60	—
	精密	0.75 m 水平面	300	—	0.70	60	—
钣金		0.75 m 水平面	300	—	0.60	60	—
冲压、剪切		0.75 m 水平面	300	—	0.60	60	—
热处理		地面至 0.5 m 水平面	200	—	0.60	20	—
铸造	熔化、浇铸	地面至 0.5 m 水平面	200	—	0.60	20	—
	造型	地面至 0.5 m 水平面	300	25	0.60	60	—

续表 10.2

房间或场所		参考平面及其高度	照度标准值 (lx)	统一眩光值 UGR	照度均匀度 U_0	显色指数 R_a	备注
精密铸造的制模、脱壳		地面至 0.5 m 水平面	500	25	0.60	60	—
锻工		地面至 0.5 m 水平面	200	—	0.60	20	—
电镀		0.75 m 水平面	300	—	0.60	80	—
喷漆	一般	0.75 m 水平面	300	—	0.60	80	—
	精细	0.75 m 水平面	500	22	0.70	80	—
酸洗、腐蚀、清洗		0.75 m 水平面	300	—	0.60	80	—
抛光	一般装饰性	0.75 m 水平面	300	22	0.60	80	应防频闪
	精细	0.75 m 水平面	500	22	0.70	80	应防频闪
复合材料加工、铺叠、装饰		0.75 m 水平面	500	22	0.60	80	—
机电修理	一般	0.75 m 水平面	200	—	0.60	60	可另加局部照明
	精密	0.75 m 水平面	300	22	0.70	60	可另加局部照明
2. 电子工业							
整机类	计算机及外围设备	0.75 m 水平面	300	19	0.60	80	应另加局部照明
	电子测量仪器	0.75 m 水平面	200	19	0.60	80	应另加局部照明
元器件类	微电子产品及集成电路	0.75 m 水平面	500	19	0.70	80	—
	显示器件	0.75 m 水平面	500	19	0.70	80	—
	电真空器件	0.75 m 水平面	300	19	0.60	80	—
	其他元器件	0.75 m 水平面	300	19	0.60	80	—
	阻容元件及特种器件	0.75 m 水平面	300	19	0.70	80	—
	印制线路板	0.75 m 水平面	500	19	0.70	80	—
	机电组件	0.75 m 水平面	200	19	0.60	80	可另加局部照明
	电源	0.75 m 水平面	200	19	0.60	80	—
	新能源	0.75 m 水平面	300	19	0.60	80	—

续表 10.2

房间或场所		参考平面及其高度	照度标准值(lx)	统一眩光值 UGR	照度均匀度 U_0	显色指数 R_a	备注
电子材料类	玻璃、陶瓷	0.75 m 水平面	200	22	0.60	60	—
	电声、电视、录音、录像	0.75 m 水平面	150	19	0.60	60	—
	光纤、电线、电缆	0.75 m 水平面	200	22	0.60	60	—
	其它电子材料	0.75 m 水平面	200	22	0.60	60	—
3. 纺织、化纤工业							
纺织	选毛	0.75 m 水平面	300	22	0.70	80	可另加局部照明
	清棉、和毛、梳毛	0.75 m 水平面	150	22	0.60	80	—
	前纺：梳棉、并条、粗纺	0.75 m 水平面	200	22	0.60	80	—
	纺纱	0.75 m 水平面	300	22	0.60	80	—
	织布	0.75 m 水平面	300	22	0.60	80	—
	加工	0.75 m 水平面	150	22	0.60	80	—
	准备	0.75 m 水平面	150	22	0.60	80	—
织袜	穿综筘、缝纫、量呢、检验	0.75 m 水平面	300	22	0.70	80	可另加局部照明
	修补、剪毛、染色、印花、裁剪、熨烫	0.75 m 水平面	300	22	0.70	80	可另加局部照明
化纤	投料	0.75 m 水平面	100	—	0.60	80	—
	纺丝	0.75 m 水平面	150	22	0.60	80	—
	卷绕	0.75 m 水平面	200	22	0.60	80	—
	平衡间、中间贮存、干燥间、废丝间、油剂高位槽间	0.75 m 水平面	75	—	0.60	60	—
	集束间、后加工间、打包间、油剂调配间	0.75 m 水平面	100	25	0.60	60	—
	组件清洗间	0.75 m 水平面	150	25	0.60	60	—
	拉伸、变形、分级包装	0.75 m 水平面	150	25	0.70	80	操作面可另加局部照明
	化验、检验	0.75 m 水平面	200	22	0.70	80	可另加局部照明
	聚合车间、原液车间	0.75 m 水平面	100	22	0.60	60	—

续表 10.2

<table>
<tr><th colspan="2">房间或场所</th><th>参考平面及其高度</th><th>照度标准值（lx）</th><th>统一眩光值 UGR</th><th>照度均匀度 U_0</th><th>显色指数 R_a</th><th>备注</th></tr>
<tr><td colspan="8">4. 制药工业</td></tr>
<tr><td colspan="2">制药生产：配制、清洗灭菌、超滤、制粒、压片、混匀、烘干、灌装、轧盖等</td><td>0.75 m 水平面</td><td>300</td><td>22</td><td>0.60</td><td>80</td><td>—</td></tr>
<tr><td colspan="2">制药生产流转通道</td><td>地面</td><td>200</td><td>—</td><td>0.40</td><td>80</td><td>—</td></tr>
<tr><td colspan="2">更衣室</td><td>地面</td><td>200</td><td>—</td><td>0.40</td><td>80</td><td>—</td></tr>
<tr><td colspan="2">技术夹层</td><td>地面</td><td>100</td><td>—</td><td>0.40</td><td>40</td><td>—</td></tr>
<tr><td colspan="8">5. 橡胶工业</td></tr>
<tr><td colspan="2">炼胶车间</td><td>0.75 m 水平面</td><td>300</td><td>—</td><td>0.60</td><td>80</td><td>—</td></tr>
<tr><td colspan="2">压延压出工段</td><td>0.75 m 水平面</td><td>300</td><td>—</td><td>0.60</td><td>80</td><td>—</td></tr>
<tr><td colspan="2">成型裁断工段</td><td>0.75 m 水平面</td><td>300</td><td>22</td><td>0.60</td><td>80</td><td>—</td></tr>
<tr><td colspan="2">硫化工段</td><td>0.75 m 水平面</td><td>300</td><td>—</td><td>0.60</td><td>80</td><td>—</td></tr>
<tr><td colspan="8">6. 电力工业</td></tr>
<tr><td colspan="2">火电厂锅炉房</td><td>地面</td><td>100</td><td>—</td><td>0.60</td><td>60</td><td>—</td></tr>
<tr><td colspan="2">发电机房</td><td>地面</td><td>200</td><td>—</td><td>0.60</td><td>60</td><td>—</td></tr>
<tr><td colspan="2">主控室</td><td>0.75 m 水平面</td><td>500</td><td>19</td><td>0.60</td><td>80</td><td>—</td></tr>
<tr><td colspan="8">7. 钢铁工业</td></tr>
<tr><td rowspan="3">炼铁</td><td>高炉炉顶平台、各层平台</td><td>平台面</td><td>30</td><td>—</td><td>0.60</td><td>60</td><td>—</td></tr>
<tr><td>出铁场、出铁机室</td><td>地面</td><td>100</td><td>—</td><td>0.60</td><td>60</td><td>—</td></tr>
<tr><td>卷扬机室、碾泥机室、煤气清洗配水室</td><td>地面</td><td>50</td><td>—</td><td>0.60</td><td>60</td><td>—</td></tr>
<tr><td rowspan="3">炼钢及连铸</td><td>炼钢主厂房和平台</td><td>地面、平台面</td><td>150</td><td>—</td><td>0.60</td><td>60</td><td>需另加局部照明</td></tr>
<tr><td>连铸浇注平台、切割区、出坯区</td><td>地面</td><td>150</td><td>—</td><td>0.60</td><td>60</td><td>需另加局部照明</td></tr>
<tr><td>精整清理线</td><td>地面</td><td>200</td><td>25</td><td>0.60</td><td>60</td><td>—</td></tr>
</table>

续表 10.2

房间或场所		参考平面及其高度	照度标准值 (lx)	统一眩光值 UGR	照度均匀度 U_0	显色指数 R_a	备注
轧钢	棒线材主厂房	地面	150	—	0.60	60	—
	钢管主厂房	地面	150	—	0.60	60	—
	冷轧主厂房	地面	150	—	0.60	60	需另加局部照明
	热轧主厂房、钢坯台	地面	150	—	0.60	60	—
	加热炉周围	地面	50	—	0.60	20	—
	垂绕、横剪及纵剪机组	0.75 m 水平面	150	25	0.60	80	—
	打印、检查、精密分类、验收	0.75 m 水平面	200	22	0.70	80	—
8. 制浆造纸工业							
备料		0.75 m 水平面	150	—	0.60	60	—
蒸煮、选洗、漂白		0.75 m 水平面	200	—	0.60	60	—
打浆、纸机底部		0.75 m 水平面	200	—	0.60	60	—
纸机网部、压榨部、烘缸、压光、卷取、涂布		0.75 m 水平面	300	—	0.60	60	—
复卷、切纸		0.75 m 水平面	300	25	0.60	60	—
选纸		0.75 m 水平面	500	22	0.60	60	—
碱回收		0.75 m 水平面	200	—	0.60	60	—
9. 食品及饮料工业							
食品	糕点、糖果	0.75 m 水平面	200	22	0.60	80	—
	肉制品、乳制品	0.75 m 水平面	300	22	0.60	80	—
饮料		0.75 m 水平面	300	22	0.60	80	—
啤酒	糖化	0.75 m 水平面	200	—	0.60	80	—
	发酵	0.75 m 水平面	150	—	0.60	80	—
	包装	0.75 m 水平面	150	25	0.60	80	—

续表 10.2

<table>
<tr><th colspan="2">房间或场所</th><th>参考平面及其高度</th><th>照度标准值（lx）</th><th>统一眩光值 UGR</th><th>照度均匀度 U_0</th><th>显色指数 R_a</th><th>备注</th></tr>
<tr><td colspan="8">10. 玻璃工业</td></tr>
<tr><td colspan="2">备料、退火、熔制</td><td>0.75 m 水平面</td><td>150</td><td>—</td><td>0.60</td><td>60</td><td>—</td></tr>
<tr><td colspan="2">窑炉</td><td>地面</td><td>100</td><td>—</td><td>0.60</td><td>20</td><td>—</td></tr>
<tr><td colspan="8">11. 水泥工业</td></tr>
<tr><td colspan="2">主要生产车间（破碎、原料粉磨、烧成、水泥粉磨、包装）</td><td>地面</td><td>100</td><td>—</td><td>0.60</td><td>20</td><td>—</td></tr>
<tr><td colspan="2">储存</td><td>地面</td><td>75</td><td>—</td><td>0.60</td><td>60</td><td>—</td></tr>
<tr><td colspan="2">输送走廊</td><td>地面</td><td>30</td><td>—</td><td>0.40</td><td>20</td><td>—</td></tr>
<tr><td colspan="2">粗坯成型</td><td>0.75 m 水平面</td><td>300</td><td>—</td><td>0.60</td><td>60</td><td>—</td></tr>
<tr><td colspan="8">12. 皮革工业</td></tr>
<tr><td colspan="2">原皮、水浴</td><td>0.75 m 水平面</td><td>200</td><td>—</td><td>0.60</td><td>60</td><td>—</td></tr>
<tr><td colspan="2">转毂、整理、成品</td><td>0.75 m 水平面</td><td>200</td><td>22</td><td>0.60</td><td>60</td><td>可另加局部照明</td></tr>
<tr><td colspan="2">干燥</td><td>地面</td><td>100</td><td>—</td><td>0.60</td><td>20</td><td>—</td></tr>
<tr><td colspan="8">13. 卷烟工业</td></tr>
<tr><td rowspan="2">制丝车间</td><td>一般</td><td>0.75 m 水平面</td><td>200</td><td>—</td><td>0.60</td><td>80</td><td>—</td></tr>
<tr><td>较高</td><td>0.75 m 水平面</td><td>300</td><td>—</td><td>0.70</td><td>80</td><td>—</td></tr>
<tr><td rowspan="2">卷烟、接过滤嘴、包装、滤棒成型车间</td><td>一般</td><td>0.75 m 水平面</td><td>300</td><td>22</td><td>0.60</td><td>80</td><td>—</td></tr>
<tr><td>较高</td><td>0.75 m 水平面</td><td>500</td><td>22</td><td>0.70</td><td>80</td><td>—</td></tr>
<tr><td colspan="2">膨胀烟丝车间</td><td>0.75 m 水平面</td><td>200</td><td>—</td><td>0.60</td><td>60</td><td>—</td></tr>
<tr><td colspan="2">贮叶间</td><td>1.0 m 水平面</td><td>100</td><td>—</td><td>0.60</td><td>60</td><td>—</td></tr>
<tr><td colspan="2">贮丝间</td><td>1.0 m 水平面</td><td>100</td><td>—</td><td>0.60</td><td>60</td><td>—</td></tr>
<tr><td colspan="8">14. 化学、石油工业</td></tr>
<tr><td colspan="2">厂区内经常操作的区域，如泵、压缩机、阀门、电操作柱等</td><td>操作位高度</td><td>100</td><td>—</td><td>0.60</td><td>20</td><td>—</td></tr>
<tr><td colspan="2">装置区现场控制和检测点，如指示仪表、液位计等</td><td>测控点高度</td><td>75</td><td>—</td><td>0.70</td><td>60</td><td>—</td></tr>
</table>

续表 10.2

房间或场所		参考平面及其高度	照度标准值（lx）	统一眩光值 UGR	照度均匀度 U_0	显色指数 R_a	备注
人行通道、平台、设备顶部		地面或台面	30	—	0.60	20	—
装卸站	装卸设备顶部和底部操作位	操作位高度	75	—	0.60	20	—
	平台	平台	30	—	0.60	20	—
电缆夹层		0.75 m 水平面	100	—	0.40	60	—
避难间		0.75 m 水平面	150	—	0.40	60	—
压缩机厂房		0.75 m 水平面	150	—	0.60	60	—
15. 木业和家具制造							
一般机器加工		0.75 m 水平面	200	22	0.60	60	应防频闪
精细机器加工		0.75 m 水平面	500	19	0.70	80	应防频闪
锯木区		0.75 m 水平面	300	25	0.60	60	应防频闪
模型区	一般	0.75 m 水平面	300	22	0.60	60	—
	精细	0.75 m 水平面	750	22	0.70	60	—
胶合、组装		0.75 m 水平面	300	25	0.60	60	—
磨光、异形细木工		0.75 m 水平面	750	22	0.70	80	—
16. 水处理工业							
室外水处理构筑物		构筑物走道板	50	—	0.40	—	—
水处理车间		地面	100	—	0.60	60	—
脱水机间		地面	150	—	0.60	60	—
加药间、加氯间		地面	150	—	0.60	60	—
重要水泵房、风机房		地面	150	—	0.60	60	—
水质监测间		0.75 m 水平面	300	22	0.60	80	—
车间控制室		0.75 m 水平面	200	22	0.40	80	—
厂级主控制室		0.75 m 水平面	300	19	0.40	80	—

续表 10.2

房间或场所		参考平面及其高度	照度标准值 (lx)	统一眩光值 UGR	照度均匀度 U_0	显色指数 R_a	备注
公司调度室		0.75 m 水平面	500	19	0.40	80	—
17. 汽车工业							
冲压车间	生产区	0.75 m 水平面	300	22	0.40	60	另加局部照明
	物流区	地面	150	22	0.40	60	—
焊接车间	生产区	0.75 m 水平面	200	22	0.60	60	—
	物流区	地面	150	22	0.40	60	—
涂装车间	输调漆间	0.75 m 水平面	300	19	0.60	90	另加局部照明
	生产区	地面	200	22	0.60	80	—
总装车间	装配线区	0.75 m 水平面	200	25	0.60	80	另加局部照明
	物流区	地面	150	—	0.40	60	—
	质检间	0.75 m 水平面	500	22	0.60	90	—
发动机工厂	机加工区	0.75 m 水平面	200	22	0.40	60	另加局部照明
	装配区	0.75 m 水平面	200	19	0.60	60	另加局部照明
发动机试验	性能试验室	0.75 m 水平面	500	22	0.60	80	另加局部照明
	试验车间	0.75 m 水平面	300	22	0.40	60	另加局部照明
铸造工厂	熔化工部	0.75 m 水平面	200	22	0.40	40	—
	清理、造型、制芯、砂处理工部	0.75 m 水平面	300	22	0.40	60	另加局部照明
检测		0.75 m 水平面	1000	19	0.70	90	另加局部照明

表 10.3 仓库照明标准值和照明功率密度限值

房间或场所	参考平面及其高度	照度标准值(lx)	统一眩光值 UGR	照度均匀度 U_0	显色指数 R_a	备注	照明功率密度值（W/m²）	
							现行值	推荐值
大件库	1.0 m 水平面	50	—	0.40	20	—	≤ 2.0	≤ 1.5
一般件库	1.0 m 水平面	100	—	0.60	60	—	≤ 3.5	≤ 2.5
半成品库	1.0 m 水平面	150	—	0.60	80	—	≤ 5.0	≤ 3.5
精细件库	1.0 m 水平面	200	—	0.60	80	货架垂直照度不小于 50 lx	≤ 6.0	≤ 4.5

为保证安全生产，安全照明和备用照明也是工业照明非常重要的组成部分。消防应急照明和疏散指示系统的供电应符合国家标准《消防应急照明和疏散指示系统技术标准》GB 51309—2018 第 3.3.1 条的规定。

10.2 工业照明灯具类型和特点

工业照明通常采用如下灯具：LED 高天棚灯、LED 低天棚灯、LED 三防灯、LED 支架灯、LED 轨道灯、LED 面板灯等。

比较常见的是高低天棚灯具。工业照明空间根据仓库建筑的高度不同，可分为低天棚、中天棚、高天棚三种。低天棚一般高度低于 5 m，中天棚安装高度一般在 5 ~ 10 m，高天棚类高度在 10 m 以上（图 10.6）。除了配光要求，工业照明的灯具通常对寿命和光通维持率、高光效、无频闪和谐波等特性都有一定要求。

图 10.6 工业高天棚空间布局中，多选用高天棚照明灯具（图片来源：昕诺飞）

对于特殊场合，会根据应用环境的不同，选用 LED 防爆灯、LED 洁净灯等。具体如下：

① 特别潮湿场所，应采用相应防护措施的灯具。

② 有腐蚀性气体或蒸汽场所，应采用相应防腐蚀要求的灯具。

③ 有盐雾腐蚀场所，应采用相应防盐雾腐蚀要求的灯具。

④ 有杀菌消毒要求的场所，可设置紫外线消毒灯具，并应满足使用安全要求。

⑤ 高温场所，宜采用散热性能好、耐高温的灯具。

⑥ 多尘埃的场所，应采用防护等级不低于 IP5X 的灯具。

⑦ 在室外的场所，应采用防护等级不低于 IP54 的灯具。

⑧ 装有锻锤、大型桥式吊车等震动、摆动较大场所，应有防震和防脱落措施。

⑨ 易受机械损伤、光源自行脱落可能造成人员伤害或财物损失场所，应有防护措施。

⑩ 有爆炸危险场所，应符合国家现行相关标准和规范的规定。

⑪ 有洁净度要求的场所，应采用不易积尘、易于擦拭的洁净灯具（图 10.7），并应满足洁净场所的相关要求；其中三级和四级生物安全实验室、检测室和传染病房宜采用吸顶式密闭洁净灯，并宜具有防水功能。

⑫ 需防止紫外线辐射的场所，应采用隔紫外线灯具或无紫外线光源（图 10.7）。

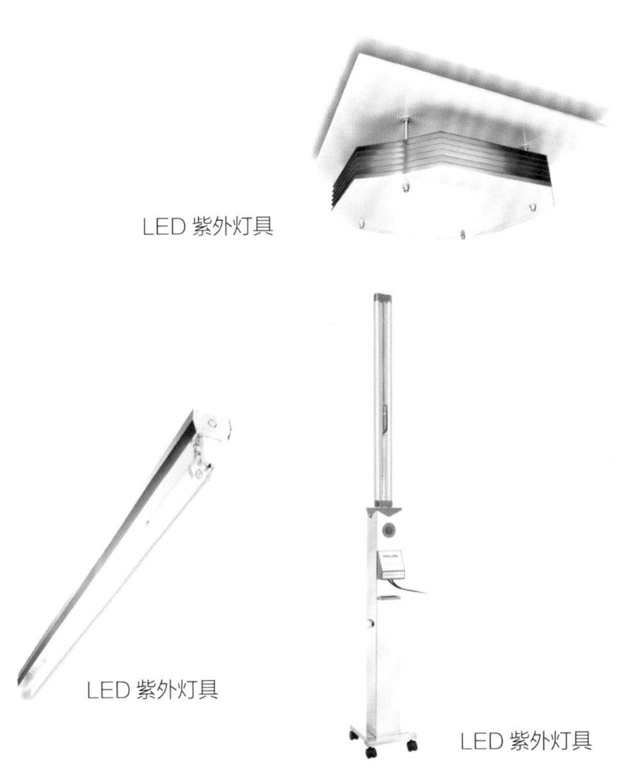

图 10.7　工业照明特殊环境中，会用到的部分特殊灯具类型（图片来源：昕诺飞）

10.3　工业智能照明控制系统

工业照明的智能化是智慧工业的重要组成部分。采用智能工业照明控制系统，可以进一步节约能源，提高生产安全和智能化的管理水平。具体来说：

① 采用智能照明控制系统可以进一步节约能源。工业厂房建筑结构高，跨距大，灯具回路多，车间是对照明要求较高的区域，是车间进行正常生产的一个重要部分，需在不同的时段实现无人化智能控制。若是使用普通照明控制方式，无疑会使成本费用和施工难度大大增加。智能照明可以合理地分区域、分时段控制，配合照度和红外，合理地利用自然光，实现无人化智能控制，且能达到降低成本、合理利用电能及节能减排的目的。图 10.8 便表现了智能照明报表系统的便捷性。

② 采用智能工业照明控制系统，可以进一步提高生产的安全性。相关研究表明，采用符合人的生理节奏的灯光动态效果，可以提高生产效率，避免差错，从而提高生产的安全性。

图 10.8　工业智慧照明中，采用实时的报表系统，可以实时追踪和管理厂区照明的状况（图片来源：欧普）

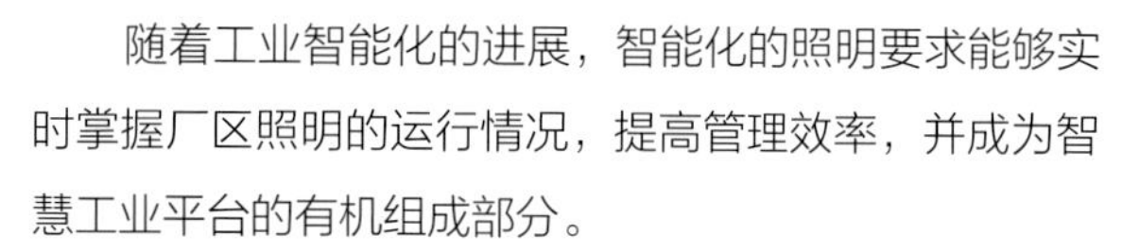

随着工业智能化的进展，智能化的照明要求能够实时掌握厂区照明的运行情况，提高管理效率，并成为智慧工业平台的有机组成部分。

工业智能照明控制系统是集多种控制方式、现代数字控制技术和网络技术、照明技术于一体的控制系统技术。其设计原则主要有：

① 先进性与适用性：技术性能和质量指标达到国内领先水平的同时，确保系统的安装调试、软件编程和操作使用简便易行、容易掌握。

② 经济性与实用性：充分考虑了用户的实际需要，根据现场环境，设计适合现场情况、符合用户需求的系统配置方案。

③ 可靠性与安全性：在系统故障或事故造成系统瘫痪后，能确保数据的准确性、完整性和一致性，并具备迅速恢复的功能。

④ 开放性与标准性：开放、标准化的技术使得厂房内其他设备和照明设备都能方便地被集成到一个平台。

⑤ 可扩充性：考虑到今后技术的发展和使用的需要，系统需具有更新、扩充和升级的可能。

10.3.1 工业智能照明控制策略

控制面板可为终端的软件平台，也可设置为触摸屏、场景开关的形式进行实体操作，通过总线发送信号控制相关的控制器，从而实现对灯光等设备的控制，该照明控制系统包括技术参数的设定、现场数值的采集、信息的传输、信息的加工和处理、控制信号的输送、受控对象被控、被控后信息反馈等环节。

《智能照明控制系统技术规程》中给出了工业建筑智能照明控制系统设计的建议，见表 10.4。仓库是工业建筑的一种，其照明建议见表 10.5。

表 10.4 工业建筑智能照明控制系统设计建议

房间或场所	基本			附加			扩展		
	功能需求	控制方式及策略	输入、输出设备	功能需求	控制方式及策略	输入、输出设备	功能需求	控制方式及策略	输入、输出设备
厂房、车间	开关、变换场景	开关控制、分区或群组控制、时间表控制（天然采光控制）	开关控制器、时钟控制器、（光电传感器）	—	—	—	—	—	—
输送走廊、人行通道、平台、设备顶部位	开关	开关控制、存在感应控制	开关控制、存在感应控制	调光	调光控制、存在感应控制	调光控制器、存在感应器	—	—	—
工作间	开关	开关控制、时间表控制、作业调整控制	开关控制器、始终控制器	调光	调光控制、存在感应控制、天然采光控制、作业调整控制	时钟控制器、调光控制器（可包括调照度调色温）、光电传感器、存在感应传感器	与窗帘系统、空调系统联动	智能联动控制	窗帘空调盘管控器
储存	开关、变换场景	开关控制、分区或群组控制、时间表控制	开关控制器、时钟控制器	—	—	—	—	—	—
更衣室	开关	开关控制	开关控制器	开关	存在感应控制	开关控制器、存在感应传感器	与空调末端、通风设备等设备联动	智能联动控制	空调控制器、通风控制器

续表 10.4

房间或场所	基本			附加			扩展		
	功能需求	控制方式及策略	输入、输出设备	功能需求	控制方式及策略	输入、输出设备	功能需求	控制方式及策略	输入、输出设备
主控室	开关	开关控制、时间表控制	开关控制器、时钟控制器	—	—	—	—	—	—
输送走廊、人行通道、平台、设备顶部位	开关	开关控制、存在感应控制	开关控制器存在感应传感器	调光	调光控制、存在感应控制	调光控制器存在感应传感器	—	—	—

表 10.5　仓库的智能照明控制

房间或场所	基本			附加			扩展		
	功能需求	控制方式及策略	输入、输出设备	功能需求	控制方式及策略	输入、输出设备	功能需求	控制方式及策略	输入、输出设备
仓库	开关、变换场景	开关控制、分区或群组控制、时间表控制、天然采光控制）	开关控制器、时钟控制器、光电传感器	—	—	—	—	—	—
通道	开关、变换场景）	开关控制、分区或群组控制、时间表控制、存在感应控制、天然采光控制	开关控制器、时钟控制器、存在感应器、光电传感器	调光	调光控制、存在感应控制	调光控制器、存在感应器	—	—	—

图 10.9　工业照明控制中常采用分区时间表控制，并增加感应控制与天然光联动（图片来源：昕诺飞）

需要指出的是，在工业环境中，通常工业控制系统已经采用了 KNX 系统，因此智能照明控制系统会要求和 KNX 做接口，或者 KNX 直接可控。相较于常见的 KNX 工业控制系统，专门为照明开发的智能照明控制系统在场景的控制、淡入淡出等设置上更为灵活。图 10.9 中所示便是一种典型的控制方法。

10.3.2　工业照明各空间常用的场景模式

工业照明的主体是工作车间（图 10.10），除此之外，还有办公、走廊、更衣室、储藏室、控制室等辅助区域。这些区域的照明系统可以按照不同的模式进行设置，参见表 10.6。

表 10.6 工作车间常用场景模式

应用空间	场景模式	描述
工作车间	预备上班模式	灯光部分开启，推荐 50%
	上班模式	灯光 100% 开启
	休息模式	灯光调暗或部分开启，有的南方工厂有午休习惯，关闭或开启 10%
	下班模式	灯光部分关闭，推荐 50%
	清扫模式	灯光部分开启，可以 30% ~ 50%

图 10.10 工作车间是工业照明的主体，场景模式并不复杂（图片来源：昕诺飞）

备用照明、安全照明、疏散照明，接入专用的疏散应急回路，通常双电源或增加备用电源供电，独立控制。备用照明、安全照明的设计需遵循相应的规范，且不小于一般照明的 10%。

工业照明在使用过程中，可能存在人为风险（混用开关、错误判断）及系统风险（照明老化、电路故障），系统通过预设的限值自动诊断，当有相应风险产生时，通过预警报警联动，实现相应场景切换。

控制系统后台需要对厂房的环境状态、实时能耗进行监测记录，起到预警和报警作用。

10.4 工业智能照明应用案例

10.4.1 芬兰赫尔辛基 ABB 工厂

ABB 是全球电力和自动化领域的领先者，在对 ABB 业务部进行物业调查后，公司决定将节约能源作为首要任务。更换 20 世纪 70 年代的老旧灯具并非难事，但该项目需要将灯具和 ABB 的 KNX 控制系统进行配合（图 10.11），进行控制策略和场景的重新设置，并尽可能地降低能耗。

图 10.11 芬兰赫尔辛基 ABB 工厂需要将灯具和 ABB 的 KNX 控制系统进行配合（图片来源：昕诺飞）

ABB 大厅拥有超大空间。由于需要照亮面积达 1500 m^2 的高棚工厂，所以选用了高效的高天棚照明。与此同时，还必须为员工提供清晰的能见度，同时又不产生眩光。这就要求灯具具有比较大的截光角（图 10.12），能为工厂空间带来舒适安全的灯光，创造出适宜的工作环境，同时又节省了能源。

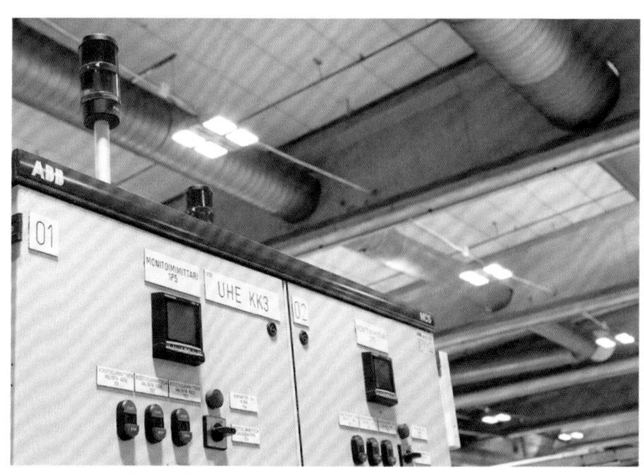

图 10.12　选用的灯具要求具有截光角，保证视觉的舒适性（图片来源：昕诺飞）

这种先进的灯具不仅改善了员工的工作环境，还能与 ABB 的 KNX 控制系统配套使用，这对该公司来说非常重要。此系统能灵活地控制灯光，让各盏灯在大厅的 16 个区域分别独立操作，并可根据需要进行调光（图 10.13）。

图 10.13　ABB 要求各区域分别独立操作，按需求进行调光（图片来源：昕诺飞）

解决方案的长效性对于 ABB 来说也非常重要。为了保证系统的匹配性，在整个工厂全面推广之前，对该系统进行了充分的测试，并在大厅的 1/16 区域启动了试点项目，持续时间为 6 个月。测试结束后，新的照明系统符合所有标准，因此项目得以顺利执行下去。

10.4.2　某汽车制造厂

某汽车制造厂希望新厂区的照明，能够在保证满足照明规范的条件下，提供智能化的照明环境，并能进一步节能，提高运营和管理的水平，提升生产的安全性和智能化。

该项目范围包含车间、办公区、控制室和走廊区域等，主车间采用了约 6000 套高天棚灯具，此外还有 LED 灯盘、防爆灯、支架灯和喷涂检验灯，配备有 DALI，0/1 ~ 10 V 信号调光和开关控制等多个品种。控制器则采用了 Dynalite 系统，约 500 个控制模块（含继电器开关，DALI 调光，0/1 ~ 10 V 信号调光），以及第三方系统接收模块、中继网关、智能面板、多功能探头和管理软件等（图 10.14）。

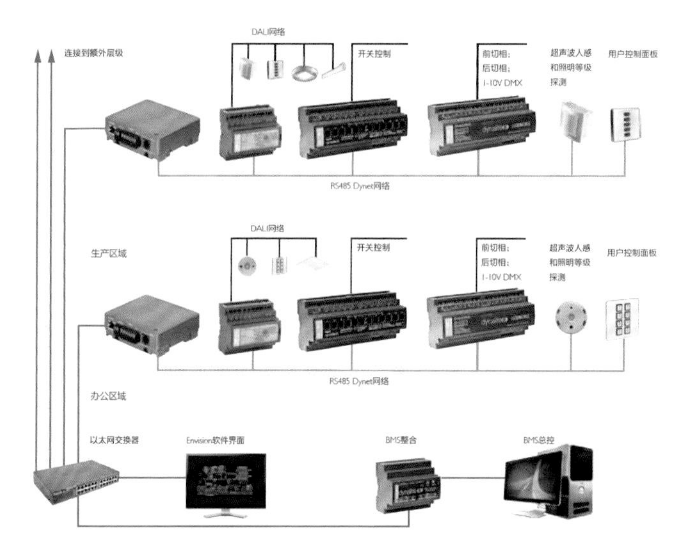

图 10.14　系统框架示意，所有照明控制系统整合在一个软件系统平台上（图片来源：昕诺飞）

在总装车间，主要采用了 DALI 控制灯具（图 10.15）。和其他控制方式相比，DALI 可以做到单灯单控，并可以获得反馈信号，还可以预设寿终警示装置、渐亮开启、过热保护控制等（图 10.16）。

图 10.15　总装车间采用 DALI 智能调光（图片来源：昕诺飞）

图 10.16　采用 DALI 智能高天棚灯光和控制系统，可以做到单灯控，获得反馈信号，进行智能升级，让调试和检测、状态报告、售后维护、现场更换等多种服务成为可能（图片来源：昕诺飞）

针对不同的空间，指定了不同的场景和控制策略。例如在冲压车间，采用了整个寿命期间的恒照度策略：工作照明输出根据照度衰减情况，在灯具寿命期内系统设定提升灯具功率输出保持工作面照度的稳定（图 10.17）。

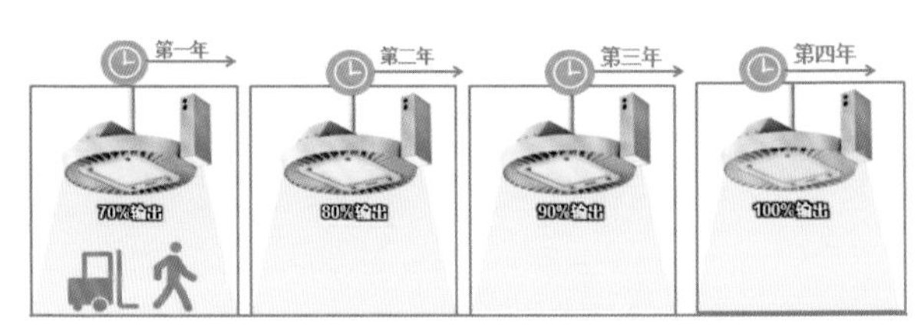

图 10.17　各类灯具通过自身集成探头、独立探头，均可实现与灯具组网（可结合生产线各环节的特点定制照明模式）（图片来源：昕诺飞）

汽车的喷涂车间，是质量检测的重要一环。这里采用了色温可以变化的专业智能喷涂检测灯具和照明控制系统。在充分照亮被检测面的同时，灯具斑马纹映射至对应被检测喷漆表面，工人通过观察被检测表面的微小瑕疵，反射出的明暗轮廓线来检验出喷漆表面的缺陷。该照明系统能自动匹配柔性生产线混装车型、混装颜色需要的多种特定照明检测场景，通过深度结合工业生产线控制系统和飞利浦智能照明系统，调用生产线车辆相关数据库信息，结合汽车柔性生产线链速调整，跟随生产线来车信息和来车速度自适应调整对应照明检车模式（图 10.18）。该智能照明系统极大地优化了车漆检测流程，提高了生产检验效率。

最终，该项目的整体节能超过 50%。并通过智能照明控制的应用减少了失误率，提高了生产效率，以及智能化照明的管理水平。

图 10.18　汽车喷涂车间采用了色温可变的智能照明控制系统和专用检测灯具（图片来源：昕诺飞）

10.4.3　皮尔金顿集团智慧物流仓库项目

隶属于 NSG 集团的皮尔金顿是全球最大的汽车玻璃供应商之一。其位于德国盖尔森基兴的全新中央仓库符合最新的仓储系统和仓库设计标准，并采用了最新的基于大规模云计算的智能互联照明控制系统，标志着仓库的照明管理也跃入了工业物联网时代，而这一切都契合皮尔金顿未来的业务发展方向（图 10.19）。该项目希望全新建成的仓库将为玻璃制造行业设立全新的仓库照明标准，采用的智能互联照明系统不仅能够提供照明，而且能提供运营相关的所有数据，并辅助客户做出更明智的决策。

图 10.19　皮尔金顿集团智慧物流仓库外观（图片来源：昕诺飞）

该项目全部采用了专业 LED 照明灯具，灯具的截光角和灯具发光亮度都经过了精心设计，保证了舒适的仓库照明环境；可靠的照明确保了安全的工作环境，有效减少事故发生，并通过减少非计划维修来实现可持续操作（图 10.20）。

图 10.20　皮尔金顿集团智慧物流仓库全部采用 LED 照明和智能互联的照明控制系统　（图片来源：昕诺飞）

智能照明控制系统的特点是，智能互联照明控制系统内嵌的智能传感器可为皮尔金顿汽车玻璃收集数据，帮助仓库和流程安排的持续改善。例如，通过对不同时间段的空间使用情况分析，来提升仓库的拣选效率。该系统还可提升仓库的能效水平，使其能够可持续地开展业务。与使用传统照明的仓库相比，安装了全新智能互联照明系统的仓库，可根据实际使用情况调整照度，并通过自然光采集和传感器反馈等节能方式，降低高达50% 的能耗。这是迄今为止 LED 照明可实现的最大程度的能源节约效能，可帮助皮尔金顿汽车玻璃每年减少290 吨碳排放。智能互联照明软件系统经济高效，且操作便捷，加载在浦无线控制网络上，使中央照明控制系统变得更易访问。智能互联照明系统可对数据进行挖掘，帮助企业打造更安全高效的仓库和工厂环境，调动员工的积极性，并降低能源消耗。

图 10.21　1000W LED 工矿灯（图片来源：涂鸦智能）

10.4.4　常州机场大型维修机库照明改造项目

常州机场大型维修机库是民用飞机维修保养的场所，经过多年使用，其照明系统存在以下问题：

① 照度不适合。一直使用的传统 HID 照明年限久远，光衰严重，无法满足工作需求，光照度也无法根据工作需求自由调节。

② 管理困难。机库长宽跨度均超过 100 m，照明控制柜和开关位置都较远。由于没有一个系统可以远程进行设备状态控制及监测，每次开关灯需要跑很远去操作，痛点非常明显。此外，判断灯是否有故障主要靠肉眼观察，极大地影响了工作和运维效率。

③ 能耗浪费。现场照明无法自由分组，不能根据需求按区域开关灯及调节亮度，导致每次都是全开全关，在不需要点亮的区域造成浪费。偶尔忘记关灯的时候，由于没有系统提示，也造成一定浪费。此外，没有关于能耗的报表数据，对于电量使用无精确计量。

为了提高工作效率，保证视觉健康，降低能耗并实现设备管理，机场采纳并实施了基于涂鸦商用照明解决方案的改造计划。使用的设备主要包括：1000 W LED 工矿灯（图 10.21）64 个、无线蓝牙工矿灯控制器（图 10.22）64 个、蓝牙网关 3 个、场景面板 1 个，以及电

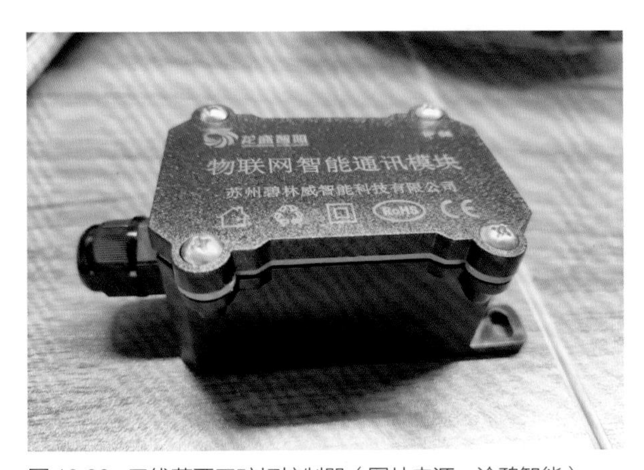

图 10.22　无线蓝牙工矿灯控制器（图片来源：涂鸦智能）

量统计设备等。

无限配网和设置在 1 小时内就全部完成，省却了复杂的布线成本，缩减了调试时间。改造之后，常州机场大型维修机库的智能照明系统使用效果如下（图 10.23）：

① 灵活控制：可使用手机便捷地进行分组控制和单灯控制，既可全开全关，并自由调节亮度，也可以按群组或单灯，根据作业需求进行组控或单控。

② 照度管理：虽然降功率运行，但由于是智能化控制，因此仍然可以满足照度要求，且每年可灵活调节调光比例，以补偿光衰问题。

③ 远程监控：可通过手机 APP 或基于 Web 端的 SaaS 系统，进行远程控制及监测照明设备运行状态，实现设备可视化管理；如果发现现场无人及无工作需求，可远程关闭照明设备，避免浪费。照明设备如果发生故障，可自动发送警报给维护人员，提醒及时维修设备。

④ 自动化场景：自动定时调光、开关，提高管理效率，根据工作区域灵活调节，降低能耗。

⑤ 能耗统计：用电量实时计量，后台集中监测能耗情况，报表输出，节能减排，助力碳中和。

图 10.23　常州机场大型维修机库改造后的照明环境（图片来源：涂鸦智能）

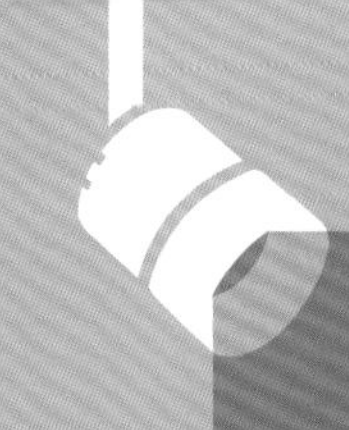

第十一章 博物馆、美术馆照明智能化设计及应用

11.1 博物馆、美术馆智能照明特点

博物馆及美术馆为承载文明、传承文化的一项重要工程，通常也是国家及各地方的标志性建筑。

根据不同类型的藏品，我国将博物馆做了以下分类:①历史类、艺术类、综合类博物馆，②自然博物馆，③技术博物馆，④科技馆。

不论哪类博物馆和美术馆，它们在建筑设计、室内设计和照明设计上，对文物载体的保护及呈现，都有着极高的要求。博物馆、美术馆有大量光敏感珍贵文物，例如中国传统绘画等有机质的文物，光辐射会对这类文物造成不可逆的永久性损伤（见表 11.1）。紫外光能使文物发生光化反应，展品会因此老化变脆、颜料褪色、白纸发黄甚至开裂等；红外光能使被照射物升温，长期照射文物，会导致像木料、动物皮等材质的物品因局部高温而收缩、变形或开裂。博物馆、美术馆的展陈照明设计，在观赏性与保护性上，更偏向选择保护性，采用有限的照明。因此博物馆及美术馆的整体照度通常很低，也经常采取一些间接照明的手法，让光源不直接照射文物，如使用铝格栅板或利用镜面反射。采用 LED 光源也可以起到保护作用，因为 LED 无传统照明光源的紫外线及红外线，而且 LED 光源与驱动器可以分开处理，光源温度不会使展柜内温度上升，而驱动器可以藏于柜体的下方空间，对于文物有较好的保护作用。

表 11.1　不同光源的相对损伤系数

光源类型	相对损伤系数
卤素灯	1.00
标准 A 光源	1.30
D65 标准光源	3.61
金卤灯（3000 K，$R_a \geqslant 80$）	1.95
金卤灯（3000 K，$R_a \geqslant 90$）	1.36
金卤灯（4000 K，$R_a \geqslant 90$）	2.13
LED（3000 K，$R_a \geqslant 90$）	0.88
LED（4000 K，$R_a \geqslant 80$）	1.12

国内外都有针对博物馆的照明设计规范，主要是出于保护文物的原则，规定各种文物所能容忍的照度及照明总时数。因此，可以通过智能照明控制系统，设置弹性的照明策略，通过调光可以降低文物的曝光度；或是利用传感器及控制策略，在观众靠近文物时才开启灯光，减少不必要的照明时数。另外，除了关注展品的照明环境，博物馆、美术馆是开放的可供观众互动的场所，采用以人为本的智能照明系统，能够依照访客的活动方式，配合室内环境变化，自动调控照明状态，增加访客的满意度，同时也能达成节能管理的目的。

未来，随着半导体光源及智能化的演进，可望能够针对文物保护开发出更细致的照明技术。最新的、基于最低色彩损伤的中国绘画照明白光 LED 光谱构成研究表明，不同光谱对光敏感文物构成的损伤存在明显差异，根据文物特性调整光谱，能够有效减少光敏感文物受到的伤害。可调光谱的保护性光源及相应的智能控制系统，将是博物馆及美术馆照明的重要发展趋势之一。

11.2　博物馆、美术馆照明规范要求

为了保护文物及艺术品，博物馆、美术馆对于照明的要求很高，并且有极其细致的规范。2004 年由国际照明委员会（CIE）发布的《光辐射对博物馆的危害控制》（*Control of Damage to Museum Objects by Optical Radiation*）CIE 157—2004，将博物馆对于文物的照明规范条件从照明的强度转移到照明的总曝光量（同时考虑了曝光强度及时数），并提出文物在藏品库存放时及人工修护维护期间的曝光量也都应该计入总曝光量。在中国，2009 年由国家质量监督检验检疫总局及中国国家标准化管理委员会首次发布的《博物馆照明设计规范》GB/T 23863—2009，针对中国的文物及艺术品细化了照明的要求，该规范在 2021 年重新修订，成为与时俱进的新版 GB/T 23863—2021。虽然规范名称为《博物馆照明设计规范》，实际上 GB/T 23863—2021 也一并纳入了美术馆的照明规范，对于书画、油画、雕塑的收藏及展陈照明都有明确的要求。

《博物馆照明设计规范》GB/T 23863—2021 将博物馆空间分为藏品区、通用房间及场所。将藏品区的照明要求放在最前面，可见在博物馆中，最重视的不是灯光如何为展品的观赏性添砖加瓦，而是尽可能减少照明对收藏品的损害。

11.2.1　博物馆、美术馆藏品区照明规范要求

藏品区分为藏品库房及藏品技术区，规范中要求这个区域必须采用低红外辐射及低紫外辐射的照明光源。《博物馆照明设计规范》GB/T 23863—2021 针对不同材质的各类藏品，做了相应的照度值、统一眩光值、照度均匀度及显色指数的规范，以历史类、艺术类、综合类博物馆为例，藏品库房的规定见表 11.2，其他类型博物馆的要求详见《博物馆照明设计规范》GB/T 23863—2021。

表 11.2 历史类、艺术类、综合类博物馆藏品区照明标准值

<table>
<tr><th colspan="4">房间或场所</th><th>参考平面及其高度</th><th>照度标准值(lx)</th><th>统一眩光值 UGR</th><th>照度均匀度 U_0</th><th>显色指数 R_a</th></tr>
<tr><td rowspan="3">藏品库房区</td><td colspan="3" rowspan="2">库房</td><td>地面</td><td>75</td><td>22</td><td>0.4</td><td>80</td></tr>
<tr><td>0.25 m 垂直面</td><td>30</td><td></td><td>0.4</td><td>80</td></tr>
<tr><td colspan="3">库房通道</td><td>地面</td><td>50</td><td></td><td>0.4</td><td>80</td></tr>
<tr><td rowspan="18">藏品技术区</td><td colspan="3">清洁间</td><td>0.75 m 水平面</td><td>300</td><td>22</td><td>0.60</td><td>80</td></tr>
<tr><td colspan="3">晾晒间</td><td>0.75 m 水平面</td><td>300</td><td>22</td><td>0.60</td><td>80</td></tr>
<tr><td colspan="3">干燥间</td><td>0.75 m 水平面</td><td>300</td><td>22</td><td>0.60</td><td>80</td></tr>
<tr><td colspan="3">消毒（熏蒸、冷冻、低氧）室</td><td>地面</td><td>150</td><td>22</td><td>0.60</td><td>80</td></tr>
<tr><td colspan="3">书画装裱及修复用房</td><td>实际工作面</td><td>500</td><td>19</td><td>0.70</td><td>90</td></tr>
<tr><td colspan="3">油画修复室</td><td>实际工作面</td><td>750</td><td>19</td><td>0.70</td><td>90</td></tr>
<tr><td rowspan="7">实物修复用房</td><td rowspan="3">金石器</td><td>翻模翻砂浇铸室</td><td>实际工作面</td><td>750</td><td>19</td><td>0.70</td><td>90</td></tr>
<tr><td>烘烤间</td><td>0.75 m 水平面</td><td>300</td><td>22</td><td>0.60</td><td>80</td></tr>
<tr><td>操作室</td><td>实际工作面</td><td>750</td><td>19</td><td>0.70</td><td>90</td></tr>
<tr><td rowspan="2">漆木器</td><td>家具、漆器修复室</td><td>实际工作面</td><td>750</td><td>19</td><td>0.70</td><td>90</td></tr>
<tr><td>阴干间</td><td>0.75 m 水平面</td><td>300</td><td>22</td><td>0.60</td><td>80</td></tr>
<tr><td rowspan="2">陶瓷</td><td>陶瓷烧造室</td><td>地面</td><td>100</td><td>—</td><td>0.60</td><td>80</td></tr>
<tr><td>操作室</td><td>实际工作面</td><td>750</td><td>19</td><td>0.70</td><td>90</td></tr>
<tr><td colspan="3">鉴定实验室</td><td>0.75 m 水平面</td><td>500</td><td>19</td><td>0.60</td><td>80</td></tr>
<tr><td colspan="3">修复工艺实验室</td><td>实际工作面</td><td>750</td><td>19</td><td>0.70</td><td>90</td></tr>
<tr><td colspan="3">仪器室</td><td>1.0 m 水平面</td><td>100</td><td>—</td><td>0.60</td><td>80</td></tr>
<tr><td colspan="3">材料库</td><td>1.0 m 水平面</td><td>100</td><td>—</td><td>0.60</td><td>80</td></tr>
<tr><td colspan="3">药品库</td><td>1.0 m 水平面</td><td>100</td><td>—</td><td>0.60</td><td></td></tr>
</table>

11.2.2　博物馆、美术馆通用房间或场所照明规范要求

博物馆通用房间或场所包含了陈列展览区、教育区、服务设施、展品库前区、业务与研究用房、行政管理区及附属用房等。以陈列区为例，如何在观赏性及展品保护中取得平衡，是照明设计的重点，其照明标准见表 11.3。其他区域的照明标准详见《博物馆照明设计规范》GB/T 23863—2021。

表 11.3　陈列区照明标准值

房间或场所	参考平面及其高度	照度标准值（lx）	统一眩光值 *UGR*	照度均匀度 U_0	显色指数 R_a
综合大厅	地面	100	22	0.4	80
基本陈列厅	地面	展品照度值的 20% ～ 30%	19	0.60	80
绘画展厅	地面	100	19	0.6	80
雕塑展厅	地面	150	19	0.6	80
科技馆展厅	地面	200	22	0.6	80
常设展厅	地面	200	22	0.60	80
临时展厅	地面	200	22	0.60	80
儿童展厅	地面	200	19	0.60	80
设备间	地面	200	25	0.60	80
展具储藏室	地面	100	—	0.40	60
讲解员室	0.75 m 水平面	300	19	0.6	80
管理员室	0.75 m 水平面	300	19	0.6	80

11.2.3　博物馆展品或藏品的保护规范

《博物馆照明设计规范》GB/T 23863—2021 对各种类型的文物规范了相应的保护性照度限制：对光不敏感的材质照度不能大于 300 lx，对光较为敏感的材质（比如油画）照度不能高于 180 lx，而对光最为敏感的材质，如纸质品、纺织品等，照度只能低于 50 lx。因此，博物馆陈列区必须通过调光来降低文物的曝光度，而展品时常有拍摄的需求，因此，陈列区的照明建议采用无频闪、低亮度时不闪烁的调光驱动电源，具体要求见表 11.4。

表 11.4　陈列区展品照度标准及年曝光量限制

展品类别	参考平面及其高度	照度标准值（lx）	年曝光（lx·h/ 年）
对光特别敏感的展品：织绣品、具有很高易变性的着色剂、国画、水彩画、水墨画、铅笔画、钢笔画、帛画、蜡画、水粉画、纸质物品、彩绘、陶（石）器、易褪色着色剂作品纺织品、染色皮革、动物标本等	展品面	≤ 50	50 000
对光敏感的展品：油画、蛋清画、丙烯画、不染色皮革、银制品、牙骨角器、象牙制品、竹木制品和漆器等	展品面	≤ 150	360 000
对光不敏感的展品：铜铁等金属制品、石质器物、宝石玉器、陶瓷器、岩矿标本、玻璃制品、搪瓷制品、珐琅器等	展品面	≤ 300	不限制

就观赏性而言，以展柜为例，展柜是最常作为静态展品陈列的单位，通常采用面光源作为基础照明，点光源作为重点照明。采用射灯时要注意隐藏好灯具，防止眩光，做到见光不见灯。单一光源会在展品上造成阴影，影响展陈效果，因此采用两个以上光源来减少阴影，再通过调光降低整体照度（图 11.1）。调光刻度越细腻，调光深度越低，越能够对单一展品调整出最佳展示光效（图 11.2）。

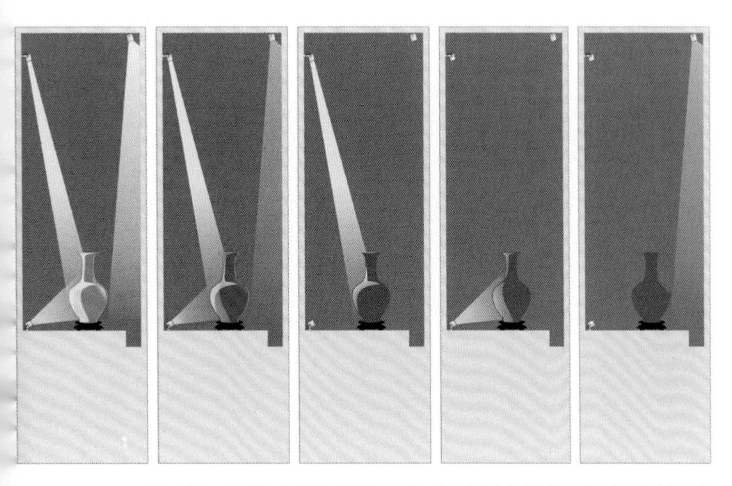

图 11.1　展柜内灯具调光示意，调光对文物的表现力影响巨大（图片来源：永林电子）

图 11.2　实景展示效果（图片来源：李文恒）

11.2.4　天然采光设计

《博物馆照明设计规范》GB/T 23863—2021 建议，博物馆展厅、文物修复室、标本制作室、书画装裱室和公共场所，应在符合展品或藏品保护的要求下，合理采用自然光。可通过侧窗或顶部采光，采光材质应隔绝 400 nm 以下的光辐射，光谱透射比不应大于 0.01，且必须符合表 11.5 规定的采光系数及照度标准值。

表 11.5　博物馆各场所的采光标准值

采光等级	场所名称	侧面采光		顶部采光	
		采光系数标准值（%）	天然光照度标准值（lx）	采光系数标准值（%）	天然光照度标准值（lx）
IV	对光不敏感的展厅	2	300	1	150
III	文物修复室、标本制作室、书画装裱室	3	450	2	300
Ⅳ	门厅	2	300	1	150
V	库房、走道、楼梯间、卫生间	1	150	0.5	75
I	地面	200	22	0.60	80

注：1. 文物修复室、标本制作室、书画装裱室的参考平面取距地面 0.75 m 的水平面，其余场所取地面。
2. 表中所列采光系数标准值适用于我国 Ⅲ 类光气候区，采光系数标准值是按室外设计照度值 15 000 lx 制定的。
3. 采光标准的上限值不宜高于上一采光等级的级差，采光系数值不应高于 7%。

11.3　博物馆、美术馆照明智能化要求

从运营的角度来说，博物馆及美术馆作为公共场所，建筑面积较广，人流量大，需要自动化的照明管理策略才能降低能耗及管理成本。就文物展陈的角度来说，照明调光及控制也能更好地起到保护文物的作用。并且随着全球文化交流的发展，博物馆间互借展品、增设临时展览的机会增多，许多博物馆对于借出方博物馆的照明环境提出要求，必须要有弹性化的调光控制系统，随时能够针对不同展品改动灯光的设置，包括调光、调色温，降低展品出借时受到破坏性的光污染。因此博物馆、美术馆在前期设计时，都会采用智能照明系统，尤其在大陈列区及个别展柜中更是如此。实景展示效果见图 11.3。

图 11.3　实景展示效果（图片来源：李文恒）

11.3.1 博物馆、美术馆公共空间的智能照明控制策略

博物馆、美术馆公共空间的智能照明控制策略有以下几种：

① 分区控制与集中监控。

公共部分空间中，同一区域的照明设施应分区、分组或单灯控制，可以采用红外感测、存在感测、光控、时控、程控等控制方式，在中央控制室里的电脑终端安装图控平台软件，可以实时控制、管理所有灯光的状态，并能通过安装在各楼层区域的智能面板进行手动控制。

智能照明系统在保证独立运行的同时，也必须通过网关与整个建筑的 BA 系统或消防系统、保安系统、音响系统、会议系统等第三方系统连动，进行数据交换和共享。

② 定时控制。

博物馆展柜里文物的光照时间有着严格要求，智能照明控制系统采用定时控制方式，允许用户按照文物最佳光照时间，比如一天、一周甚至一年的规律来进行设定，或者按照季节划分，再或者设定某些特定日期（比如节假日）的特定时间表（图 11.4）。

图 11.4 自动日期时间控制示意（图片来源：永林电子）

③ 自然采光控制。

当外部阳光过大时，为保护展品，自动关闭卷帘到一定的比例遮挡阳光；当阳光柔和充足时，则灯光自动将亮度值调低一些，尽可能地采用自然光来进行室内照明；当自然光不足时自动调高灯具亮度。并可透过天文时钟算法根据不同纬度的季节自动调节卷帘开启位置（图 11.5）。

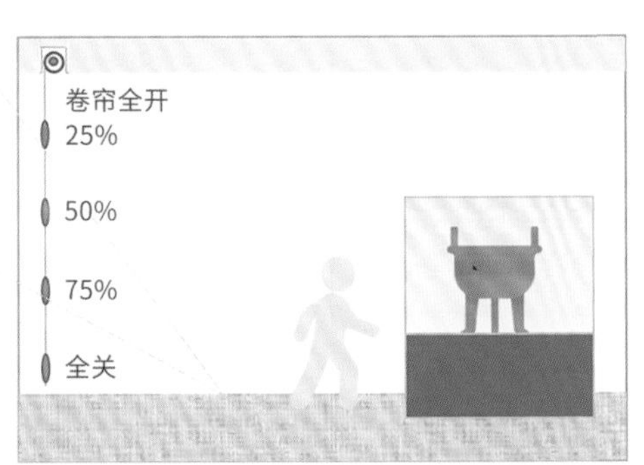

图 11.5 自然光引入控制策略示意（图片来源：永林电子）

中国工程建设标准化协会制定的《智能照明控制系统技术规程》列出了美术馆与博物馆的主要控制方式及策略，见表 11.6、表 11.7。此外，《博物馆照明设计规范》GB/T 23863—2021 附录 G 中也有针对历史性博物馆、艺术类建筑及科学与技术类博物馆的智能照明控制系统设计指导。

表 11.6 美术馆建筑智能照明控制系统设计

房间或场所	功能需求	控制方式及策略	控制设备	通信方式和协议	传感器选型	传感器布置	集中或就地
美术品售卖	开关	可预知时间表控制 场景控制	开关控制器、时间控制器	RF（ZigBee） PLC PoE DALI KNX BACnet Dynet bq-bus C-Bus ORBIT QS-LINK	存在感应传感器	—	集中或就地
公共大厅	开关	可预知时间表控制 场景控制	开关控制器、时间控制器		存在感应传感器	—	集中或就地
绘画展厅、雕塑展厅	开关、调光	可预知时间表控制 场景控制	开关控制器、调光、时间控制器		存在感应传感器	—	集中或就地
藏画库	开关	可预知时间表控制	开关控制器、时间控制器		存在感应传感器	—	集中或就地
藏画修理	开关	可预知时间表控制	开关控制器、时间控制器		存在感应传感器	—	集中或就地

续表 11.6

房间或场所	功能需求	控制方式及策略	控制设备	通信方式和协议	传感器选型	传感器布置	集中或就地
会议报告厅	开关、调光、变换场景、与其他系统联动	可预知时间表控制、场景控制	开关控制器、调光、时间控制器	RF（ZigBee）PLC PoE DALI KNX BACnet Dynet bq-bus C-Bus ORBIT QS-LINK	—	—	集中或就地
休息厅	开关	可预知时间表控制、天然采光控制	开关控制器、时间控制器		光电传感器存在感应传感器	受控区域：天花板、墙面、窗口	集中或就地

表 11.7　博物馆建筑智能照明控制系统设计

房间或场所	功能需求	控制方式及策略	控制设备	通信方式和协议	传感器选型	传感器布置	集中或就地
序厅	开关	可预知时间表控制	开关控制器、时间控制器	RF（ZigBee）PLC PoE DALI KNX BACnet bq-bus Dynet C-Bus ORBIT QS-LINK	—	—	集中或就地
会议报告厅	开关、调光、变换场景、与其他系统联动	可预知时间表控制、场景控制	开关控制器、调光控制器、时间控制器		—	—	集中或就地
美术制作室、编目室、摄影室、熏蒸室、保护修复室、文物复制室、标本制作室	开关、调光	可预知时间表控制	开关控制器、调光控制器、时间控制器		—	—	集中或就地
实验室	开关、调光	可预知时间表控制	开关控制器、调光控制器、时间控制器		—	—	集中或就地
周转库房、藏品库房、藏品提看室	开关	可预知时间表控制、不可预知时间表控制	开关控制器、时间控制器		存在感应传感器	受控区域：天花板、墙面	集中或就地

11.3.2　博物馆、美术馆陈列空间的智能照明控制策略

博物馆、美术馆陈列空间的智能照明控制策略有以下几种：

1. 调光、调色温控制。

《博物馆照明设计规范》GB/T 23863—2021 中多次提到调光，调光除了可以适当调低照度，保护展品之外，尤其在博物馆中，展品的种类、材质及大小各有不同，更加需要单灯调光，方便竣工后针对每一个展品做细致的照明调试（图 11.6）。

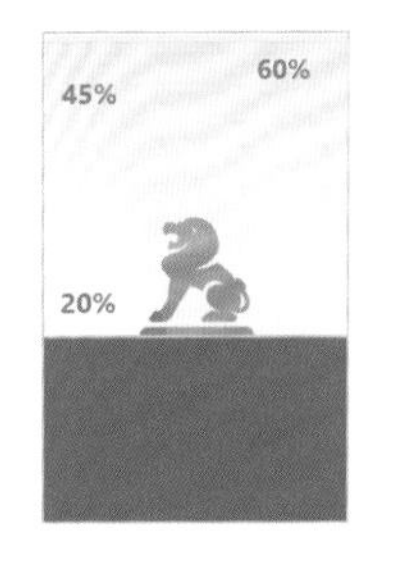

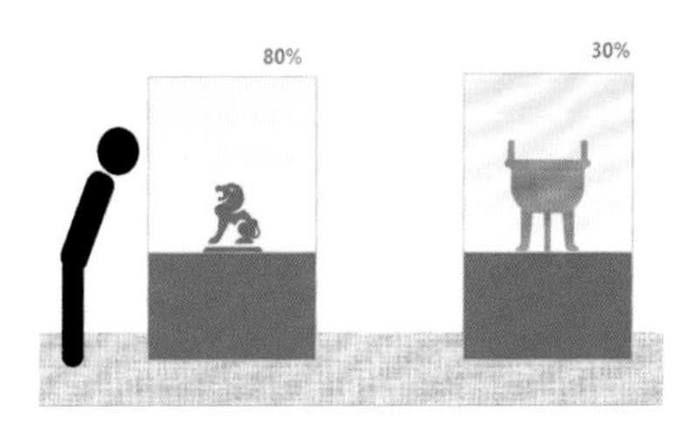

图 11.6　博物馆照明调光（图片来源：永林电子）

另外，调光可以让灯具在生命周期中保持恒定的光通输出，减少光源光衰对照度的影响，具体见表 11.8。具体做法是：在初始阶段将调光值设低，再在智能系统软件中设置一个周期性的调光值递增，比如灯具寿命为 10 000 小时，将调光值按对数、线性或指数的调光曲线逐步调高，正好可以抵消灯具的光衰。

表 11.8　恒定光通量规定

灯具寿命	光通量
初始	90% ~ 120%
3000 小时	96%
6000 小时	92%

2. 定时控制。

采用智能照明系统设置定时开关、调光，允许管理方按照文物最佳光照时间，比如一天、一周甚至一年的规律来进行设定，或者按照季节划分，再或者设定某些特定日期（比如节假日）的特定时间表等。并且通过智能照明监控平台，可以统计各个展品每年累计的曝光量，在照明曝光量达到设置百分比阈值或限制值时，能自动提醒馆方注意控制照明设备输出（图 11.7）。

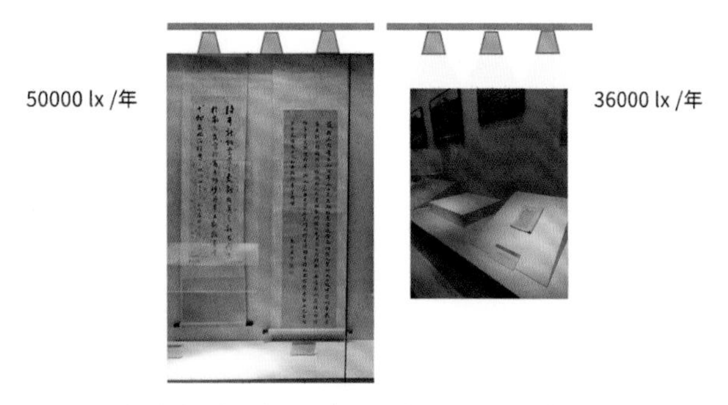

图 11.7　年曝光量控制示意（图片来源：李文恒）

3. 移动感应控制。

移动传感器可实现人到灯亮、人走灯灭，通过微波、红外传感器或蓝牙定位的技术，探测人的移动来自动打开或关闭灯光（图 11.8）。这不仅要求系统能精确地感应人体，同时还要求系统能够分辨出当前的环境亮度是否需要开灯。通过合理的设计，把使用环境分成若干个可独立控制的区域，通过控制系统平台，设置相应的照明逻辑。

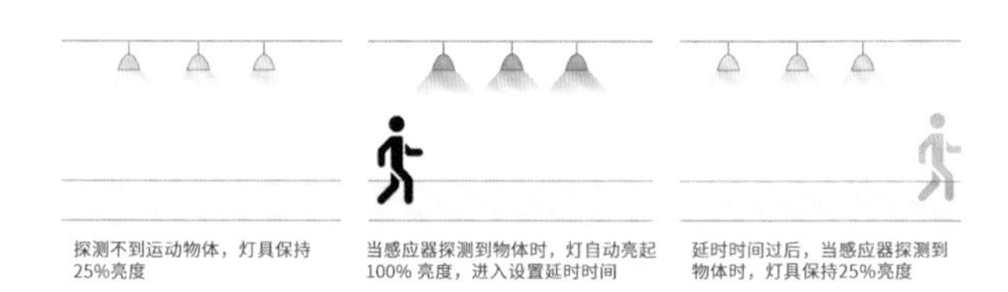

图 11.8　人体感应灯控联动示意（图片来源：易探科技）

蓝牙定位除了可以在本地进行感应控制之外，还可采集博物馆当日参观人员的时间热点、轨迹热点以及停留热点，转送至后台系统，进行大数据分析，作为展品位置规划及人力调度的参考依据（图 11.9）。

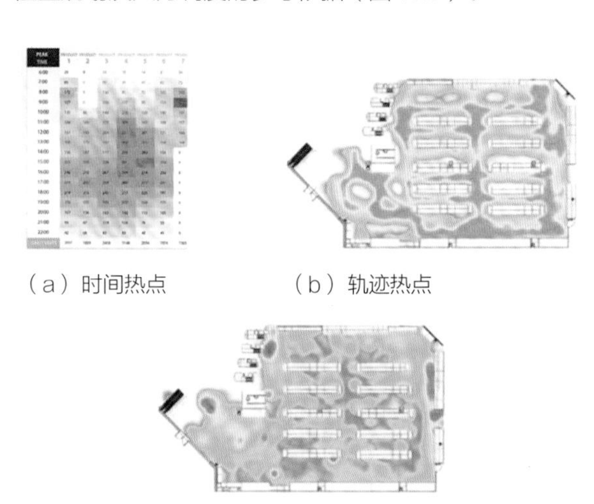

（a）时间热点　（b）轨迹热点

（c）停留热点

图 11.9　蓝牙定位后台数据分析（图片来源：中达电通）

4.IOT 物联。

① 设备管理：对照明设备进行管理，比如故障报警、寿终报警、离线报警等，以便及时更换设备，保证观展体验。

② 能耗管理：可对单设备、回路、区域进行能耗计量，输出数据大盘，并按项目、空间、时间进行分析，制定节能策略。

③ 数据分析：对设备、能耗情况进行数据分析；通过照度计量设备对展陈环境的照度进行精确计量，并汇总到云平台进行统计；针对曝光量接近或达到阈值的展品可发出报警，提醒管理人员；所有状态可视化，并给予优化策略。

11.4　博物馆、美术馆智能照明控制系统

博物馆、美术馆常使用展柜智能照明系统进行照明控制。具体来说，展柜通常作为一个独立的系统，对照明控制的要求包含深度调光、单灯单控、容易布线、可靠稳定。

展柜照明系统一般包含控制界面，以及可单灯单控的智能驱动电源，形成一个相对独立、简单的系统，需要与第三方对接或实现远程控制时，可以再加上主机网关（图 11.10）。展柜中的灯具无论对肉眼感知还是在高频摄像拍摄下，都不能有任何闪烁抖动的现象，因此必须选用无频闪、低启动亮度的智能驱动电源。较为常用的控制方式包含 DALI 及电力载波（PLC），其中 DALI 需要部署信号线，PLC 则直接采用负载线传输，配线较为简洁。随着无线传输技术的发展，内置 ZigBee、蓝牙等无线通信模组的智能调光驱动电源也逐渐开始应用，优点是无需部署通信线，可以灵活安装，减少人工成本。

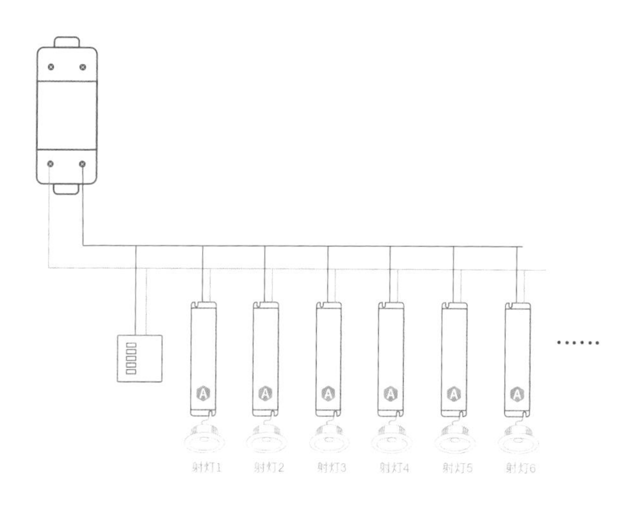

图 11.10　PLC 展柜照明系统布线示意（图片来源：永林电子）

11.5　博物馆、美术馆智能照明应用案例

11.5.1　台北故宫博物院南院

台北故宫博物院南院主建筑由中国台湾知名建筑师姚仁喜设计，博物馆分为东、西两翼，东侧“虚量体”外观为明亮的玻璃帷幕，是公共接待空间及穿透连接空间；西侧“实量体”外表密布金属圆盘，内部主要是展示空间及文物库房（图 11.11）。虚实两者分别象征书法艺术的“飞白”与“浓墨”笔意，象征着中华文化交织出源远流长的华夏文明。

图 11.11　台北故宫博物院南院（图片来源：永林电子）

此项目中，院方对照明控制系统提出要求：

① 临展空间可快速部署，依展品需求安装各种规格的轨道灯，布展人员可自行安装与调适。

② 楼控系统要能够结合整个照明系统，并统一控制。

③ 控制系统不会受其他电子产品和通信信号的干扰。

④ 控制系统可编辑场景，及通过远程操作来调整程序。

⑤ 控制系统须提供软件和可视化界面供用户使用。

另外，展柜对于智能照明控制的需求极高，由于主要展出的品类为宗教文物，因此院方及照明设计顾问提出调光的要求——院方出于保护文物免于光污染的考虑，而照明顾问则站在美感设计的角度，希望能透过低亮度的照明来体现佛像的庄严感。单一展品需各种角度的照射且需照度不同，调光刻度要足够细腻，调光深度要足够低，从而营造文物的立体感。此外，院方还要求使用定时及传感器控制器来控制照度累积时间，保护文物不受过多曝光。图 11.12 是实景照明效果，图 11.13 则体现了智能照明系统中织物展柜部分的设计。

图 11.12　实景展示效果（图片来源：永林电子）

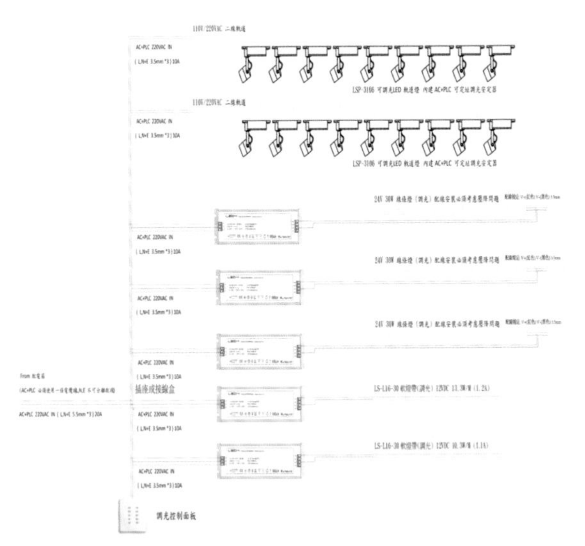

图 11.13　台北故宫博物院南院织品展柜智能照明（图片来源：永林电子）

11.5.2　台湾省高雄美术馆

台湾省高雄美术馆不像一般博物馆、美术馆那样，做完空间排列之后再来配灯打光，而是从一开始，其改造项目的建筑师便与照明设计师一起合作，将光作为打造空间的重要元素，希望观众透过光看到作品，而不是看到灯具。整个照明系统汰旧换新，重新部署照明中控系统，让整个美术馆的氛围及动线更符合多元化的展示主题，更加有弹性，也更能提升观赏者的体验。实景效果如图 11.14 所示。

图 11.14　实景展示效果（图片来源：永林电子）

此项目的亮点是一个用光重塑的犄角空间。一楼在两个展览厅中间夹着一条长廊，原本这里因缺乏自然光且狭长昏暗而不易运用，被戏称为“潮间带”。改造时设计师提出了“光间”的想法，创造一种日常又非日常的环境光空间，采用软膜天花板打亮整个空间，不会直接将光线投射聚焦在展品上，这样可以为民众提供更为生活化的观展体验，并且符合当代艺术多元又有弹性的展览空间的需求。在这个项目中，灯不再是只提供基本照明的配角，而是营造整体空间氛围的主角，甚至灯具本身就具有艺术性。实景效果如图 11.15 所示。

在展陈空间内，采用 PLC 智能驱动实现单灯单控，对每一个艺术品独立打光，调整最适合的亮度。

图 11.15　实景展示效果（图片来源：永林电子）

第十二章 会展建筑照明智能化设计及应用

12.1 会展建筑照明概述

会展建筑是人们进行物质交流和文化、学术等方面信息交流活动的场所。作为一种相对年轻的建筑类型，其概念系由博览建筑演进而来，通常包含会议、展览和相关附属建筑。

会展中心的特性可以概括为三点：功能复合性、文化地域性和地标性。由于会展业长足进步，对功能的需求越发明显。会展中心集展览、会议、商住为一体，同时又属文化范畴，在形态上颇为讲求文化性和地域特色，有时更被作为代表一个城市经济、文化的地标性建筑。广州琶洲会展中疏便是一个例子（图 12.1）

图 12.1 广州琶洲会展中心是我国早期的会展建筑代表作品（图片来源：汇图网）

展览馆作为会展中心的核心部分，按照展出的内容，分为综合性展览馆和专业性展览馆两类。专业性展览馆又可分为工业、农业、贸易、交通、科学技术、文化艺术等不同类型的展览馆。目前我国的重大标志性会展中心，例如深圳会展中心、广州琶洲国际会展中心、重庆国际会展中心、国家会展中心（上海）等，都是综合性场馆，展陈内容会随着展览主题而变化（图 12.2）。

图 12.2 展览部分是会展建筑的核心，内容多会随会展主题而改变（图片来源：汇图网）

会议中心是会展的重要组成部分。按照规模大小，会分成若干个不同大小和风格的会议室。有时候也会在展览厅临时搭建大型或者局部会议室。

商住、酒店有时是会展建筑的一部分，目前多数在会展中心周围布局。

12.1.1　会展建筑照明特点和趋势

综合性的会展建筑通常都是地标建筑，已成为城市的名片，具有先进性、国际性和象征性。正是在该背景下，展览中心的照明呈现出绿色节能、舒适可靠和智能灵活的特点和趋势。

综合性的会展建筑目前基本上都是超级建筑，灯具数量众多，甚至达到数十万盏。根据各空间的功能，合理选用 LED 灯具，配合不同的照明控制策略，可以大大降低场馆的能耗，比传统照明方式更加节约能源，甚至有的可以节能 50% 以上，如图 12.3。

作为公共建筑，会展建筑也代表着政府低碳环保和节能的理念。近年来各地新建的会展中心，照明基本上都是以 LED 照明为主体；既有的展览中心照明系统的 LED 改造也在进程中。绿色、低碳、环保的照明，不仅以 LED 作为节能照明的主体，同时还讲究与自然光的配合，保证适当的照度来节约能源。同时，还可以通过控制系统的分区、分场景配合来进一步节能。

图 12.3　2020 年新建成的国家会展中心（天津）全部采用 LED 照明，节能 50% 以上（图片来源：李文恒）

会展中心作为公共建筑，舒适可靠的照明和控制系统成为重要的特征。会展建筑以高大空间的展厅为主体，甚至灯具悬挂在十米高空间以上，照明设备的维护成本较高，高可靠性、高流明维持率成为 LED 照明时代的重要指标；尤其为了保证重大展陈事件和会议的形象，设备的可靠性至关重要。而作为室内空间，视觉的舒适性也非常重要，灯具眩光的控制、与自然光的配合、各区域间视觉的过渡等，都需要精心的设计和控制。控制系统在目前的大型项目中，还是以有线系统为主，照明控制系统通常也会采用环形回路、双份场景数据备份等一系列技术措施，保证系统的可靠运行。随着无线控制技术的稳定和成熟，相信我们也会看到新的应用。以人的行为、视觉功效、视觉生理心理研究为基础，开发更具有科学含量的，以人为本的高效、舒适、健康的智能化照明产品，将是照明产品和控制技术的发展方向。

智能化的要求不断出现在近年的项目里，不仅仅是总体的智能化管理和控制，展厅和会议室的场景变化也提出智能化要求，从而方便进行智能分区，提供照明维护数据和替换预警等，甚至会和整体的综合控制系统集成。而随着展览业线上线下的共融发展，大数据、云计算、物联网等技术的发展和使用，以及系统联动、统一管控、数据化管理已经成为必然趋势。如何利用照明设备开发出更加实用的应用场景，成为新的研究课题。比如利用照明来进行室内导航，以便参观人员更快地达到目标展位，或者利用照明来传递附近展位的演讲日程表和创新展品信息等（图 12.4）。

图 12.4　室内导航在室内空间的应用（图片来源：昕诺飞）

12.1.2 会展建筑照明空间组成及照明规范要求

会展建筑一般由大跨度展示空间、连通各个场馆的通道以及会议室、辅助用房等组成。

大跨度展览空间的照明，多选用大功率的天棚灯具或投光灯具来实现馆内的一般照明，以满足各展台的基本照明需求（图 12.5）。同时，由于有时展览空间会选取部分场地，所以在大场地内会采用分区照明控制的方式。另外，会展建筑主要在白天开展各项活动，所以应合理利用日光。采用人工光和自然光混合照明的方式，是优秀的会展建筑照明设计必须具备的。

图 12.5 会展中心多采用高天棚灯具或投光灯具的均匀布光，多为直接照明的形式（图片来源：上海亚明）

会议中心的照明可以参照宴会厅的照明和场景设置。这里不再赘述。

在通道等公共场合的低矮空间，一般选用面板灯、筒灯、防水支架等灯具进行室内照明（图 12.6）。

图 12.6 会展中心辅助通道等采用筒灯、面板灯、吸顶灯等普通照明灯具（图片来源：昕诺飞）

会展建筑相关的照明规范主要有《建筑照明设计标准》GB 50034，该标准根据不同功能，将会展建筑的空间分为：会议室、洽谈室、宴会厅、多功能厅、公共大厅、一般展厅及高档展厅。其中给出了展示展览馆的照明标准要求，包括照度、统一眩光值、照度均匀度、显色性等指标，也给出了节能相关的要求，即照明功率密度限值，同时还给出了智能照明控制系统相关的要求和建议。展示展览馆的照明标准值和照明功率密度限值见表 12.1。

表 12.1 展示展览馆照明标准值和照明功率密度限值

房间或场所	参考平面及其高度	照度标准值（lx）	统一眩光值 UGR	照度均匀度 U_0	显色指数 R_a	照明功率密度值（W/m²）	
						现行值	推荐值
会议室、洽谈室	0.75 m 水平面	300	19	0.60	80	≤ 8.0	≤ 6.5
宴会厅	0.75 m 水平面	300	22	0.60	80	≤ 12.0	≤ 9.5
多功能厅	0.75 m 水平面	300	22	0.60	80	≤ 12.0	≤ 9.5
公共大厅	地面	200	22	0.40	80	—	—
一般展厅	地面	200	22	0.60	80	≤ 8.0	≤ 6.0
高档展厅	地面	300	22	0.60	80	≤ 12.0	≤ 9.5

12.1.3　会展建筑照明常用的灯具类型和特点

展示展览馆照明常用的灯具，首先根据安装方式及位置的不同，分为固定式（壁装式、悬挂式）和嵌入式。其中悬挂式根据安装高度的不同，又分为低天棚、中天棚及高天棚灯具。壁装式、嵌入式安装主要适用于库房高度比较低，或者对照度要求比较高的特定区域。这种安装方式的优点就是节约能源，能以最少的照度达到最大的照明要求。悬挂式安装主要适用于高度非常高，或者要求照明范围比较广的场所。

12.2　会展建筑智能照明控制系统

12.2.1　会展建筑的智能照明控制策略

在大跨度的展示空间，随着科学技术的发展，结合照度传感器、红外传感器等传感设备与灯具控制设备进行联动，可以更好地实现人工照明随自然光的强弱和人流密集情况自动调整的功能，并可根据不同区域和场景设置不同的照明策略。具体可以参照《智能照明控制系统技术规程》T/CECS 612—2019 的要求，具体见表 12.2。

表 12.2　会展建筑智能照明控制系统功能和配置

房间或场所	基本			附加			扩展		
	功能需求	控制方式及策略	输入、输出设备	功能需求	控制方式及策略	输入、输出设备	功能需求	控制方式及策略	输入、输出设备
会议室、洽谈室	开关、变换场景	开关控制、分区或群组控制	开关控制器	调光	调光控制、天然采光控制、作业调整控制、存在感应控制	调光控制器（可包括调照度、调色温）光电传感器、存在感应传感器	与窗帘、空调末端、会议系统等设备联动	智能联动控制	窗帘、空调盘管控制器
宴会厅 多功能厅	开关、变换场景	开关控制、分区或群组控制	开关控制器	调光、艺术效果	调光控制、艺术效果控制	调光控制器（可包括调照度、调色温，调颜色）	与酒店管理系统联动、按特定人员行为有规律变化的娱乐性照明控制	智能联动控制	压力传感器等
公共大厅	开关、变换场景	开关控制、分区或群组控制、时间表控制	开关控制器、时钟控制器	调光	调光控制、天然采光控制	时钟控制器、调光控制器（可包括调照度、调色温）、光电传感器	与窗帘、空调末端等设备联动	智能联动控制	窗帘、空调盘管控制器
一般展厅 高档展厅	开关、变换场景	开关控制、分区或群组控制、时间表控制	开关控制器、时钟控制器	调光、艺术效果	调光控制、天然采光控制、艺术效果控制	时钟控制器、调光控制器（可包括调照度、调色温，调颜色）、光电传感器	与窗帘、空调末端等设备联动	智能联动控制	窗帘、空调盘管控制器

12.2.2 会展建筑照明各空间的常用场景模式

采用智能照明控制系统后，照明系统工作在全自动状态。系统将按预先设置切换若干基本工作状态，根据预先设定的时间，在各种工作状态之间自动转换，并可通过时钟控制器、开关控制器及传感器等进行联动控制。一般来讲，可按照定时模式运行，也可以手动临时切换场景。

场景设置方面，可将展厅按时间设置为“白天”“晚上”模式，按展厅的运行情况设置为“安保”“清洁”等不同场景。具体见表 12.3。

表 12.3　展厅常用的场景模式

应用空间	场景模式	描述
展厅	白天模式	开馆时，系统自动将灯打开，而且光照度会自动调节到人们视觉舒适的水平。在靠窗的区域，系统会智能地利用室外自然光（图 12.7）。当天气晴朗，室内灯会自动调暗；天气阴暗，室内灯会自动调亮，以始终保持室内设定的亮度
	晚上模式	闭馆时，系统将根据需要，自动缓慢调暗各区域的灯光。同时，系统的红外传感器功能将自动生效，让没有人的区域的灯光自动关掉；红外传感器能保证有员工加班的会展中心区域的灯光处于合适的亮度。系统还能使公共走道及楼梯间等公共区域的灯协调工作，当会展中心区有员工加班时，楼梯间、走道等公共区域的灯就保持基本亮度，只有当所有会展中心区的人走完后，才将灯调到“安保”状态或关掉
	安保模式	只开启引导性照明，满足安保人员夜间巡视的照明要求
	清洁模式	仅开启展厅内走道部分照明，并将光强调节到 40%，满足清扫工作的照明要求的情况下降低能耗

图 12.7 会展中心常用的照明控制策略应当充分考虑到天然采光的合理利用，如重庆国际展览中心（图片来源：袁逸群）

12.2.3 会展建筑照明智能控制常用产品

主要包括开关控制器、调光控制器、时钟控制器、电流反馈检测模块、光电传感器、红外传感器、场景开关、液晶触摸屏等不同的功能模块。

由于智能照明控制只是智慧建筑的一个功能分支，所以通常会将其纳入整个楼宇的 BA 控制系统，需要提供第三方接口。

12.3 会展建筑智能照明应用案例

12.3.1 国家会展中心（上海）超大展厅 LED 节能照明工程

国家会展中心（上海）总建筑面积超过 150 公顷，集展览、会议、活动、商业、办公、酒店等多种业态为一体，是目前世界上最大的会展综合体。主体建筑以伸展柔美的四叶幸运草为造型，采用轴线对称设计理念，设计中体现了诸多中国元素，是上海市的标志性建筑之一（图 12.8）。2020 年荣获国家绿色建筑运行三星标识认证，达成设计、运行三星双认证，成为国内首家大型会展类三星级绿色建筑，同时也是国内体量最大的绿色建筑。

图 12.8 国家会展中心（上海）主体建筑以伸展柔美的四叶幸运草为造型（图片来源：汇图网）

国家会展中心可展览面积近 60 公顷，包括近 50 公顷的室内展厅和 10 万公顷的室外展场。综合体共 17 个展厅，包括 15 个单位面积为 3 公顷的大展厅，和 2 个单位面积为 1 公顷的多功能展厅，货车均可直达。全方位满足大中小型展会对展馆的使用需求。

国家会展中心单层无柱展厅 3 号馆，拥有无与伦比的展示空间，净高 32 m。1 号馆、2 号馆以及 4 至 8 号馆为双层大展厅，其中一层大展厅净高 12 m，二层大展厅净高 17 m。为各类搭建和使用提供无限可能。

主展厅 A 区、B 区采用吊装式 280 W 高光效 LED 高天棚灯具，共 950 套，平均照度达到 300 lx（图 12.9）。其他展厅区域、辅楼、办公楼及商业中心，共选用 LED 节能灯具 9 万余套，照明效果完全符合国家标准要求。

图 12.9 国家会展中心 3 号厅具有 32 m 的层高，采用吊装式 280 W 高光效 LED 高天棚灯具（图片来源：上海亚明）

此外，国家会展中心还拥有丰富的会议场地和先进的会议组织体系，从几十人的小型聚会到大型国际会议，均能轻松应对。其中，90 ~ 400 m^2 的小型会议室 40 个，400 ~ 600 m^2 的中型会议室 7 个。室内软件功能完善，硬件设施齐备，会议环境舒适。

智能照明控制系统的特点是，整个照明系统使用了智能集群控制技术，光感调光控制技术，配合整灯采用高光效节能 LED 灯具设计，相较于传统灯具照明方案，综合节能效果达到 50% 以上。

展会期间，主要采用恒照度控制，即通过光照度传感器，连续地测得相应区域内的照度值，将该值与系统的预先设定值进行比较，调整相应的回路灯具，使它不断向设定值进行修正、靠拢，最终使目标光照达到设定值。

布展期间，所需要的照度则可以分区控制，并从 300 lx 调到 100 lx，从而进一步节能。

国家会展中心展厅采用不同的控制模式后，每盏灯的实际能耗约为计划功耗的一半。具体见表 12.4。

表 12.4 国家会展中心展厅不同控制模式的要求

模式	入场模式	展会模式	退场模式	功耗示意图
时间	7 ~ 9 时	9 ~ 17 时	17 ~ 18 时	
照度（lx）	300	100	300	
功率（W）	250	83.33	250	
点灯时间（h）	2	8	1	
用电量（W·h）	500	666.6	250	
平均功率（W）	128.78			

12.3.2 深圳国际会展中心

深圳国际会展中心是深圳空港新城“两中心一馆”的三大主体建筑之一，是集展览、会议、活动（赛事、演艺等）、餐饮、购物、办公、服务等于一体的超大型公共建筑（图 12.10）。项目一期总建筑面积达 160 公顷，室内展览面积为 40 公顷，整体建成后，室内展览总面积将达到 50 公顷。项目一期建成后，将成为净展示面积仅次于德国汉诺威展览中心的全球第二大、国内第一大会展中心；整体建成后，将成为全球第一大会展中心。

图 12.10 深圳会展中心是深圳最大的单体建筑，也是深圳 CBD 的地标（图片来源：汇图网）

该建筑的设计特点是展厅采用了“鱼骨式”布局（图 12.11）。展览设施包括 19 个室内展厅和 1 个室外展场，其中室内展厅为 16 个标准展厅、1 个超大展厅和 2 个多功能展厅，室外展场为南广场。

图 12.11 深圳会展中心采用了“鱼骨式”布局（图片来源：汇图网）

深圳会展中心采用了全有线的智能照明控制系统。该项目室内室外智能照明控制系统总回路数量超过 2 万条，控制灯具数量超过 20 万个。

项目的总控室设置在南登陆大厅首层控制中心，采用了以展厅为单位，将各子网络进行分区控制。在每一个分区内，可以独立进行分区、日光感应和场景控制。每一个展厅的智能照明控制系统操作界面设置在展厅工作人员值班室。

就室内展厅和辅房部分而言，该项目采用了 5 个子网络进行分区控制。在每一个分区内，可以独立进行分区、日光感应和场景控制。

其中室内展厅区域全部采用DALI调光方式。DALI技术的最大特点是单个灯具具有独立地址，可通过DALI系统对单灯或灯组进行精确的调光控制。DALI系统软件可对同一强电回路或不同回路上的单个或多个灯具进行独立寻址，从而实现单独控制和任意分组。因此，DALI调光系统为照明控制带来极大的灵活性，用户可根据需求，随心所欲地设计调节相应的照明方案（图12.12）。这种调节在安装结束后的运行过程中仍可使用，无须对线路做任何改动。DALI系统是专为满足当今调光照明技术需要而设计的理想、简化的数字化通信系统。

为保证有效运行，系统采用了环形的双总线结构（图12.13）。这样，即使一侧有线路脱断，信号也可以从另一侧传输，并同时预警，以查修故障，从而保证系统的稳定和可靠的运作。后勤区域全部采用电流检测模块，工作人员可以通过后台监控软件，检测每个照明回路的运行状态，如某个回路有坏灯情况，后台会立即发出警报，并发出通知，提醒工作人员及时排查。

图12.12　会展中心可采用日光感应、分区、场景控制等多种照明控制策略（图片来源：昕诺飞）

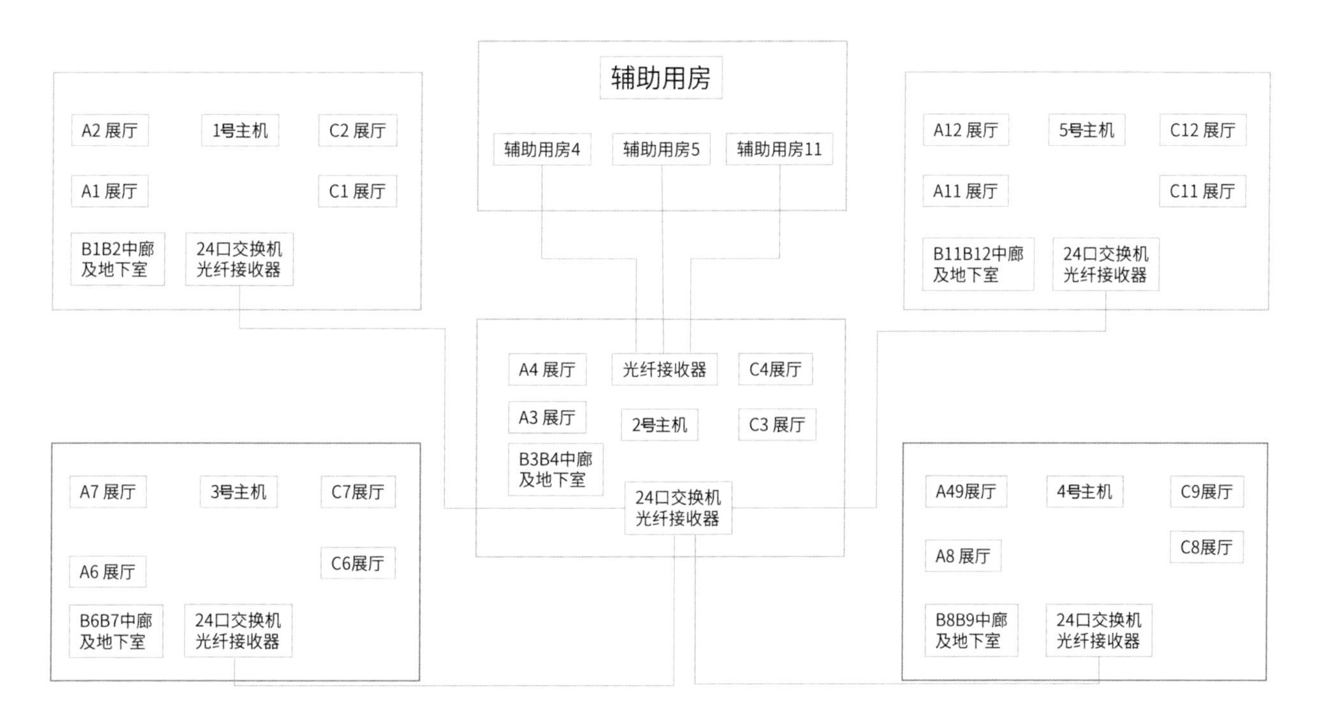

图12.13　深圳会展中心的控制系统采用了环形双总线结构，确保了系统的可靠运行（图片来源：昕诺飞）

第十三章 观演建筑照明智能化设计及应用

观演建筑作为一种专业性较强的建筑形式，综合反映了所属社会时期的政治，经济，文化和科技等诸多方面的发展水平。在城市的文化背景下，观演建筑的设计是对城市历史的传承和思考，对城市特色的挖掘和体现，对城市活力的表现和反映。

通常的观演建筑，分为两大类：一类是剧院，包括剧场及音乐厅等典型的国家、城市、县城和单位的文化代表建筑；另外一类则是常见的电影院。本章所介绍的观演建筑以剧场和音乐厅为主。

13.1 观演建筑照明概述

剧场和音乐厅建筑是一座城市或地区的文化艺术和科学技术的标志和象征，对当地的文化建设起重要的作用。

剧场的建筑等级根据观演技术要求，可分为特等、甲等、乙等三个等级。各个等级应保证最低限度的技术要求，便于设计和验收时区别对待。其中特等剧场是指代表国家的一些文娱建筑，如国家剧院、国家文化中心等，一般可不受国家和行业规范限制，其质量标准可根据具体要求而定，但不应低于甲等剧场。图 13.1 中的国家大剧院便是特等剧场。甲等剧场主要指代表省、自治区、直辖市的一些文娱建筑，乙等剧场则主要指代表市、县的一些文娱建筑。

图 13.1 北京国家大剧院属于特等剧场建筑，设计规格较高（图片来源：VERI LITE 公司和 Strand 公司）

当代的剧场和音乐厅照明设计，除了基础性、功能性的照明，也强调文化氛围的定位和创造。优秀的照明设计会烘托室内设计的风格和主题，配合照明控制，带来不同的心理和文化体验，从而彰显城市的文化品位。

随着现代照明和智能控制技术的发展，剧场和音乐厅的照明也呈现出绿色化、智能化和体验式的发展趋势。LED 技术的飞速发展，激光照明、全息技术的采用，智能照明控制技术的不断升级，灯光、舞美和剧情的融合交汇，都给观众带来了全新的沉浸式体验。

剧场和音乐厅多地处闹市区，人员出入频繁，流动量大。这里要强调的是，作为公共建筑，用电负荷等级的确定以及应急消防照明是其重要组成部分，以保证建筑功能的正常实施和安全性。不同等级的剧场建筑的用电负荷、应急照明要求略有不同。

13.1.1 观演建筑照明和照明控制的特点和趋势

剧场和音乐厅在建筑设计上通常分为舞台、观众厅、前厅和休息厅、后台，其设计核心通常围绕舞台和观众厅进行。

剧场和音乐厅的空间通常非常高大，根据剧种，层高设计在 15 ~ 30 m 不等。

舞台是各演出团体呈现故事、音乐和表演，给观众以全新体验的平台。不同的演出团体，对于同样的故事和题材的解读诠释可能会有差别。如何通过智能照明系统，让舞台发挥更大的艺术作用，是现代舞台照明面临的挑战。比如通过营造适宜的光环境和舞台效果，更加深刻地诠释导演的概念和意念，从而刻画主题，创造出所需的意境，并且雕刻舞台表演者的细节，让演出发挥出风格，打造良好品牌。沈阳艺术中心剧场便采用了多种专业灯光布置（图 13.2）。

舞台灯光的调光回路应根据剧场类型和舞台大小配置。由于回路众多，通常采用舞台灯专用控制台来进行操控。

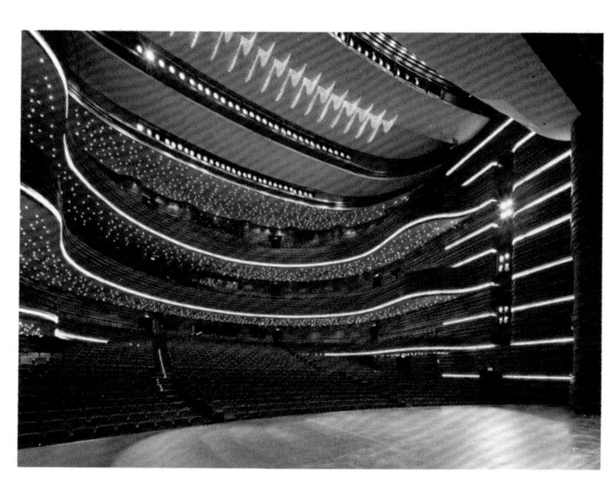

图 13.2 沈阳艺术中心剧场舞台照明，采用了面光、耳光、柱光、侧光、脚光和流动光等多种专业灯光布置（图片来源：上海华建设计）

观众厅的照明并不只是提供功能性照明，更需要和室内设计风格相融合，突出室内设计的主题和特色。观众厅内通常采用智能照明控制系统，根据剧场的不同需求，设置不同的场景模式。近年来的作品中，我们不断地看到烘托观众厅建筑细节特色的灯光表现和演绎，诠释着建筑的历史和文化定位，如图 13.3 便是一例。

图 13.3 波士顿交响乐演出大厅建造于 1900 年，是世界最知名的完美音效的交响乐大厅。这里采用了线性 LED 单色线性洗墙灯，让墙壁四周 18.9 m 高处的 16 尊希腊雕塑沐浴在光线中，新技术的运用与历史传承相衔接（图片来源：昕诺飞）

影剧院的大厅是宾客进入影剧院的必经之路，为宾客带来光临影剧院的第一感觉，因此这里的照明非常重要，单调的灯光效果已经远远不能满足需要。为了提升形象，影剧院往往要求通过照明环境体现其高档品位，同时保证宾客无论什么时候进入，都能感觉到由灯光效果带来的舒适环境。对于现在的建筑物特别是这种消费型的场所而言，静止的人工照明越来越不能满足要求，因此需要采用照明控制设备，让室内的光能随着时间不断变化，恰到好处地将自然光与室内照明结合起来。

特等剧场和甲等剧场的舞台照明用电一般划入一级负荷，使用双电源或者增加备用电源供电，以免在对外开放、进行大型演出时，出现断电情况，带来不良后果。而灯控室、调光柜室等主要设备用房应设置不低于正常照明照度 50% 的应急备用照明，并作为正常照明的一部分同时使用。观众席应满足观众疏散应急照明的要求。

13.1.2 观演建筑照明规范要求

剧院和音乐厅建筑照明的要求，可以参照《建筑照明设计标准》GB 50034 中给出的标准来进行设计，见表 13.1。

表 13.1 观演建筑照明标准

房间或场所		参考平面及其高度	照度标准植（lx）	统一眩光值 *UGR*	照度均匀度 U_0	显色指数 R_a
门厅		地面	200	22	0.40	80
观众厅	影院	0.75 m 水平面	100	22	0.40	80
	剧场、音乐厅	0.75 m 水平面	150	22	0.40	80
观众休息厅	影院	地面	150	22	0.40	80
	剧场、音乐厅	地面	200	22	0.40	80
排演厅		地面	300	22	0.60	80
化妆室	一般活动区	0.75 m 水平面	150	22	0.60	80
	化妆台	1.1 m 高处垂直面	500*	—	—	90

注：* 指混合照明照度。

门厅和休息厅有时会合并，并设置售票处、商品零售部、衣物寄存处、误场等候区等，需要基本照度在 200 lx 以上，显色性大于 80，室内统一眩光指数小于 22，从而保证一定程度的视觉舒适性。图 13.4 便是一例。

图 13.4 扬州运河大剧院门厅处的照明（图片来源：同济大学建筑设计研究院有限公司）

观众厅的照度要求不高，大于 150 lx 即可。如何创造拥有丰富灯光文化层次特色的室内环境，是照明设计的难点，需要照明设计师和室内设计师密切配合（图 13.5 至图 13.7）。

图 13.5 九棵树（上海）未来艺术中心观众厅的照明设计，以丰富的灯光层次彰显室内空间的内涵（图片来源：珠海雷特）

图 13.6 扬州运河大剧院观众厅的照明设计（图片来源：同济大学建筑设计研究院有限公司）

图 13.7　宛平剧院观众厅内照明的不同模式（图片来源：同济大学建筑设计研究院有限公司）

对于后台，尤其是排演厅，可以采用舞台灯光和一般照明相结合的方式（图 13.8）。

化妆室的照明要求比较高，通常要求采用显色指数高于 90 的照明产品。

图 13.8　休斯顿 Kinder 高中表演与视觉艺术中心训练厅（图片来源：VERI LITE 公司和 Strand 公司）

舞台照明属于特殊照明，没有进入建筑照明标准的范畴。由于灯光效果对人的观感起着重要作用，因此它会直接影响到表演效果。舞台照明贵在突出视觉、写实、审美和表达这四大要素，可分为一般照明、重点照明和装饰照明。一般照明，指顶光和伸出式舞台作为部分顶光的吊点灯环，以及葡萄架上、天桥上的照明；重点照明，指面光、耳光、柱光、侧光、脚光、流动光和伸出式舞台的低角度面光、内（外）侧光、转台流动光以及乐池内设置的供接乐谱灯的低压插座等；装饰照明，指天排光、地排光，以及舞台上使用的激光灯、追光灯、流动音乐喷泉以及各式电脑灯。在实际项目中，通常会请专业的舞台照明设计顾问来进行策划。

剧场后台演出用房除了化妆室、排练厅，还有抢妆室、服装室、乐队休息室、乐器调音室、盥洗室、浴室、厕所等，部分剧场宜设置候场室、小道具室、指挥休息室、演职员演出办公用房等。对于剧场的辅助设施，可以参考《剧场建筑设计规范》JGJ 57—2016，里面对每个空间都给出了详细的标准参考。

需要注意的是，在实际的照明实践中，为了保证老年人的视觉水平，有些空间的照明往往会提升一个档次的照度设计标准值。

13.1.3　观演建筑照明常用的灯具类型和特点

观众厅部分的照明灯具，一般照明和重点照明通常会根据不同的层高，选用不同功率的 LED 深嵌式防眩筒灯。例如，一层空间内通常采用 20 W 左右的深嵌式筒灯，高空间则选用 40 ~ 50 W 的深嵌式筒灯；氛围照明部分，可以配合 LED 点光源和线条灯来营造不同的氛围；建筑轮廓照明有时会利用 LED 软带，进行室内线条轮廓的建筑勾画；装饰照明通常需要和室内设计风格融为一体，比如悬吊的花灯，因为有时会定制。

舞台灯具主要分为摇头灯、投影灯和染色灯等。摇头灯可以 360° 旋转和定位，投影灯主要用于投射图案和花纹，染色灯主要用于舞台的色彩渲染。而随着技术的发展，更多的功能（比如摇头、投影和染色等）开始集中在单一灯具上，这样可以减小空间的体积占用，降低初始投资和维护成本，这也对操控软件提出了更高的要求。

近年来，国内 LED 演艺灯具发展迅猛，应用也日渐广泛。在国家大剧院、国家博物馆等文化场馆，以及奥运会、上海世博会举办的大型演艺活动中，都有 LED 演艺灯具的投入使用。

电脑灯技术正处于数字化、网络化时代，其安全性、稳定性、扩展性及使用方便性的需求也日益提高，便携式、多功能、智能化、信息管理的集成已成为用户的追求和首选。在演播室内或演出场所，可以把所有的灯光操作控制设备，通过网络工作站与受控设备连接在一起。

激光照明近年来是舞台照明的新进角色。激光的光束精准性更强，但是以往的激光照明，由于其光束对眼睛的安全性存在困扰，因此只能做些短时的背景辐射效果，对灯光的投射和散射角度也有很强的应用限制。2018 年国际灯光和音响展出会上，意大利 ClayParky 公司推出了其获奖作品，新款的激光摇头灯，角度可以精确到 1° ~ 7°（附加角度调整后可精确到 0.5°），体积更小（图 13.9）。

图 13.9 新型激光摇头灯 Xtylos，角度可以精确到 1° ~ 7°（图片来源：Clayparky）

13.2 观演建筑智能照明控制系统

13.2.1 观演建筑的智能照明控制策略

剧场和音乐厅建筑的智能照明控制，通常将舞台和观众厅、辅房等区域的功能分开操作管理，最近一些新的案例也会将它们融入统一的智能照明管理平台或者 BA 智能楼宇控制系统中。

采用智能灯光控制系统，主要具有以下优点：

① 方便管理，提高管理水平，减少维护费用。采用智能照明控制系统不仅能使影剧院的管理者将其高素质的管理意识运用到照明控制系统中去，而且还会大大减少影剧院的运行维护费用，带来极大的投资回报。

② 渲染效果。影剧院照明，尤其是舞台照明，回路众多，采用智能照明控制系统，可以瞬间提供适当的光氛围，提升如临其境的感受。

③ 可观的节能效果。影剧院除了给客人提供舒适的环境外，节约能源和降低运行费用是业主们关心的又一个重要问题。智能照明控制系统能够通过合理的管理，根据不同日期、不同时间，按照各个功能区域的运行情况预先进行光照度的设置。在不需要照明的时候，保证将灯关掉，从而大大降低影剧院的能耗。

④ 可与其他系统联动控制。智能照明系统可与其他系统联动控制，例如 BA 系统、多媒体系统、监控报警系统等。当发生紧急情况时，可由报警系统强制打开应急回路。

对于舞台照明部分，通常采用场景控制策略。舞台通道和回路数量众多，例如中型剧场会多达 600 个回路，这是个十分复杂的系统，通常会根据演出的内容和剧情，提前编制好各预存的场景，并组成一系列的顺序调用单元。在实际演出时，从总控平台上调出预存的单元，按顺序播放不同的灯光场景即可。由于演员常常会有即兴演出，这就要求专业的灯光控制师在现场进行一些细微的调整，比如加速、减慢，或加入特效等。

《智能照明控制系统技术规程》T/CECS 612—2019 中，对于剧场和音乐厅建筑智能照明控制系统的设计给出了说明，具体要求见表 13.2。

表 13.2　观演建筑智能照明控制系统功能和配置

房间或场所	基本			附加			扩展		
	功能需求	控制方式及策略	输入、输出设备	功能需求	控制方式及策略	输入、输出设备	功能需求	控制方式及策略	输入、输出设备
影院观众厅	开关、变换场景	开关控制、分区或群组控制、时间表控制	开关控制器、时钟控制器	—	—	—	与空调末端等设备联动	智能联动控制	空调盘管控制器
剧场、音乐厅观众厅 排演厅	开关、变换场景	开关控制、分区或群组控制	开关控制器	调光、艺术效果	调光控制、艺术效果控制、顺序控制	调光控制器（可包括调照度、调色温，调颜色）	与空调末端等设备联动	智能联动控制	空调盘管控制器
化妆室	开关	开关控制	开关控制器	调光	调光控制、作业调整控制	调光控制器（可包括调照度、调色温）	与空调末端等设备联动	智能联动控制	空调盘管控制器
观众休息厅	开关、变换场景	开关控制、分区或群组控制、时间表控制	开关控制器、时钟控制器	调光	调光控制、天然采光控制	时钟控制器、调光控制器（可包括调照度、调色温）、光电传感器	与窗帘、空调末端等设备联动、按特定人员行为有规律变化的娱乐性照明控制	智能联动控制、灯光互动控制	窗帘、空调盘管控制器、压力传感器等

13.2.2　观演建筑照明各空间的常用场景模式

由于舞台照明的控制场景与演出的内容相配合，因此无法给出固定模式。这里主要介绍的是观众厅和辅助设施的常用场景模式。

1. 售票厅、休息厅、入口处、通道区域与电梯厅区域场景模式。

常用预设模式：公共空间采用定时控制，可根据客流峰期，通过墙面安装的场景面板或系统自动控制灯光开启、关闭。如白天模式、夜晚模式。

2. 观众厅的照明场景模式。

① 入场模式：观众席筒灯 100% 亮度，观众席顶装饰灯带 100% 亮度，立面装饰灯带 60% 亮度，地面座位牌指示灯 100% 亮度，地面引导灯带 100% 亮度。

② 演出前模式：观众席筒灯关闭，观众席顶装饰灯带关闭，立面装饰灯带部分亮度，地面座位牌指示灯部分亮度，地面引导灯带部分亮度。

③ 演出模式：观众席筒灯关闭，观众席顶装饰灯带关闭，立面装饰灯带关闭，地面座位牌指示灯关闭，地面引导灯带关闭。

④ 中场休息模式：观众席筒灯部分亮度，观众席顶装饰灯带部分亮度，立面装饰灯带部分亮度，地面座位牌指示灯部分亮度，地面引导灯带部分亮度。

⑤ 清扫模式：观众席筒灯 100% 亮度，观众席顶装饰灯带 100% 亮度，立面装饰灯带关闭，地面座位牌指示灯关闭，地面引导灯带关闭。

在演出开始前，提前 5 ~ 10 分钟会降低光线；演出时，音乐厅的场景控制和剧场又有些不同：音乐厅在演出开始后不会全关，会保留部分氛围照明或建筑照明。

13.2.3 观演建筑智能照明控制常用产品

舞台灯光的控制，由于回路和通道众多，场景复杂，通常会采用专业的控制平台和相应软件。硬件系统由调光台、网络节点、PC 机和集线器组成。调光台为整个系统的中心，也是操作界面。作为灯光系统的指挥中心，灯光控制系统的可靠与否，直接影响到应用场合的灯光效果。要确保灯光控制万无一失，除了选用技术成熟、性能稳定可靠的调光产品之外，科学合理地设计备份控制系统也至为重要。实际项目中，通常会放置两台系统，一台主控，一台备份，可在操作软件里自定义（图 13.10）。在整个网络中，PC 机的角色非常重要，主要用于加载灯光管理软件。

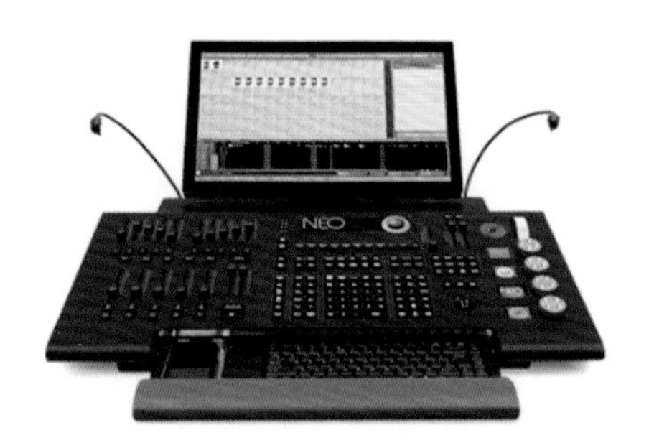

图 13.10 舞台灯光的控制台和配套软件，主要针对舞台光效设计师打造，有的可扩展至控制 LED 灯具，无缝对接传统舞台灯光和建筑环境照明（图片来源：VERI LITE 公司和 Strand 公司）

观众厅的照明控制可以并入舞台控制台中，但通常会选用独立的建筑化智能照明控制系统，进行独立控制，在需要时可并入总控平台或者 BA 管理系统。通常会采用可控硅、0/1 ~ 10 V 信号调光、DMX、DALI、PLC 和无线等控制协议。出于成本控制考虑，目前使用 0/1 ~ 10 V 信号调光比较多，而高端影剧院通常选用 DALI 控制协议，可控制到单灯，并可收集返回信号，为今后智慧管理的拓展留出了空间。最近几年，无线控制技术开始出现越来越多的应用，相信未来会有更进一步的发展。

常规的智能照明控制系统，应由控制管理设备、输入设备、输出设备和通信网络构成。控制管理设备应包括中央控制管理设备，还可包括中间控制管理设备和现场控制管理设备。

13.3 观演建筑智能照明应用案例

13.3.1 美国林肯艺术表演中心爱丽丝 · 塔利演出厅

位于纽约的美国林肯艺术表演中心爱丽丝 · 塔利（Alice Tully）演出厅，面积广大，拥有 1100 个坐席，但为了适应时代的发展，演出厅进行了改造。改造项目包含了入口大厅、公共空间和表演中心的扩建，旨在从视觉和声学上创造更加亲近的氛围。

改建后的爱丽丝 · 塔利演出厅拥有世界一流的声学系统，而其最绝妙的设计则是在视觉上的：设计团队在舞台和观众席之间加建了一道山榄木弧形墙，墙面丰富的色调和复杂的纹理，为演出厅增添了温暖而又亲切的气氛（图 13.11）。

图 13.11　光线在山榄木弧形墙上的色调变化，显得温暖而又亲切（图片来源：昕诺飞）

技术上的关键点，在于山榄木要足够薄，可以透光，这样就可以巧妙地在墙面背后，布置高端的窄角度的LED洗墙灯具来进行背光照明。主光色挑选了红橙色，自然过渡的光色均匀地散发出和谐的光晕。

此项目的特色在于，建筑照明和室内空间一体化，可通过灯光场景与观众“对话”（图 13.12）。比如，伴随着舞台演出的内容，通常在开场前会调暗该墙面的灯光，以“告知”观众，演出即将开始了。

图 13.12　通过灯光场景的互动和观众沟通(图片来源:昕诺飞)

13.3.2　台湾省高雄卫武营艺术文化中心

卫武营艺术文化中心（以下简称“卫武营”）座落于台湾省高雄市凤山区，基地面积 9.9 公顷，建筑物占地面积 3.3 公顷。卫武营包含四个室内表演厅，即歌剧院（2260 席）、音乐厅（2000 席）、戏剧院（1200 席）、表演厅（470 席），此外，还有一座露天剧场，以及户外广场、餐馆、文化艺品店、多功能厅、屋顶景观台及停车场等公共设施（图 13.13）。

图 13.13　卫武营艺术文化中心（图片来源：永林电子）

该项目灯具组成复杂，由吸顶筒灯、灯带、聚光灯、散光灯、光束灯、天幕灯、电脑灯等各种灯具构成，回路众多。如图 13.14 所示。

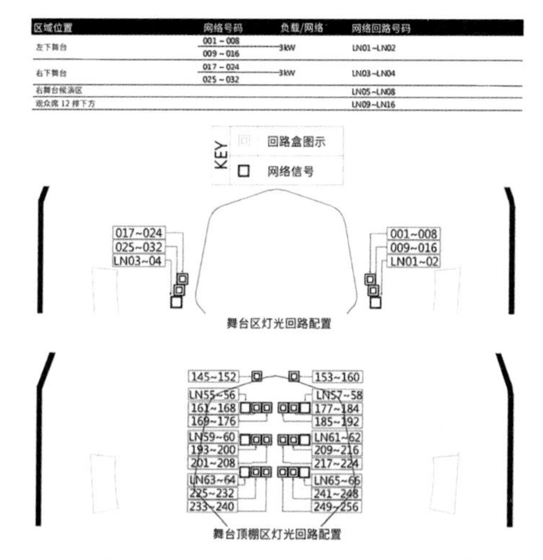

区域位置	网络号码	负载/网络	网络回路号码
左下舞台	001～008 009～016	3kW	LN01～LN02
右下舞台	017～024 025～032	3kW	LN03～LN04
右舞台候演区			LN05～LN08
观众席 12 排下方			LN09～LN16

图 13.14　灯光回路平面图（图片来源：永林电子）

项目采用的控制设备由调光器、面板、调光台、DMX 解码器、多协议转换模块及相关的网络传输构成，主要采用 DMX512、TCP/IP 网络传输协议（图 13.15）。

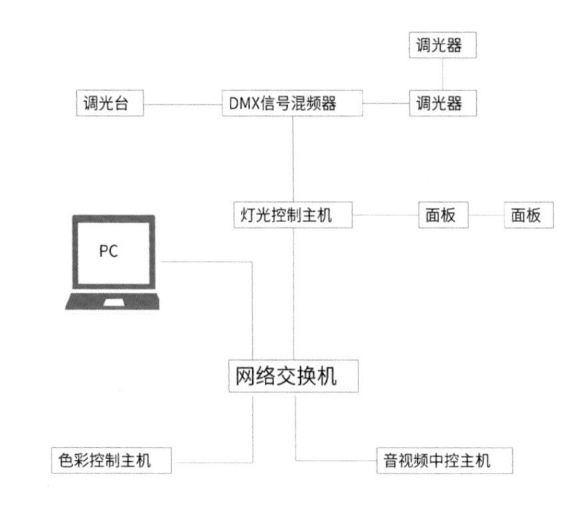

图 13.15　系统框架（图片来源：永林电子）

影剧院内采用了智能照明系统，主要具有如下特点：

① 消除灯具噪声。大部分调光器是采用相位控制模式来进行调光的，虽然也能达到调光的效果，但当控制组件如 SCR 导通时，瞬间大电流会造成 LED 调光驱动产生高频噪声，并对周遭电子设备产生干扰，这些问题难以有效消除，会使舞台演出留有瑕疵。因此卫武营的歌剧院、音乐厅、戏剧院以及表演厅采用正弦波调光器。正弦波调光器可输出纯净的正弦波，不但可以保护灯具、增加使用寿命，还能让灯具只发光而不出声，提升演出效果。实景效果如图 13.16。

图 13.16　卫武营艺术文化中心的室内效果（图片来源：永林电子）

② 优化调光器对音响设备的谐波干扰。普通可控硅调光器在调光时，因为斩波原理，会使交流电的正弦波发生畸变，造成线路出现电噪声，影响音响系统（比如发出电流声）。正弦波调光器能够消除电磁杂音、电气杂音，更因功率因数达 99% 以上，可以提高调光器的电能利用率（图 13.17）。

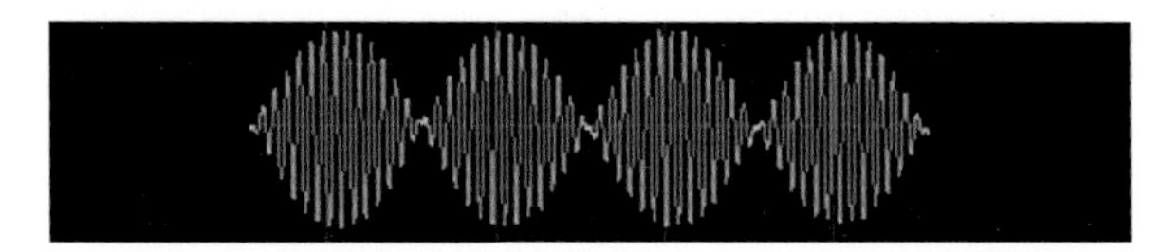

图 13.17　卫武营的智能照明系统采用了正弦波调光器的波形（图片来源：永林电子）

③ 多样化的控制方式。影剧院内部区域分为观众席和舞台两部分，当进行演出时，又是一个整体空间。因此在控制功能上要求就地控制、场景控制、区域控制，并且要求所有的灯光效果，都可以通过调光台由专业灯光师来集中控制，以方便不同节目类型能够灵活方便地改变灯光效果。

13.3.3　九棵树（上海）未来艺术中心

全球首座“森林剧院”——九棵树（上海）未来艺术中心于 2019 年 9 月正式开幕。该艺术中心位于上海市奉贤区，是“南上海艺术名片”的标志性工程，也是沪郊第一座全国 A 级剧场（图 13.18）。

图 13.18　九棵树（上海）未来艺术中心鸟瞰（图片来源：珠海雷特）

整个艺术中心总用地面积 12 公顷，分为 1200 座主剧场、500 座多功能剧场、300 座主题剧场，以及水剧场、森林剧场两个户外剧场，贯通室内外。同时，艺术馆在靠近森林的一面墙采用全玻璃材质，用照明做点睛之笔，塑造别具一格的艺术气质。

白天，阳光可以透过玻璃投射出不同的光影效果，让剧院享受到充足的自然光照，既节能，又可以营造特殊的光影氛围（图 13.19）；夜晚，玻璃幕墙可以透出室内灯光，让一切显得熠熠生辉（图 13.20）。

图 13.19　白天的九棵树（上海）未来艺术中心（图片来源：珠海雷特）

图 13.20　晚上的九棵树（上海）未来艺术中心（图片来源：珠海雷特）

在公共区域，艺术中心运用了大量灯带与射灯，创造出空间的层次感和艺术情调。缕缕微光透过精心设计的灯光节点，把空间有秩序地扫亮，既充满时尚质感，又颇富艺术趣味（图 13.21）。

图 13.21　公共区域室内效果（图片来源：珠海雷特）

而在剧院内，艺术中心根据具体需求，对剧场内的灯光亮度进行了调节。灯光悄然变化，为大家展现出最优的森林剧场光环境体验（图 13.22）。

图 13.22　剧院室内效果（图片来源：珠海雷特）

九棵树（上海）未来艺术中心选择了技术领先的 0 ~ 10 V 智能驱动电源，完美呈现照明效果。其主要特点是：独创的 T-PWM 超深度数字调光技术，可实现 0.01% ~ 100% 深度调光，细腻地改变灯光变化，让人感觉不到光的亮度正在调整改变。并且达到 IEEE 1789 频闪测试标准，无论是观众通过手机拍摄，还是电视节目的专业录制，都不会产生波纹现象，让拍摄效果更完美。

13.3.4　沈阳文化艺术中心

沈阳是座名城，如果把浑河比作一条古香古色的腰带，那么坐落在浑河岸边的文化艺术中心就好比腰带上的宝石，是整个城市形象的点睛之笔。这块镶嵌在自然草坪上的水晶，将成为联系浑河两岸及沿河带状景观的亮点（图 13.23）。

沈阳文化艺术中心总建筑面积约 8.5 公顷，外形酷似一颗钻石。该项目包括主体建筑面积 6.7 公顷，大平台下建筑面积 1.8 公顷。主体建筑地下一层、地上七层，建筑总高 60 m。主体建筑主要由 1800 坐席的综合剧场、1200 坐席的音乐厅和 500 坐席的多功能厅三部分组成。此外，还包括了 3000 多平方米的地下车库，30 000 多平方米的附属用房。在这里可以举办舞剧、话剧、歌剧、芭蕾、音乐会、时装表演、综合晚会等众多艺术演出。

图 13.23　沈阳文化艺术中心夜景效果（图片来源：上海华建设计）

该项目功能复杂，多维流线复合，基地面积受限；同时立体叠加的结构设计富有挑战，空间丰富，且非常规体型需要三维找形设计。因此，这些因素让照明效果的把控提高了难度。图 13.24 展示了其剖面和主功能分布。

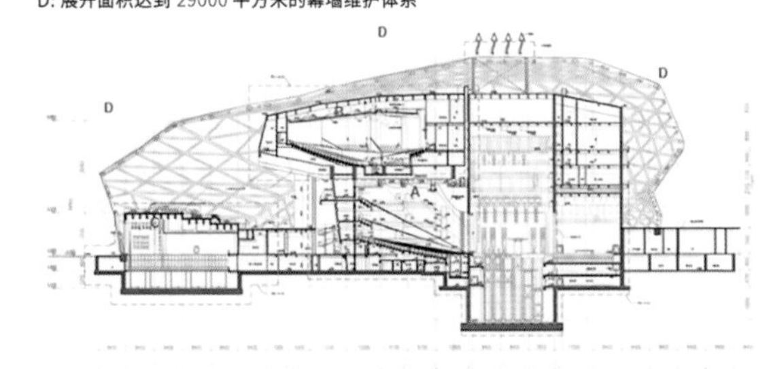

图 13.24　沈阳文化艺术中心的剖面和主功能分布（图片来源：上海华建设计）

入口大厅的灯光非常巧妙地借用了自然光，以点状射灯结合建筑结构提供一般照明，定制的灯光圆环提高了室内入口空间的装饰性，增加舒适的氛围（图 13.25）。

图 13.25　入口大厅的灯光效果（图片来源：上海华建设计）

对于大剧院的设计，其概念来源于太阳鸟——它的造型取材于 7200 年前的一件精美木雕，是沈阳祖先的图腾，它将中华文明提前了两千多年，在世界上享有盛誉。而照明设计紧紧围绕着室内设计的主题，以点、线、面相结合的手法充分体现其设计元素。顶部淡蓝色的灯光是点睛之笔，增加了空间的愉悦感（图 13.26）。

音乐厅像是在大厅中生长出来的富有生命韵律的空间体，墙体内外两侧在体型和材质上统一处理，顶部折线式的造型界面配合灯光设计，使视觉变得丰富，营造出优雅的气氛。由于舞台处于音乐厅的中间，主体灯光采用框架悬挑结构进行安装，多方位满足照明效果和立体感的呈现，可辅助建筑轮廓照明来表现室内空间的丰富性（图 13.27）。

图 13.26　沈阳文化艺术中心大剧院内灯光效果（图片来源：上海华建设计）

图 13.27　音乐厅的室内灯光效果（图片来源：上海华建设计）

大台阶下的多功能厅，是一个可以通过空间布局改变而供小型演出、实验性剧目演出、室内乐演奏以及举办会议和宴会等活动的场所，是剧院、音乐厅的有机补充。观众厅的升降地面，在演出时呈阶梯式布局，活动时座椅收回，整个空间成一平面（图 13.28）。由于功能众多，所以灯光设计对功能的充分考虑和功能场景的灵活选择，成为非常重要的设计原则。

图 13.28　多功能厅的室内灯光效果（图片来源：上海华建设计）

第十四章 交通建筑照明智能化设计及应用

14.1 交通建筑照明概述

随着 2019 年 9 月国务院《交通强国建设纲要》的发布，高铁（铁路）、航空客运、地铁的不断增长，高铁站、火车站、机场、地铁站这些交通建筑已成为融合商场、酒店、商务和物流等行业的核心枢纽，也成为拉动“双循环”经济的枢纽节点。

作为公共交通建筑枢纽，高铁站、火车站、机场这些建筑的应用功能多样复杂，属于一类综合建筑，其中照明和照明控制系统成为各技术系统的重要组成之一。交通建筑照明属于公共照明系统，种类多样，不仅包括工作区域的一般照明，同时还包括丰富的装饰、广告、标识照明和应急疏散照明，夜间还需营造空间美观的照明效果。图 14.1 中的上海浦东机场 T1 航站楼就是一例。

图 14.1　上海浦东机场 T1 航站楼，是我国航站楼设计的里程碑。半间接的大空间照明，表现海洋的寓意，以及海派文化的包容（图片来源：昕诺飞）

当前，国内外对智慧交通建筑的建设都非常重视，特别是很多新建或新改造的交通建筑，都不同程度地应用了许多照明和照明控制系统新科技，对便于旅客出行，增强安防措施，提升服务水平，创新管理效益等方面都起到了很好的推进作用。尽管在 2020 年新冠疫情的冲击下，我国交通建筑受到相当程度的冲击，但是随着疫情逐渐得到控制，交通建筑的发展逐渐恢复。随着国家对交通建设及投资力度的不断加大，中国正迎来一轮智慧交通建筑信息化升级的高峰。智慧交通建筑的建设与实施，可以极大地提升机场的运营和管理效率，为交通建筑的照明和照明控制系统带来了全新的运营和发展机遇。

14.1.1 交通建筑照明的特点和趋势

交通建筑以高铁站（火车站）和机场候机楼为代表，都是具有高大空间的典型场所。总体来说，交通建筑有四个方面的特点：

① 高铁站（火车站）和机场都是高大的单体交通建筑或建筑群，是所在城市的地标。照明设计要与其室内设计以及建筑环境完美结合起来，通过合理的灯光布局，表现其建筑和室内设计的特点，通过照明设计亮度对比、颜色对比等，展示大空间建筑结构的特征美，体现这个城市的特色。

大空间照明主要采用三种方式：直接照明、间接照明，以及直接照明和间接照明相结合的综合照明手法。直接照明光效高、整体功率密度低，更容易达到绿色建筑的要求；间接照明灯具则用来提升天花的亮度、彰显建筑的高大和通透性。近几年的新交通建筑里，我们可以看到多种手法的融合。对于高大空间的照明设计，通常会有直接照明或间接照明方式。根据机场、高铁站建筑的特点，超大型空间的组成和结构各不相同，需要精心的照明计算模拟，以保证效果的可实施性（图 14.2）。

图 14.2　保罗 · 安德鲁设计的上海浦东机场 T1 航站楼，寓意展翅的海鸥，成为上海的城市名片（图片来源：昕诺飞）

② 绿色节能。同普通建筑照明系统相比，交通建筑灯具数量众多，具有更高标准的设计管控和绿色节能要求，建设和运营单位需要考虑节能减排。采用 LED 灯具，可以节约 50% 以上的能源；采用智能照明控制系统，和自然光配合，可以进一步节能；采用电流反馈信号等，还可以进行故障灯具的保修处理，提高维护效率。

③ 舒适安全。通过照明设计为旅客营造独特的温暖、柔和的大空间视觉感受，对环境留下深刻的印象，做到以人为本，真正满足人对照明的需求。通过照明设计满足高大建筑光照度、眩光、照度均匀度、色温等基本要求，创造均匀、轻快、明亮、连续的空间亮度，满足旅客对高流量交通建筑安全方面的心理要求。

④ 强调引导性。交通建筑的人流量比较大，照明一定要起到引导性作用，利用光线的亮度、颜色变化，来区分不同的空间，使旅客能够快速识别标识系统，指明方向，引导人流，这会极大地提升交通建筑的运作效率。通过选择高效节能的灯具，合理布置灯具的安装位置，采用照明控制系统，在不同的时间段，采用不同的照明方式，并且充分利用自然光，节约资源（图 14.3）。因此做好智能照明控制系统的节能管理与规划设计尤为重要。

图 14.3　合理的交通建筑照明的分区和设计变化，会帮助引导旅客（图片来源：昕诺飞）

在当前的交通建筑的发展中，全球化还是地域化一直是交通建筑争论的议题。当前的现代交通建筑，我们看到的是建筑和室内设计概念的地域化和功能的全球化接轨。绿色化、人性化、艺术化和智慧化是未来交通建筑照明的发展趋势。

① 绿色化。绿色化不仅仅在于 LED 等节能灯具的使用，也在于合理采用智能照明控制系统和控制策略，可以进一步提高节能效果。

② 人性化的照明。在以人为本的指导思想下，如何让旅客在交通建筑内更加便捷、舒适是当前的重要议题。从方式方法来说，日光、照明控制的结合与应用，人因照明与控制系统的结合与应用，甚至利用特殊照明来缓解国际长途旅行的时差影响，都是今后发展的重要方向。

③ 艺术化的照明。交通建筑是城市的名片，如何让旅客在长途奔波后，对于刚抵达的城市有着更为清晰的关于季节、时间和天气的感受，是艺术化照明所应达到的效果。随着室内色彩照明、装饰照明甚至互动照明的适当引入，艺术化照明进行了诸多卓有成效的实践。图 14.4 便是一例。

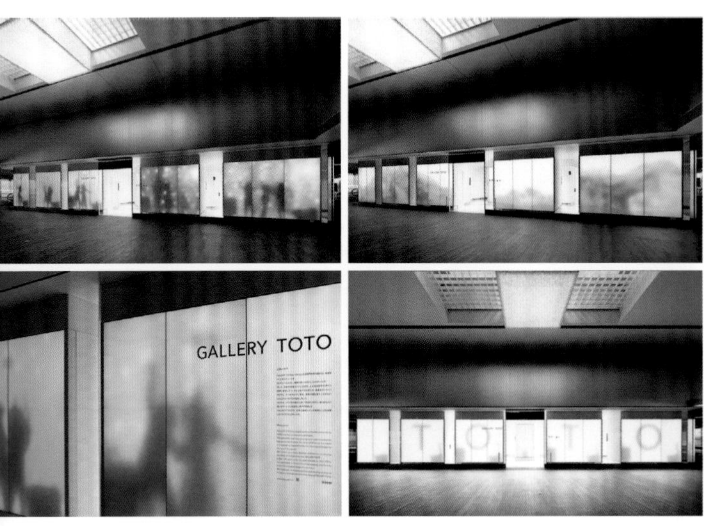

图 14.4 日本成田机场走廊的 TOTO 展厅外，采用 LED 霓裳屏体现现代人一天的生活，表现当代的文化特征（图片来源：昕诺飞）

④ 智慧化照明。智慧交通建筑照明系统平台采用智能物联网架构，将大数据、云计算、人工智能、机器学习、远程运维等技术应用到智慧机场照明系统管理的实践中。这些技术的引入，全面提升了能源的利用效率和智能化水平，构建智慧机场照明系统的数据采集、边缘计算，以及反向控制、数据分析、策略优化、策略下发和能源预测等功能。通过节能策略的执行和控制，大数据挖掘建模，专家团队远程分析指导，实现了能源控制、管理、运维一体化平台。

14.1.2　交通建筑空间组成及照明规范要求

交通建筑的相关照明设计要求，必须符合国家标准即《建筑照明设计标准》，其中规定了照度、统一眩光值、照度均匀度、显色性的标准，具体见表 14.1。

表 14.1　交通建筑照明标准值

房间或场所		参考平面及其高度	照度标准值（lx）	统一眩光值 UGR	照度均匀度 U_0	显色指数 R_a
售票台		台面	500	—	—	80
问讯处		0.75 m 水平面	200	—	0.60	80
候车（机、船）室	普通	地面	150	22	0.40	80
	高档	地面	200	22	0.60	80
贵宾室休息室		0.75 m 水平面	300	22	0.60	80
中央大厅、售票大厅		地面	200	22	0.40	80
海关、护照检查		工作面	500	—	0.70	80
安全检查		地面	300	—	0.60	80
换票、行李托运		0.75 m 水平面	300	19	0.60	80
行李认领、到达大厅、出发大厅		地面	200	22	0.40	80
通道、连接区、扶梯、换乘厅		地面	150	—	0.40	80
有棚站台		地面	75	—	0.60	60
无棚站台		地面	50	—	0.40	20
走廊、楼梯、平台、流动区域	普通	地面	75	25	0.40	60
	高档	地面	150	25	0.60	80
地铁站厅	普通	地面	100	25	0.60	60
	高档	地面	200	22	0.60	80
地铁进出站门厅	普通	地面	150	25	0.60	60
	高档	地面	200	22	0.60	80

交通建筑照明系统设计应本着先进、成熟、节能、寿命长的技术特点，并配合建筑总体规划，达到舒适、美观的使用效果。照明方式分为一般照明、分区一般照明、局部照明、混合照明。当一般照明不能兼顾时，应在检票口、售票口、验证处、业务办理窗口等位置设置局部照明。照明种类分为正常照明、应急照明、值班照明、障碍照明。

对于其空间分布，按照功能不同，通常可分为售票台、问询处、候车（机、船）室、中央大厅、售票大厅、海关、护照检查、安全检查、行李托运、到达大厅、出发大厅、通道、连接区、扶梯、换乘厅、走廊、楼梯、平台、流动区域、贵宾室休息室等。停机坪等也会统一纳入管理范畴（图 14.5）。

图 14.5　室外场地照明，例如停机坪的照明，目前多采用大功率 LED 照明，通常也被纳入统一的照明控制管理系统（图片来源：昕诺飞）

城市轨道交通车站的出入口、双层地面站及高架车站昼间站台到站厅楼梯处，由于室内外照度值差异较大，需设置过渡照明，宜优先利用自然光过渡；当自然光过渡不能满足要求时，需增加人工照明过渡。白天车站出入口内外亮度变化、双层地面站及高架车站昼间站台到站厅的内外亮度变化，宜按 1 ：10 到 1 ：15 取值；夜间出入口内外亮度变化，宜按 2 ：1 到 4 ：1 取值；列车由隧道到月台的出入口内外亮度变化，宜按 1 ：15 到 1 ：20 取值。

应急照明在交通建筑中至关重要，应当符合相关规定。这里不再赘述。

14.1.3　交通建筑照明常用的灯具类型和特点

交通建筑中常用的灯具首先根据安装方式及位置的不同，可分为固定式（壁装式、吸顶式、悬挂式）和嵌入式两大类。

在通道和大厅等公共场合等低空间，多选用嵌入式的格栅灯、面板灯等灯具；在大跨度的高空间，则多选用大功率的投光灯、天棚灯、筒灯。

最近几年的交通建筑，尤其是地铁建筑，把照明灯具设计、布置方式与建筑设计的结构图密切结合，融为一体，做出多种布置和艺术处理，不仅满足了空间的使用功能，而且具有装饰的效果。通过这种照明灯具的艺术化处理，使地铁站与站之间有了明显的区别，做到了不读站名标牌就能知道是某站的效果。如图 14.6 所示三例便比较典型。

图 14.6　（a）上海地铁 15 号线上海南站；（b）上海地铁 15 号线吴中路站；（c）上海地铁 15 号线长风公园站

面对复杂电磁环境，灯具研发设计的难点与创新，可以归纳为以下几点：

① 抗电磁干扰性：设计 LED 灯具和智能控制系统，要能够抵抗机场强大的电磁干扰。

② 反干扰性：对灯具与控制系统产生的电磁进行评估与验证，确保其不能对机场航路信号通信造成干扰，从而保证飞行安全。

③ 耐候性：防水、散热、耐腐蚀，确保灯具在复杂的气候环境下依旧稳定可靠。

14.2 交通建筑智能照明控制系统

14.2.1 交通建筑智能照明控制策略

交通建筑整体照明体系数量众多，消耗电力能源总量庞大，因此宜规划照明控制系统，合理布局主系统和分站点设置。配设相关的服务器，后台中央监控可视化软件。在现场，分别在各个操作间安装多个功能控制面板，方便机场工程维护人员随时对该区域的灯光进行手动控制。在满足照明场景效果的同时，根据需要开、关、调控照明，进一步节能，并对整体照明回路实现全面监控、管理和维护。

使用智能照明控制系统，能成功抑制电网的冲击电压和浪涌电压，使灯具不会因为电压过大而损坏，从而延长灯具寿命。智能照明控制系统采用了软启动和软关断技术，避免了电网电压瞬间增加，也保护了整个交通建筑的电网系统。

交通建筑照明控制系统应符合《建筑照明设计标准》中关于节能和照明配电及控制要求，还可以参考中国工程建筑标准化协会制订的标准《智能照明控制系统技术规程》。具体见表 14.2。

表 14.2 交通建筑智能照明控制系统

<table>
<tr><th>房间或场所</th><th>功能需求</th><th>控制方式及策略</th><th>控制设备</th><th>通信方式和协议</th><th>传感器选型</th><th>传感器布置</th><th>集中或就地</th></tr>
<tr><td>售票台、问询处</td><td>开关</td><td>可预知时间表控制</td><td>开关控制器、时间控制器</td><td rowspan="6">RF
（ZigBee）
PLC
PoE
DALI
KNX
BACnet
bq-bus
Dynet
C-Bus
ORBIT
QS-LINK</td><td>—</td><td>—</td><td>集中或就地</td></tr>
<tr><td>候车（机、船）室、中央大厅、售票大厅、海关、护照检查、安全检查、行李托运、到达大厅、出发大厅</td><td>开关、调光</td><td>可预知时间表控制、天然采光控制</td><td>开关控制器、调光控制器、时间控制器</td><td>光电传感器</td><td>受控区域：天花板、墙面、窗口</td><td>集中或就地</td></tr>
<tr><td>通道、连接区、扶梯、换乘厅、走廊、楼梯、平台、流动区域</td><td>开关、调光</td><td>可预知时间表控制、天然采光控制</td><td>开关控制器、调光控制器、时间控制器</td><td>光电传感器</td><td>受控区域：天花板、墙面、窗口</td><td>集中或就地</td></tr>
<tr><td>贵宾室休息室</td><td>开关、调光、变换场景</td><td>可预知时间表控制、不可预知时间表控制、天然采光控制</td><td>开关控制器、调光控制器</td><td>光电传感器、存在感应传感器</td><td>受控区域：天花板、墙面、窗口</td><td>集中或就地</td></tr>
<tr><td>站台、地铁站厅</td><td>开关</td><td>可预知时间表控制</td><td>开关控制器、时间控制器</td><td>—</td><td>—</td><td>集中或就地</td></tr>
<tr><td>地铁进出站门厅</td><td>开关</td><td>可预知时间表控制天然采光控制</td><td>开关控制器、时间控制器</td><td>光电传感器</td><td>受控区域：天花板、墙面</td><td>集中或就地</td></tr>
</table>

高铁站（火车站）的照明系统设计还可以参考《铁路客站站房照明设计细则》（铁道部工程设计鉴定中心编制），其中规定了大型及以上车站站房应采用智能照明控制系统，并符合以下要求：

① 系统各单元应模块化、标准化，安装固定方式与主回路设备相协调，并利于扩展。

② 兼容性高，可提供多种接口，能与车站机电设备监控系统（BAS）和火灾报警系统（FAS）无缝互联。

③ 可接受 FAS 系统指令，强令启动应急照明。

④ 宜采用总线式网络拓扑，系统布线简单，且易于实施和维护。

⑤ 可由用户设定、修改控制区域、参数和模式，十分方便。

⑥ 发生网络故障时，现场控制器应可保持原状态。

⑦ 当网络发生故障或检修时，开关控制模块可以现场手动操作。

互动策略是近年来在公共交通建筑中看到的亮点，局部的巧妙应用可以与乘客产生光影的沟通，提升站台、展厅的文化层级。

交通建筑的智能照明控制系统还可以与其他系统联动，特别是通过比如航班、车、船信息，自动调整开关区域照明的时间，提高整体智能化水平。图14.7便是一例。

14.2.2　交通建筑智能照明各空间的常用场景模式

智能照明环境灯光管理系统，需要将核心建筑室内和室外照明纳入同一系统，并且要同时考虑中央控制中心及各分控中心对照明系统的控制，确保相应的状态反馈不受长距离影响。

配置设计合理的照明控制系统，结合不同的照明策略，对大面积的公共区域照明回路进行拆分，按 100%、70%、50%、30% 等几档细分控制单元。拆分后的照明回路按照最小控制单元接入智能照明控制系统继电器或调光控制器，对每条照明回路可进行手动或自动的单个控制，并可通过群组功能，将需要一起控制的单个回路捆绑成群组，进行灵活组合和整体控制。

将售票厅、候车厅、出发大厅、到达大厅、站台、停车场、室外照明等区域的照明回路接入智能照明系统，根据这些大型空间的不同功能、不同运行时段的要求，设定不同的应用场景，能够有效地在满足功能场景照明的同时，降低能耗，提升交通建筑智能化监控、维护和管理水平。具体见表 14.3。

图 14.7　英国桑德兰地铁站，是一个铁路和地铁两用车站。墙体高 3 m，长 144 m，采用了定制的玻璃砖；在玻璃砖墙内部，采用了大约 1 万个白色 LED 点阵来塑造内透墙，并加装了定制的通过互动感应的控制设施，将站台上等待地铁的人流影像，以剪影的效果投射在墙面上，与站台上等待地铁的人们一起等待地铁的到来，再随地铁一起出发到下一个站点。通过改造，这个老旧的站台重新焕发了生机，并成为经典的光影艺术作品（图片来源：昕诺飞）

表 14.3　交通建筑通常的场景设置

应用空间	场景模式	描述	图示
售票厅	时间表模式	白天时间自动开启的灯光，随着太阳光线强度的变化，把时间段分为3部分开启，高峰期人流量开启 100% 的灯光，中期人流量的时候开启 70% 的灯光，午夜人流量少的时间段则灯光自动调节到 50%。工作人员也可以通过控制主机手动调节单一回路的灯光亮度，在主控器上将会数字显示出当前的灯光调节百分比。场景控制面板安装在综合值班室和综合控制室，避免不必要的人员接触，减少不必要的误操作	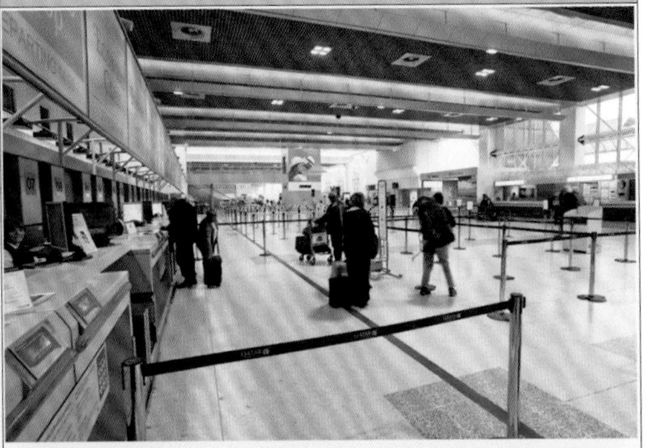 售票厅的场景控制面板通常位于值班室内（图片来源：昕诺飞）
候车厅、出发大厅、到达大厅	平时场景	功能灯光全部开启，并附加日光感应控制器，以充分利用自然光，在白天做到无需人工照明	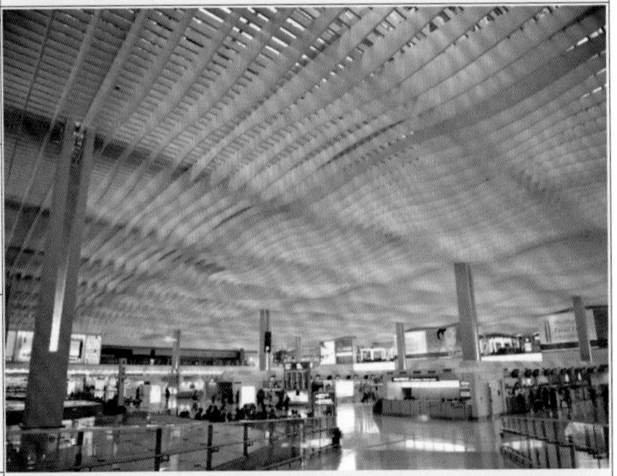 香港机场的出发、到达大厅都选用了 LED 照明和照明控制系统（图片来源：昕诺飞）
	低峰场景	功能灯光开启至 50%。可以通过灯具的智能调光来进行，也可以进行回路的智能开关设计，降低初始投资	
	节日场景	增加节日灯光的开启。可以根据季节设置场景，实现自动开启或关闭回路，并且工作人员可以随时灵活更改。或者按不同的节日或重大活动主题进行改变	
	清扫场景	维持基本的功能照明，30% 左右即可，主要用于清扫和设备的维护	
站台（火车站，地铁站等）	等候列车	功能灯光开启约 70%（根据实际项目需求进行调整）	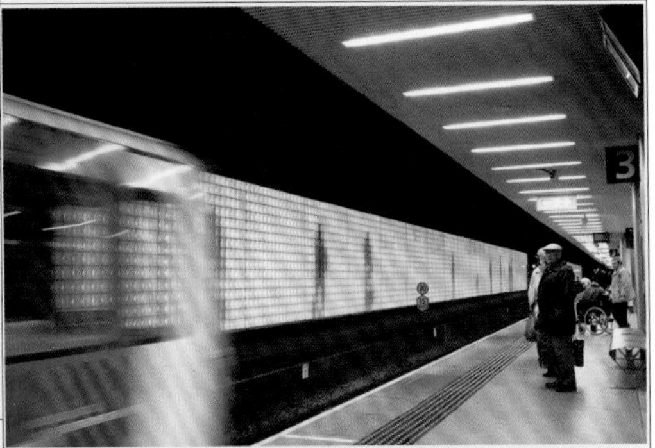 站台照明可以通过照明控制系统与列车的时刻表相联动，在列车即将进入时发出警示照明信号（图片来源：昕诺飞）
	列车到达	功能灯光全部开启，甚至可以与列车时刻系统联动，开启预警的灯光信号，报警一段时间后，自动关闭。这样可以很好地保证乘客们的安全，也体现出了智能化照明的特点	
	清扫和维护	功能照明开启约 30%（根据实际项目需求进行调整）	

续表 14.3

应用空间	场景模式	描述	图注
停车场	平时照明	约开启一般照明的 50%（根据实际项目需求进行调整）	当停、取车时，感应器会自动全面开启灯光（图片来源：昕诺飞）
	停、取车照明	多采用红外、微波感应器等，当有人或车靠近时，开启至 100%	
	清扫照明	约开启 30%（根据实际项目需求进行调整）	
室外照明	时间表控制、天文时钟控制、手动控制	例如，18 点开启车站整个道路、景观照明的灯具；23 点关闭部分道路、景观照明的灯具；0 点以后只留下必要的照明。具体时间可根据一年四季昼夜长短的变化和节假日自动进行调整，还可以根据现场情况通过控制面板控制	巴库机场是最早采用外立面 LED 照明和智能照明控制系统的机场之一（图片来源：昕诺飞）

14.2.3　交通建筑照明智能控制常用产品

交通建筑照明的智能化一般由照明控制系统来完成，常用控制设备有：

① 输出单元类 各种功能模块，比如调光、开关模块。

② 输入单元类：智能面板，各类传感器设备。

③ 平台管理类：后台监控软件，云平台控制中心，移动端控制平台。

④ 系统辅助设备类：系统电源，各类对接接口网关模块等。

14.3 交通建筑智能照明应用案例

14.3.1 荷兰阿姆斯特丹史基浦机场

阿姆斯特丹史基浦机场（Amsterdam Schiphol Airport），又名阿姆斯特丹国际机场，位于阿姆斯特丹西南方的市郊，距离市中心约 15.1 km，是荷兰首都阿姆斯特丹的主机场，也是荷兰主要的进出门户，欧洲第五大最繁忙的机场。

作为世界领先的机场之一，史基浦机场一直以低碳环保的领先概念在机场运营中独树一帜，提升机场运营相关的整体生活品质，推动当地可持续发展目标的实现（图 14.8）。

图 14.8 史基浦机场是全球最重视可持续发展的机场之一，史基浦集团高度重视节约使用能源和寻找可持续性发展运营的方法（图片来源：昕诺飞）

被认为能够体现集团形象的史基浦机场 2 号航站楼位于史基浦机场的中心地带，在经过较大的扩张升级之后，可以为旅客提供任何想要的服务。2 号航站楼通道和候机厅的灯在满足史基浦机场照明要求和视觉要求之外，被特殊设计成了简易快速修理更换的结构。史基浦机场需要打造 7 个不同的环境，但是同时又需要将它们在旅客眼中完美结合成一个整体。为了实现这一设计要求，在天花板上使用这些特殊设计的灯具，是最经济合适的一个方案。此外，设计者将这些灯具的位置调整为向着窗户的方向，从而引导顾客透过窗户望向停机坪和他们的下一个目的地，并通过系统进行功能分区和控制（图 14.9）。

图 14.9 史基浦机场的灯具位置调整为向着窗户的方向，从而引导顾客透过窗户望向停机坪，保持和室外的沟通（图片来源：昕诺飞）

史基浦集团的执行副总裁安德烈说：“当我们打算重新装潢 2 号航站楼时，我们发现了未来可持续发展的巨大契机。”史基浦集团与昕诺飞合作，建立了一项创新性的照明企业服务模式：用现付制度来取代所谓的“拥有”，从购买灯具转换成购买照明服务，这也刺激了照明供应商创新制造高质量的新型灯具和系统，它们往往拥有以下性能：模块化，易保养维修，可进行系统照明控制，可持续发展。当合约结束之后，客户可以自由选择延长合约对现有灯具升级或者选择更新的灯具和系统，而旧的灯具和系统将会被退回照明供应商来重新使用或者进行回收利用。

该项目主要采用 on/off 和 DALI 控制灯具及照明控制系统。在每一个功能区，开关类灯具都通过时间表来控制：在繁忙时开启，非使用状态时关闭或部分开启。这是可以节约初始投资的照明解决方案。

这些灯具和系统都会进行精心的安装，并且调试出最有效的灯光表现。由于采用了不一样的生意模式，史基浦机场无需做任何前期投资，只需要支付每月包含电费和维护成本的服务费，而无需其他任何费用（图 14.10）。史基浦机场对此非常满意：“我们创造出了我们所有人为之自豪的航站楼，但是我们最优秀的照明解决方案却可能鲜为人知。”

图 14.10　史基浦机场采用了新的照明合作模式（图片来源：昕诺飞）

14.3.2　上海浦东国际机场

浦东国际机场定位于国际大型航空枢纽港。

在一期航站楼建成后，又进行了二期建设，其中二期航站楼建设是整个二期工程中最重要的建设项目。二期航站楼位于一期航站区的东侧，基本上以中间的机场轨道交通车站来对称布置，形态与一期航站楼基本类似，总建筑面积近 50 公顷。机场航站楼作为当代功能复杂、应用广泛的建筑，其照明也成为建筑中一个重要的组成部分。机场航站楼建筑照明是集建筑美化、人体工程和航空安全于一身的综合体，它不同于普通民用建筑照明，而是有着更高的要求。其对于提升整个机场的形象有着重要意义，并受到了极大关注。

航站楼大空间建筑是指航站楼中空间和面积都特别大的公共场所。大空间建筑在日新月异的机场建筑中扮演着越来越重要的角色，有时它的设计及实施的难度会很大。而作为大空间建筑中一个重要组成部分——大空间照明，其设计与实施的优劣又将直接影响整个建筑的效果。

旅客对机场室内环境的第一眼印象可能来自照明。浦东国际机场内部，弧型天花上的白色树叶型遮阳膜在舒适、柔和的灯光照耀下，与自然的木色底色形成鲜明的色彩、亮度对比，加强旅客对机场特征的印象，标识系统在天花反射光形成的均匀空间亮度环境下非常明显。旅客等候办票时，办票岛明亮柔和的灯光，以及精致的灯具本身，将给旅客带来一个安静的心境（图 14.11）。

图 14.11　T2 航站楼采用间接照明，体现建筑设计的空间曲线与结构细节（图片来源：昕诺飞）

间接照明的设计使空间亮度非常均匀，在空间和人的尺度上特意创造一些亮点，可以降低此照明方式带来的沉闷感，活泼整个空间的气氛；同时利用人的趋光性，在流程上通过高亮度和色温变化引导人流（图 14.12）。

图 14.12　浦东机场的 T2 航站楼，通过间接照明提升天花视觉高度，彰显建筑设计细节，需要通过精心的专业照明计算模拟，同时满足功能照明需求（图片来源：昕诺飞）

T1 航站楼，一直在进行升级和改造，在其最近的改造工程中，增加了照明控制系统的升级（图 14.13）。

该项目要求不仅打造独立的照明控制系统，还要求其能够被纳入 KNX 系统架构，与 BA 系统组成统一的智能管理系统（图 14.14）。

图 14.13　T1 航站楼卫星厅部分采用了智能照明控制系统，进行场景和感应控制（图片来源：昕诺飞）

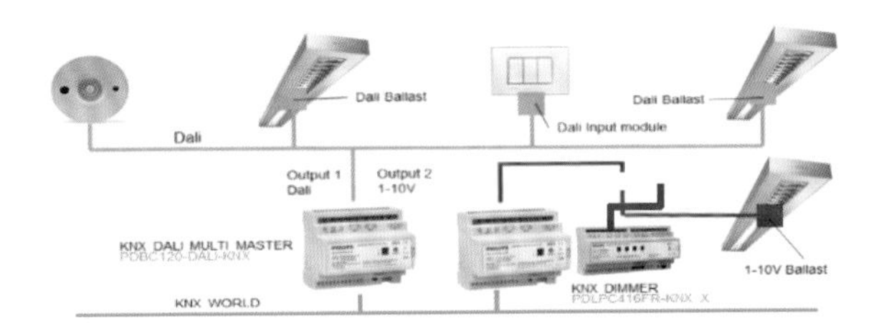

图 14.14　照明控制系统示意图，照明控制系统被纳入整个 BA 系统（图片来源：昕诺飞）

14.3.3　贵州贵阳北站

贵州贵阳北站是中国 19 个主要综合铁路枢纽的贵阳铁路枢纽的主客运站之一，也是贵州省高铁路网的“心脏”（图 14.15）。它由中国铁路成都局集团有限公司管辖，是集铁路、地铁、公交等多种交通方式于一体的综合交通枢纽，也是西南地区主要的客运集散中心，共引入贵广、长昆、渝贵、成贵、贵开城际等五条线路。

图 14.15　具有浓郁民族特色的贵阳北站（图片来源：袁逸群）

贵阳北站属于特级车站，总建筑面积 25.5 公顷；车站设 15 个站台，28 个站台面。贵阳北站由站房、站台雨棚、高架车道、地下空间、站前广场等组成，主站房由下至上依次为出站层（地下）、地面、高架候车层、商业夹层。地下设计有 4 层建筑结构，依次是交通换乘层、社会停车层、地铁站厅层、地铁站台层。

贵阳北站系统工程是市政工程建设的一个重要内容，不但要在使用功能上体现其系统的先进性，同时还要适应现代智能楼宇科技发展的潮流，符合新时代交通枢纽管理中心职能的各项需求。在照明控制方面，也要实现全面智能化，以便于管理及营造不同的工作氛围，模拟不同事件场景，突出集中控制、分布管理的治理原则，并且在满足功能的情况下必须达到节能的目的。

采用智能照明控制系统将给业主和物业管理部门节约 40% 的能耗支出，同时提高了楼宇管理的自动化程度，而且该系统在楼宇自动化系统中是必不可少的系统之一。该系统可自动调节人所需要的照度（图 14.16），从而提供最佳的照度环境，并且对站内各种照明设施进行有效管理，使效率最大化，且节约能源，降低物品的消耗，又节约人力，另外还可提高楼宇智能化程度（图 14.17）。

图 14.16　贵阳北站的照度设计

系统设置了中央控制室，用功能强大的控制软件通过电脑可监控每个区域的照明灯具的工作状态，其控制效果可同时反馈在电脑的画面中。

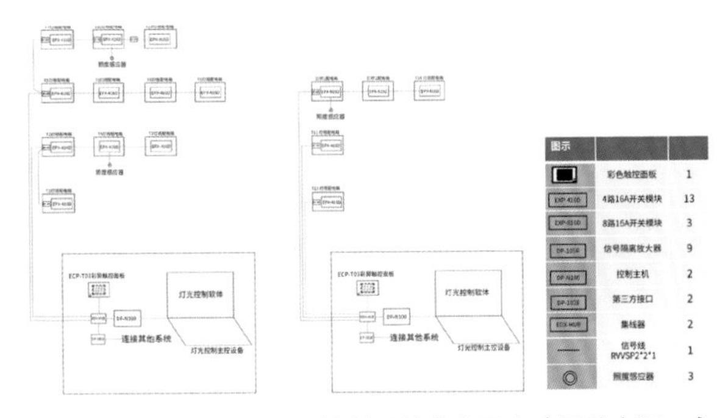

图 14.17　贵阳北站的照明控制系统分布示意（图片来源：永林电子）

14.3.4　深圳地铁

深圳地铁 2 号线是一条全线采用 LED 照明的地铁线路，使用了约 25 500 多套 LED 照明产品，全部采用专利 LED 反射式面光源灯具，光线柔和舒适。同时配用了一套智能控制系统，通过 KNX+DALI 系统进行灯具分区、调光控制，运营按时段及模式分为高峰、平峰、停运、清扫及 BAS 系统联动模式等；智能化亮度调节与双操作模式，维持恒定照度值，满足节能目的，打造合理舒适的理想采光效果。在车辆进站时，对站厅站台的乘客上下区域提高亮度，车辆离站后，恢复正常照度设定值（图 14.18）。

图 14.18　深圳地铁 2 号线（图片来源：上海三思）

智能照明控制系统方案的系统结构，主要有位于车控室的中控机和对应的控制网关，位于车站照明配电室的开关模块、DALI 模块、照度传感器及红外传感器。系统功能主要体现在照明分区精细化的控制特点上。

具体来说，该智能照明控制系统的主要功能有：

① 通道区：根据现场实际情况，在满足标准条件下，降低亮度，节约能耗。

② 展厅区：采用红外传感器感应人体活动，当有人走进红外传感器的区域使用自动售票机或者需要人工售票亭服务时，该区域照明自动亮起；当乘客离开后，所在区域照明自动调暗，节约能耗。

③ 广告区：在靠近广告灯箱的区域，可利用广告灯的亮度，调暗附近区域照明的亮度，使该区域的照度与其他区域保持一致，同时达到节能效果。

④ 高低转换区：在楼梯和手扶梯的区域，需要相应地调亮该区域的照度，以保证乘客安全。

⑤ 乘客休息区：利用红外传感器，自动调控特定座位区域的灯光，比如在无人使用时，可将该区域的部分灯光调暗；当有人坐下时，该区域的灯光自动调亮以供乘客使用。

⑥ 屏蔽门光带区：当列车进站时，屏蔽门光带跟随列车进站而调亮照度，提醒乘客进站；当列车出站时，该功能区照明灯具自动调暗，节约能耗。

⑦ 室外区：室外区域可利用照度传感器探测外部自然光是否充足，当外部自然光充足时，室外区（飞顶区域）的灯光自动关闭；当自然光不足时，该区域灯光自动开启提供服务。

地铁线路站点本地平常根据运营特性，自动运行预设的场景模式，以及查看当前站点的设备在线状态、报警状态、能耗、回路状态，场景状态等信息，指挥中心可查看全部站点设备的在线状态、报警状态、能耗、回路状态及场景状态等信息。

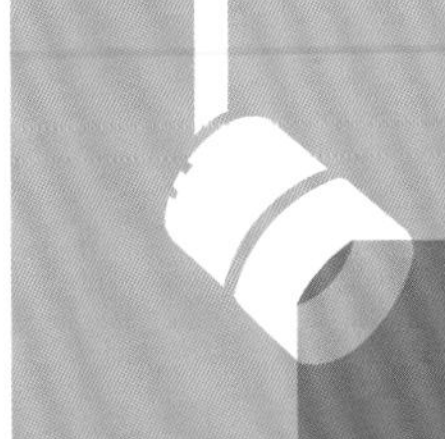

第十五章 体育场馆照明智能化设计及应用

15.1 体育场馆照明概述

体育行业在很多国家都是非常重要的领域，尤其在欧美发达国家，甚至在有的国家成为支柱产业。我国的体育场馆，在2008年奥运会之后，保持着良好的发展势头，在一系列政策措施的有利推动下，我国体育设备制造行业主体不断增加、潜力持续释放，从业者逐渐增多，体育场地快速发展。

近年来，随着2021年成都世界大学生运动会（图15.1中的场馆便是本项赛事的核心场馆），2021年汕头亚洲青年运动会，2022年北京冬奥会，2022年杭州亚运会的场馆建设的发展，推动我国专业体育场馆新建和升级改造达到了新的高峰。

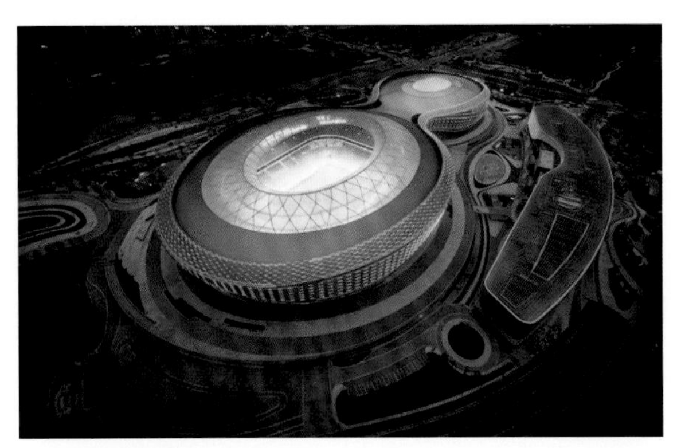

图15.1 成都凤凰山体育中心，是2021年世界大学生运动会的核心场馆（图片来源：昕诺飞）

随着"十四五"方针政策的实施，全民健身活动的广度和深度会得到更有效的拓展，越来越多不同类型的体育场地如雨后春笋般涌现，不断满足人民群众日益增长的多元化体育需求。国家体育总局经济司公布《2019年全国体育场地统计调查数据》，截至2019年底，全国体育场地354.44万个，体育场地面积29.17万公顷，人均场地面积2.08 m^2。我国以娱乐和业余体育照明为代表的市场将迅猛发展。

如何将全民健身的体育场馆照明进行对应等级的专业化提升，是行业面临的首要挑战。各大设计院校将急需更加专业的照明设计的培训和配合。

15.1.1 体育场馆照明特点和趋势

体育照明的专业化、绿色化、智能化和体验化，成为行业发展的驱动力。

① 体育照明的专业化。根据电视转播和使用功能的不同，通常体育照明系统可以分成6个等级，不同等级的场馆照明要求不同，具体见表15.1。需要根据不同等级的场馆，确定不同的技术要求；归于特别赛事，还有赛事组委会的专项要求。例如，奥运会时采用最高等级VI级相应的照明要求，以及奥组委每一个赛事类别对于照明的特别要求。

体育场馆照明应满足运动员、裁判员及观众等各类人员的使用要求。有电视转播时应满足电视转播的照明要求，这时电视观众成为赛事观看的主体。

表 15.1　体育场馆照明的 6 个等级

无电视转播		有电视转播	
等级	使用功能	等级	使用功能
I	健身、业余训练	IV	TV 转播国家比赛、国际比赛
II	业余比赛、专业训练	V	TV 转播重大国家比赛、重大国际比赛
III	专业比赛	VI	HDTV 转播重大国家比赛、重大国际比赛

② 体育场馆的绿色化。随着国家绿色奥运、绿色体育的号召，LED 照明产品在体育照明中逐渐普及，例如在最近基本完工的 2022 年北京冬奥会体育照明中，LED 灯具在场地照明中的比例达到了 100%。在近年的全民健身发展中，各体育公园、休闲运动场地等的传统照明也逐渐被 LED 所替代，通常 200 W 的 LED 灯具就可以达到以前 400 W 传统灯具的照明效果。但在娱乐和业余体育照明实践中，LED 照明还是不断地遇到疑问。例如，训练场地利用 LED 灯具的替换，应该多少瓦、多少盏、什么样的配光比较合适等。只有不断地普及体育照明概念及培训，并且升级和完善标准，才能更有效地推动绿色体育照明的发展。

图 15.2　德国的安联球场是目前欧洲最著名的球场之一，采用的 LED 专业灯具可配合舞台灯具和专业智能照明控制系统，进行运动员入场的暖场灯光秀（图片来源：昕诺飞）

③ 体育场馆的智能化。尽管大多数体育场馆主要采用了开关来进行智能照明控制、一键设置场景等，但近年来，越来越多的高等级场馆开始采用 DMX 单灯调光控制系统，与舞台灯光一起控制，以实现瞬时的场景变化效果，烘托气氛，并进一步节能（如图 15.2）。甚至，以前通常只有在 IV 类以上等级的场地中才会采用集中照明控制，而今后，更多的娱乐型和健身场地会采用集中照明控制系统。虽然在超大型的国际赛事中，还会以有线控制为主，但是在其他等级的场地中、室内配套空间中，无线照明控制技术的应用将会更多。

④ 体育场馆的体验化。对于大型体育场馆，其照明更加强调拥有最佳体验，让比赛成为生命旅程中真正拥有的一段时间的体验和回忆。目前国际上最先进的体育场馆都意在创造难以忘怀的记忆和体验，利用智能互联照明，可以结合室外亮化、体育场场地照明、舞台灯光以及音乐、表演等，以此来实现室外内的布置协调，赛场内外人员的情感互动，突显活力四射的新娱乐表演，并使照明效果与表演、音乐、赛事实况和视频同步，满足现场和电视机前观众们的视觉享受（如图 15.3）。同时，这也会增加灵活性并开拓潜在的新收入，拓展体育场馆的综合使用性能。

图 15.3　荷兰阿姆斯特丹体育场用体育场灯光和舞台灯光相结合，打造了引人入胜的灯光秀，讲述冠军的故事（图片来源：昕诺飞）

15.1.2 体育场馆照明空间组成及照明规范要求

通常的体育场馆照明应包括比赛场地照明、观众席照明和应急照明，广义上也会涵盖演出照明、外立面照明、训练场地照明、庭院照明、广告照明、道路照明、应急照明，以及室内配套功能区照明等。专业的体育场馆照明的核心是场地功能照明，由于专业性较高、功能复杂，通常会由专业的照明设计人员进行照明设计，并需要通过专业机构进行照明效果的检测。

体育场馆照明应根据其使用功能要求进行划分。比如，体育场馆按功能需求可分为篮球馆、足球场、羽毛球馆、游泳馆、网球馆、乒乓球馆、田径运动场等（图15.4）。那么，针对不同的功能进行相应的专业照明设计，就是对体育场馆照明的要求，比较复杂的是在同一片场地上实现多种功能要求（图15.5）。

图15.4 不同功能的体育场地照明（图片来源：广东北斗星）

图15.5 同样的场地，也可以根据比赛项目和等级要求，采用不同的分区控制照明（图片来源：昕诺飞）

此外，体育场馆按空间布局又可分为室内场地和室外场地，相应地也就有室内照明和室外照明（图15.6）。

图15.6 体育场馆的室内场地和室外场地（图片来源：广东北斗星）

这里需要指出的是，在体育照明中，有一个特殊指标：垂直照度，即垂直面上的照度。垂直照度包括主摄像机方向垂直照度和辅摄像机方向垂直照度。垂直照度用来模拟照射在运动员面部和身体上的光，对摄像机、摄影机和观看者能提供最佳辨认度，并影响照射目标的立体感。对于不同水平的有电视转播的体育赛事，摄像机的位置规定不同。

另外，在专业体育照明中，照度均匀度也是一个非常重要的指标，用来控制比赛场地上照度水平的空间变化。它规定表面上的最小照度与最大照度之比，以及最小照度与平均照度之比，有水平照度均匀度和垂直照度均匀度两类指标。

优秀的专业照明设计能够在满足多种不同功能场地

照明水平照度、垂直照度、照度均匀度等要求的同时，将照明设备的需求最优化。

对于不同等级的不同种类的赛事，标准中都有详细的照明指标的规定。体育馆场地照明标准值应符合表15.2的规定，体育场场地照明标准值应符合表15.3的规定，这两个表的内容均来自《体育场馆照明设计及检测标准》JGJ 153—2016。其他种类的室内场地照明，例如游泳馆、网球馆、滑冰馆、自行车馆和射击馆等；以及其他种类的室外场地照明，例如专业足球场、游泳场、网球场、自行车场、棒球场、垒球场、橄榄球场、沙滩排球场、自由式滑雪场、单板滑雪场、高山滑雪场、跳台滑雪场、越野滑雪场、冬季两项射击场和雪车、雪撬场地，以及射箭、马术、高尔夫等运动场地，也请参照该标准。

体育场馆的照明设计与检测应符合国际照明委员会（CIE）相关标准的规定。同时，也应符合国际各体育组织，如国际单项体育联合会总会（GAISF）、国际足球联盟（FIFA）、国际田径联合会（IAAF）等；电视广播机构，如奥林匹克广播服务公司（OBS）、北京奥运会转播公司（BOB）等对于赛事及其转播的要求。

表 15.2　体育馆场地照明标准值

<table>
<tr><th rowspan="2">运动项目</th><th rowspan="2">等级</th><th rowspan="2">E_h (lx)</th><th colspan="2">E_h</th><th>E_{vmai}</th><th colspan="2">E_{vmai}</th><th rowspan="2">E_{vaux} (lx)</th><th colspan="2">E_{vaux}</th><th rowspan="2">R_a</th><th rowspan="2">LED R_9</th><th>T_{cp}</th><th rowspan="2">GR</th></tr>
<tr><th>U_1</th><th>U_2</th><th>(lx)</th><th>U_1</th><th>U_2</th><th>U_1</th><th>U_2</th><th>(K)</th></tr>
<tr><td rowspan="6">篮球、排球、手球、室内足球、体操、艺术体操、技巧、蹦床</td><td>I</td><td>300</td><td>—</td><td>0.3</td><td>—</td><td>—</td><td>—</td><td>—</td><td>—</td><td>—</td><td rowspan="3">65</td><td rowspan="3">—</td><td rowspan="3">4000</td><td>35</td></tr>
<tr><td>II</td><td>500</td><td>0.4</td><td>0.6</td><td>—</td><td>—</td><td>—</td><td>—</td><td>—</td><td>—</td><td rowspan="5">30</td></tr>
<tr><td>III</td><td>750</td><td>0.5</td><td>0.7</td><td>—</td><td>—</td><td>—</td><td>—</td><td>—</td><td>—</td></tr>
<tr><td>IV</td><td>—</td><td>0.5</td><td>0.7</td><td>1000</td><td>0.4</td><td>0.6</td><td>750</td><td>0.3</td><td>0.5</td><td rowspan="2">80</td><td rowspan="2">0</td><td rowspan="2">4000</td></tr>
<tr><td>V</td><td>—</td><td>0.6</td><td>0.8</td><td>1400</td><td>0.5</td><td>0.7</td><td>1000</td><td>0.3</td><td>0.5</td></tr>
<tr><td>VI</td><td>—</td><td>0.7</td><td>0.8</td><td>2000</td><td>0.6</td><td>0.7</td><td>1400</td><td>0.4</td><td>0.6</td><td>90</td><td>20</td><td>5500</td></tr>
<tr><td rowspan="6">乒乓球</td><td>I</td><td>300</td><td>—</td><td>0.5</td><td>—</td><td>—</td><td>—</td><td>—</td><td>—</td><td>—</td><td rowspan="3">65</td><td rowspan="3">—</td><td rowspan="3">4000</td><td>35</td></tr>
<tr><td>II</td><td>500</td><td>0.4</td><td>0.6</td><td>—</td><td>—</td><td>—</td><td>—</td><td>—</td><td>—</td><td rowspan="5">30</td></tr>
<tr><td>III</td><td>1000</td><td>0.5</td><td>0.7</td><td>—</td><td>—</td><td>—</td><td>—</td><td>—</td><td>—</td></tr>
<tr><td>IV</td><td>—</td><td>0.5</td><td>0.7</td><td>1000</td><td>0.4</td><td>0.6</td><td>750</td><td>0.3</td><td>0.5</td><td rowspan="2">80</td><td rowspan="2">0</td><td rowspan="2">4000</td></tr>
<tr><td>V</td><td>—</td><td>0.6</td><td>0.8</td><td>1400</td><td>0.5</td><td>0.7</td><td>1000</td><td>0.3</td><td>0.5</td></tr>
<tr><td>VI</td><td>—</td><td>0.7</td><td>0.8</td><td>2000</td><td>0.6</td><td>0.7</td><td>1400</td><td>0.4</td><td>0.6</td><td>90</td><td>20</td><td>5500</td></tr>
<tr><td rowspan="6">羽毛球</td><td>I</td><td>300</td><td>—</td><td>0.5</td><td>—</td><td>—</td><td>—</td><td>—</td><td>—</td><td>—</td><td rowspan="3">65</td><td rowspan="3">—</td><td rowspan="3">4000</td><td>35</td></tr>
<tr><td>II</td><td>750/ 500</td><td>0.5/ 0.4</td><td>0.7/ 0.6</td><td>—</td><td>—</td><td>—</td><td>—</td><td>—</td><td>—</td><td rowspan="5">30</td></tr>
<tr><td>III</td><td>1000/ 750</td><td>0.5/ 0.4</td><td>0.7/ 0.6</td><td>—</td><td>—</td><td>—</td><td>—</td><td>—</td><td>—</td></tr>
<tr><td>IV</td><td>—</td><td>0.5/ 0.4</td><td>0.7/ 0.6</td><td>1000/ 750</td><td>0.4/ 0.3</td><td>0.6/ 0.5</td><td>750/ 500</td><td>0.3/ 0.3/</td><td>0.5/ 0.4</td><td rowspan="2">80</td><td rowspan="2">0</td><td rowspan="2">4000</td></tr>
<tr><td>V</td><td>—</td><td>0.6/ 0.5</td><td>0.8/ 0.7</td><td>1400/ 1000</td><td>0.5/ 0.3</td><td>0.7/ 0.5</td><td>1000/ 750</td><td>0.3 0.3</td><td>0.5/ 0.4</td></tr>
<tr><td>VI</td><td>—</td><td>0.7/ 0.6</td><td>0.8/ 0.8</td><td>2000/ 1400</td><td>0.6/ 0.4</td><td>0.7/ 0.6</td><td>1400/ 1000</td><td>0.4/ 0.3</td><td>0.6/ 0.5</td><td>90</td><td>20</td><td>5500</td></tr>
</table>

续表 15.2

运动项目	等级	E_h (lx)	E_h		E_{vmai} (lx)	E_{vmai}		E_{vaux} (lx)	E_{vaux}		R_a	LED R_9	T_{cp} (K)	GR
			U_1	U_2		U_1	U_2		U_1	U_2				
柔道、摔跤、跆拳道、武术	I	300		0.5	—	—	—	—	—	—	65	—	4000	35
	II	500	0.4	0.6	—	—	—	—	—	—				30
	III	1000	0.5	0.7	—	—	—	—	—	—				
	IV	—	0.5	0.7	1000	0.4	0.6	1000	0.4	0.6	80	0	4000	
	V	—	0.6	0.8	1400	0.5	0.7	1400	0.5	0.7				
	VI	—	0.7	0.8	2000	0.6	0.7	2000	0.6	0.7	90	20	5500	
拳击	I	500		0.7	—	—	—	—	—	—	65	—	4000	35
	II	1000	0.6	0.8	—	—	—	—	—	—				30
	III	2000	0.7	0.8	—	—	—	—	—	—				
	IV	—	0.7	0.8	1000	0.4	0.6	1000	0.4	0.6	80	0	4000	
	V	—	0.7	0.8	2000	0.6	0.7	2000	0.6	0.7				
	VI	—	0.8	0.9	2500	0.7	0.8	2500	0.7	0.8	90	20	5500	
击剑	I	300	—	0.5	200	—	0.3	—	—	—	65	—	4000	—
	II	500	0.5	0.7	300	0.3	0.4	—	—	—				
	III	750	0.5	0.7	500	0.3	0.4	—	—	—				
	IV	—	0.5	0.7	1000	0.4	0.6	750	0.3	0.5	80	0	4000	
	V	—	0.6	0.8	1400	0.5	0.7	1000	0.3	0.5				
	VI	—	0.7	0.8	2000	0.6	0.7	1400	0.4	0.6	90	20	5500	
举重	I	300	—	0.5	—	—	—	—	—	—	65	—	4000	35
	II	500	0.4	0.6	—	—	—	—	—	—				30
	III	750	0.5	0.7	—	—	—	—	—	—				
	IV	—	0.5	0.7	1000	0.4	0.6	—	—	—	80	0	4000	
	V	—	0.6	0.8	1400	0.5	0.7	—	—	—				
	VI	—	0.7	0.8	2000	0.6	0.7	—	—	—	90	20	5500	

注：E_h, 即水平照度；E_{vmai}, 即主摄像机方向垂直照度；E_{vaux}, 即辅摄像机方向垂直照度；U_1, 即最小照度与最大照度之比；U_2, 即最小照度与平均照度之比；R_a, 即显色指数；R_9, 即光源对第 9 种标准颜色样品的显色指数；T_{cp}, 即相关色温；GR, 即眩光值。

表 15.3　体育场场地照明标准值

运动项目	等级	E_h (lx)	E_h		E_{vmai} (lx)	E_{vmai}		E_{vaux} (lx)	E_{vaux}		R_a	LED R_9	T_{cp} (K)	GR
			U_1	U_2		U_1	U_2		U_1	U_2				
田径、足球	I	200	—	0.3	—	—	—	—	—	—	65	—	4000	55
	II	300	—	0.5	—	—	—	—	—	—				50
	III	500	0.4	0.6	—	—	—	—	—	—				
	IV	—	0.5	0.7	1000	0.4	0.6	750	0.3	0.5	80	0	4000	
	V	—	0.6	0.8	1400	0.5	0.7	1000	0.3	0.5			5500	
	VI	—	0.7	0.8	2000	0.6	0.7	1400	0.4	0.6	90	20	5500	

注：E_h, 即水平照度；E_{vmai}, 即主摄像机方向垂直照度；E_{vaux}, 即辅摄像机方向垂直照度；U_1, 即最小照度与最大照度之比；U_2, 即最小照度与平均照度之比；R_a, 即显色指数；R_9, 即光源对第 9 种标准颜色样品的显色指数；T_{cp}, 即相关色温；GR, 即眩光值。

我国目前兴建的城市级以上的体育场馆，多是一个集体育比赛、运动健身、大型活动、休闲娱乐、旅游览景为一体的综合型多功能场馆，除了体育用途之外，还有多种商业用途，相关具体要求见表 15.4。

表 15.4 体育场馆其他用途照明要求

分类	适用项目	照明要求
文艺	演唱会、舞台剧、相声、话剧、音乐会	请参照专业演出照明的要求
商演	企业庆典、新品发布会等	
展览	车展、房展、画展、摄影展	请参照专业展览照明的要求
会议	会议、培训、演讲	请参照专业办公会议照明的要求

15.1.3 体育场馆照明常用的灯具类型和特点

体育场馆照明灯具通常会选用如下类型：LED 大功率泛光灯具，LED 中小功率泛光灯具，LED 高、低天棚灯、LED 支架灯和 LED 筒灯等。

配合舞台演出的会有舞台专用灯具；室外立面会选择不同的动态点光源、线条灯、泛光灯等；景观里使用庭院灯、地埋灯，以及灯光雕塑等；周边道路则会采用专业道路照明灯具。灯具布置应根据运动项目的特点和比赛场地的特征确定。

1. 体育场灯具宜采用下列布置方式：

① 两侧布置：灯具与灯杆或建筑马道结合，以连续光带形式或簇状集中形式布置在比赛场地两侧。

② 四角布置：灯具以集中形式与灯杆结合布置在比赛场地四角。

③ 混合布置：两侧布置和四角布置相结合。

2. 体育馆灯具宜采用下列布置方式：

① 顶部布置：灯具布置在场地上方，光束垂直于场地平面。

② 两侧布置：灯具布置在场地两侧，光束非垂直于场地平面。

③ 混合布置：顶部布置和两侧布置相结合。

对于各类室内运动，灯具的布置也有详细的标准要求，见表 15.5。体育照明属于专业照明范畴，对于重大的赛事，一定要经过专业的计算和模拟。

表 15.5 有电视转播的体育馆灯具布置

类别	灯具布置
篮球	宜以带形布置在比赛场地边线两侧，并应超出比赛场地底线，灯具安装高度不应小于 12 m；以篮筐为中心直径 4 m 的圆区上方不应布置灯具
排球羽毛球	宜布置在比赛场地边线 1 m 以外两侧，底线后方不宜布灯，并应超出比赛场地底线，灯具安装高度不应小于 12 m；比赛场地上方不宜布置灯具
手球室内足球	宜以带形布置在比赛场地边线两侧，并应超出比赛场地底线，灯具安装高度不应小于 12 m
体操	宜采用两侧布置方式，灯具瞄准角不宜大于 60°
乒乓球	宜在比赛场地外侧沿长边成排布置及采用对称布置方式，灯具安装高度不应小于 4 m；灯具瞄准宜垂直于比赛方向

续表 15.5

类别	灯具布置
网球	宜平行布置于赛场边线两侧，布置总长度不应小于 36 m；灯具瞄准宜垂直于赛场纵向中心线，灯具瞄准角不应大于 65°
拳击	宜布置在拳击场上方，灯具组的高度宜为 5 ~ 7 m；附加灯具，可安装在观众席上方并瞄向比赛场地
柔道、摔跤、跆拳道、武术	宜采用顶部或两侧布置方式；用于补充垂直照度的灯具可布置在观众席上方，瞄向比赛场地
举重	宜布置在比赛场地的正前方
击剑	宜沿长台两侧布置，瞄准点在长台上，灯具瞄准角宜为 20° ~ 30° ；主摄像机侧的灯具间距为其相对一侧的 1/2
游泳、水球、花样游泳	宜沿泳池纵向两侧布置；灯具瞄准角宜为 50° ~ 55°
跳水	宜采用两侧布置方式；馆内有游泳池和跳水池时，灯具布置宜为游泳池灯具布置的延伸
冰球、花样滑冰、短道速滑、冰壶	灯具应分别布置在比赛场地及其外侧的上方，宜对称于场地长轴布置
速度滑冰	宜布置在内、外两条马道上，外侧灯具布置在赛道外侧看台上方，内侧灯具布置在热身赛道里侧；灯具瞄准方向宜垂直于赛道
场地自行车	应平行于赛道，形成内、外两环布置，但不应布置在赛道上方；灯具瞄准应垂直于骑手的运动方向；应增加对赛道终点照明的灯具
射击	射击区、弹道区灯具宜布置在顶棚上，避免直接投射向运动员
射箭	射箭区、箭道区灯具宜以带形布置在顶棚上

15.2 体育场馆智能照明控制系统

按照标准规定，照明等级 IV 级及以上比赛场地照明应设置集中控制系统，III 级比赛场地照明宜设置集中控制系统。

集中控制系统应根据需要预置针对各类运动项目的比赛、训练、健身、场地维护等不同使用目的的多种照明场景控制方案，并应符合下列规定：

① 应能对全部比赛场地照明灯具进行编组控制，并显示其工作状态。

② 应显示主供电源、备用电源的运行状态。

③ 配电及控制系统出现故障时，应发出声光报警信号。

④ 应设置直接手动控制。

照明等级 IV 级及以上比赛场地照明的集中控制系统，还应符合下列规定：

① 宜对全部比赛场地照明灯具进行单灯控制。

② 采用 LED 灯的照明系统宜具备调光控制功能。

③ 宜显示各分支路干线的电气参数。

④ 宜显示全部比赛场地照明灯具的工作状态。

⑤ 使用高强气体放电光源，且未设置热触发装置或不间断供电设施的照明系统，控制系统宜具有防止短时再启动的功能。

⑥ 宜具备照明设备的运行时间统计。

场地照明控制系统应根据比赛场地规模和需求，确定控制系统的网络结构并采用开放的通信协议，可通过比赛设备集成管理系统采集并控制其运行状态，且应具备切除越级控制功能。

15.2.1　体育场馆的智能照明控制策略

体育场馆需根据各类运动项目的比赛、训练、健身、场地维护等不同照度使用目的，定制多种照明场景控制方案，常用的控制策略有：定时控制、场景控制、照度自动调节控制、移动探测控制和应急照明的控制等，具体见表 15.6。

表 15.6　体育场地智能照明控制系统功能和配置

房间或场所	基本			附加				扩展		
	功能需求	控制方式及策略	输入、输出设备	功能需求	控制方式及策略	控制设备	传感器选型	功能需求	控制方式及策略	输入、输出设备
有电视转播	开关、变换场景	开关控制、远程控制、就地控制、时间表控制	开关控制器、时钟控制器	调光、艺术效果	调光控制、艺术效果控制	调光控制器、时钟控制器		与场馆管理系统联动	智能联动控制	—
无电视转播	开关、变换场景	开关控制、远程控制、就地控制、时间表控制	开关控制器、时钟控制器	调光	调光控制	调光控制器、时钟控制器		与场馆管理系统联动	智能联动控制	—

15.2.2　体育场馆的智能照明控制场景模式

对特殊区域内的应急照明发出执行指令控制，使处于事故状态的应急照明达到 100%，具体见表 15.7。

表 15.7　不同的体育场馆照明等级推荐采用的场景模式

等级	应用类型	场景模式
I	健身、业余训练	全开 / 全关模式、健身模式、业余训练模式、清扫模式、应急照明模式
II	业余比赛、专业训练	全开 / 全关模式、健身模式、业余训练模式、专业训练模式、业余比赛模式、观众入退场、清扫模式、应急照明模式
III	专业比赛	全开 / 全关模式、健身模式、业余训练模式、专业训练模式、比赛准备模式、专业比赛模式、场间休息模式、观众入退场、清扫模式、应急照明模式
IV	TV 转播国家比赛、国际比赛	全开 / 全关模式、健身模式、专业训练模式、比赛准备模式、专业比赛模式、电视转播模式、场间休息模式、观众入退场、清扫模式、应急照明模式
V	TV 转播重大国家比赛、重大国际比赛	全开 / 全关模式、健身模式、专业训练模式、比赛准备模式、专业比赛模式、电视转播模式、场间休息模式、颁奖模式、观众入退场、清扫模式、应急照明模式
VI	HDTV 转播重大国家比赛、重大国际比赛	全开 / 全关模式、健身模式、专业训练模式、比赛准备模式、专业比赛模式、HDTV 电视转播模式、场间休息模式、颁奖模式、观众入退场、清扫模式、应急照明模式

对于多功能场地，也可以根据比赛项目和等级要求，采用不同的分区控制照明。例如，有的室内场地按比赛项目和级别标准可分为：篮球训练时照明、篮球比赛时照明、篮球电视直播照明；拳击训练时照明、拳击比赛时照明、拳击电视直播照明、平时照明等。有的场景多达几十种。

在相同的比赛场地的不同赛事，会对会场的场景模式需求有所不同；就算同一种赛事在不同的时段，如赛事准备、正式比赛开始、场间休息、观众台等，对会场灯光需求也不会一致。故而对比赛场地的照明控制需满足不同的的场景模式，用一般的控制器件难以达到多样灯光变化的控制需求。

对于辅助区域的各类功能不同的场所，照明实际效果在整体环境中具有非常重要的作用，优质的光源控制系统，层次需分明，还需充分利用天然光、调光和应用场景预设功能营造多样灯光效果，打造不同的光空间，给人以舒适极致的视觉享受。

15.2.3 体育场馆照明智能控制常用产品

体育场馆照明智能控制系统，通常由服务器、移动控制设备、主控器（通常分为调光控制器和开关控制器两类）、传感器、场景面板、网关和其他网络配套设备所组成。

由于体育照明重大赛事属于国家一级赛事，通常采用本地服务器，要求整体性能可靠、稳定、抗干扰，并且能够为未来的升级做接口准备。

15.3 体育场馆智能照明应用案例

15.3.1 澳大利亚珀斯体育场

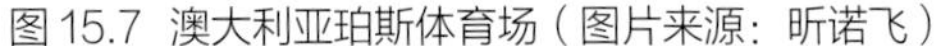
图 15.7 澳大利亚珀斯体育场（图片来源：昕诺飞）

澳大利亚珀斯（Optus）体育场可以容纳6万名观众，用于举办澳洲橄榄球、板球、英式足球、联合式和联盟式橄榄球等多种赛事和娱乐活动，并于2018年澳洲橄榄球赛季启用（图15.7）。体育场附近设有火车站和汽车站，并建有人行天桥，跨越天鹅河通向市区。

珀斯体育场建设的过程中，遵循“观众至上”的原则，是亚太地区首个采用LED照明的综合体育场，通过采用国际一流的室内外智能照明控制平台，将2.2万个室内外LED灯具联合起来，既满足不同类型的活动需求，也为观众营造完全沉浸式照明氛围，带来光影交错的震撼体验。建成后的珀斯体育场一举成为南半球一流的多功能体育场馆。

该体育场采用国际一流LED专业照明灯具：体育场的外立面和顶棚照明采用的立面LED线条灯具多达2000套，LED投光灯多达650套；室内商业照明部分更以多种LED灯具互相配合呈现高端氛围（图15.8）。

图15.8　珀斯体育场室内呈现高端氛围（图片来源：昕诺飞）

该项目采用了智能照明控制系统，该项目的场景达到了128个，并可以远程编程和控制（图15.9）。上电可恢复掉电状态，设备重启可以指定场景。该系统的核心是LED球场照明系统，包括LED投光灯和控制平台，主要采用DMX控制协议。该系统还可以与其他外部控制平台无缝对接，打造形式多样的灯光秀或举办其他类型的活动，可以满足珀斯体育场的多种不同运营需求。

该项目由灵活方便的室内外智能照明控制系统平台构成，为珀斯体育场带来世界上最大的LED体育场馆照明系统，同时控制系统将室内外照明联合起来，不仅满足当地足球和板球等比赛的照明要求，而且能为其他比赛提供不同的照明场景，达到高清电视转播的照明等级。此外，系统通过与音乐的无缝融合，还可打造精彩纷呈的摇滚音乐会，以及提供开场灯光秀等。室内外照明的整体联动，创造了震撼的非凡体验，让球迷为之惊艳（图15.10）。

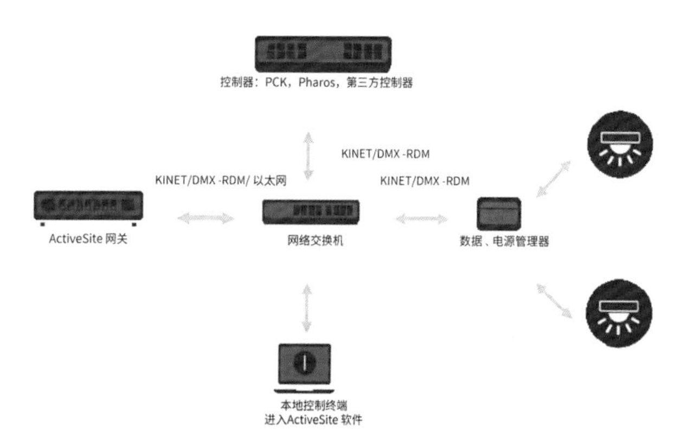

图15.9　控制系统示意（图片来源：昕诺飞）

图15.10　珀斯体育场内的照明（图片来源：昕诺飞）

建成后的珀斯体育场照明项目，成为在全球实施的最大规模体育场馆LED照明项目之一，同时也将成为全球最大的综合体育场馆智能照明控制项目之一。

专业智能照明控制软件系统可以优化运营、提升观赛体验，提高安全性，具体见表15.8。

表 15.8　澳大利亚珀斯体育场软件系统的功能

优化运营	提升观赛体验	提高安全性
多功能照明系统灵活多变，领先时代，满足未来需求	照明、娱乐和音响系统合而为一，让观众完全融入其中	场馆内部和周边区域灯光明亮，提高安全性并增加人流量
LED 场馆照明系统结合智能互联照明控制和远程监控，减少成本支出	针对体育场馆照明打造独特照明技术，避免眩光状况发生，并满足高清摄像机慢动作镜头播放的严格要求	座位、餐厅、纪念品商店和出口指示更明确
同一场地功能多样，可供举办各类活动，实现更多营收模式	出众的显色和色温，结合均匀一致的灯光效果，确保赛场中的运动员视野清晰	球迷、运动员和工作人员都能获得更高的安全性和舒适度，提升体育场馆的名气

15.3.2　厦门大学翔安校区综合体育馆

“一馆多用”智能照明控制系统，采用 485 总线技术，将厦门大学翔安校区综合体育馆内的 LED 照明灯具、应急照明灯等产品进行集中管理（图 15.11），并在控制室通过智能触摸屏进行总控，实现了每个回路的单独控制，每层楼的区域控制，以及各种场景控制，在触摸屏上即可看到回路的反馈状况。项目按照体育馆的要求，做出了篮球健身业余训练、篮球专业比赛模式、篮球 CTV 国家国际赛模式、清扫模式、应急疏散模式等 9 个场景，可按使用方需求随时切换场景，后期亦可在后台编程，增减使用场景。此项目用到智能照明控制系统的设备有：4 路、8 路、16 路智能照明控制模块，智能网关主机，以及电源模块、级联模块、智能触摸屏等设备。

场馆智能照明系统的主要控制功能如下(图 15.12)：

① 现场手动控制：各配套功能区分别安装了 6 键面板，可实现就地手动控制。

② 区域控制：在总控室安装 17.78 cm（7 英寸）触摸屏，对场地照明实现区域控制。

③ 自动感应控制：公共区安装了雷达感应器，监测当下环境的人来人走情况，实时逻辑输出，实现自动控制。

④ 场景控制：场馆使用功能分为篮球健身业余训练、篮球专业比赛模式、篮球 CTV 国家国际赛模式、清扫模式、应急疏散模式、羽毛球 300 lx 模式等预设场景控制。

⑤ 定时控制：大厅、走廊、场馆，不同楼层和区域设置定时全开、分时分组开、定时全关，也可按照大学的特殊活动进行调整，例如运动会、毕业典礼、寒暑假、迎新会、社团活动等。

⑥ 系统联动控制：智能照明控制系统可以和中央监控、BA 系统、消防系统等多套系统实现联动控制。当系统与消防系统联动，干接点（一种电气开关）信号输出，会强制打开应急照明回路，方便师生们紧急疏散，有效提高学校的安全性。

⑦ 中央集中控制：在校保安室可由工作人员远程监控整个照明控制系统的工作状态。

图 15.11　厦门大学翔安校区综合体育馆（图片来源：上海凡特）

图 15.12　厦门大学翔安校区综合体育馆软件系统的功能（图片来源：上海凡特）

通过采用专业照明控制系统，厦门大学翔安校区综合体育馆的智能照明优势如下(系统面板如图15.13所示)：

① 提高管理效率：将原来现场管理的方式提升为远程智能管理的模式，缓解了工作人员的工作压力，提高了校方后勤部门的管理水平和工作效率。

② 节能效果显著：充分利用校方的活动规律来设计灯光控制，有效减少能源消耗，达到节能的效果。

③ 系统安全性高：系统中的控制模块均工作在 220 V转24 V的安全电压下，用户在弱电下操作更安全。

④ 控制场景切换：PC 等控制终端可以一键进行场景切换，不同场景的灯光效果可任意切换。

⑤ 系统稳定性高：485 总线系统属于分布式总线系统，每条支路分别分配了系统电源，系统布线结构简单、稳定性高，加入级联模块，还可以放大信号。

⑥ 系统便于维护：485 总线智能照明控制系统改变了灯具的控制方式，如对灯具开关的回路控制、调光控制或者场景模式的修改。

图 15.13　厦门大学翔安校区综合体育馆软件系统面板（图片来源：上海凡特）

15.3.3　浙江上虞游泳馆

浙江绍兴上虞体育中心，是上虞历史上投资规模和单体规模最大的体育设施建设项目。工程共分两期，2019 年完成的第一期工程包括体育馆与游泳馆。建成后的场馆成为多个重大体育赛事的主会场，包括 2019 年绍兴市第九届运动会及2019年全国春季游泳锦标赛。

该项目的范围包括了体育馆比赛场地照明、游泳馆比赛场地照明、体育馆训练场地照明、游泳馆热身池照明在内的专业场馆照明解决方案，以及体育馆和游泳馆内的观众席、馆内消防应急照明灯等配套照明解决方案，涵盖了照明设备和照明控制系统（图 15.14）。

图 15.14　游泳比赛场地的照明效果，主要采用带 DMX 控制的 LED 照明灯具和专业的智能互联的照明控制系统（图片来源：昕诺飞）

该整体照明解决方案，符合《体育场馆照明设计及检测标准》JGJ 153—2016 第 V 级（电视转播重大国际比赛）的要求。专为体育照明量身打造的大功率 LED 投光灯，可满足各类国际性赛事的高清电视转播要求（图 15.15）；显色指数高达 CRI 90 的 LED 芯片和达到《体育场馆照明设计及检测标准》无频闪标准的电源技术，可清晰地为场内外观众呈现精彩激烈的运动瞬间。

同时，为满足不同照明模式的需求，场馆采用了专业的智能互联体育照明控制系统。该系统由硬件设备与操控软件共同组成，运营方可通过直观的界面和应用程序套件来控制场地照明，在重大国际比赛电视转播、专业比赛、业余比赛、专业训练、训练和娱乐活动等多种模式间轻松一键切换；还可将高品质的场地泛光照明和动态灯光表演相结合，通过灯光的变化，创造令人难忘的光影体验。

对于场景控制，该项目的特别之处在于通过引入数字 DMX512 控制接口，可实现场馆内灯光与音乐节奏的互动，打造出无与伦比的灯光秀，增强观众的赛事情感和体验，为场馆注入更多活力。例如，运动员入场时、颁奖时的爆闪效果，不用单独安装舞台灯光，直接利用场地照明的 DMX 控制的 LED 灯具，就可以实现爆闪等戏剧化效果，从而烘托气氛。具体的照明模式见表 15.9。

图 15.15　游泳比赛场地，灯具安装在两侧马道上（图片来源：昕诺飞）

表 15.9　上虞体育中心采用的 8 种照明模式

场景	模式说明
运动员热身训练 A	游泳训练场地灯光开到训练照度水平
观众席清扫 B	开启观众席灯光
场地比赛灯光 C	游泳比赛场地灯光全开模式，满足电视转播比赛要求
运动员训练带观众	A+B 开启
场地比赛带观众	B+C 开启
特殊入场、颁奖气氛效果	比赛场地特殊爆闪效果，持续 10 秒（可调）
全开	A+B+C 开启
全关	A+B+C 关闭

同时，该智能互联照明系统可实时监控、管理和控制所有照明设备，通过数据实时可视化，提高场馆的运营维护效率，为场馆带来全新的可能。不仅在场的运动员可以拥有最清晰的视野，现场球迷与电视机前的观众也能更好地享受竞赛的魅力。随着物联网的发展，物联网照明平台还可以帮助运营方优化管理方式，创造出超出传统照明的全新光影体验。

第十六章 商业室内智能照明应用发展趋势——超越照明

正如第一章所述，目前的商用照明系统，从以前仅仅是自动化的一种形式，只能够按照已经制定的程序工作，没有自我判断能力，向有一定的“自我”判断能力的智能化方向迈了一大步。希望在不久的将来，能够接近和达到真正的智慧应用。而随着商业室内智能照明应用化的迅速发展，灯光的发展正在超越照明，主要呈现为以下两类态势：一类是在具体的应用中，通过不同数据的交互应用，实现和发掘新的应用需求；另一类是不断地与不同应用相连接，成为统一化的智能互联的平台，方便使用者。通过对数据的打通和挖掘，我们将不断看到新的需求被发现和满足。

伴随 AIoT（智慧物联网，广义上指人工智能与物联网技术的融合及在实际中的应用）的兴起，照明作为物联网中的子系统，与 AIoT 里的其他设备进行充分的互联互通，具有更加丰富的应用。

照明产品与其他的硬件产品相类似，已经从 1.0 的万物连接（只是把设备连接上网），进化到 2.0 的万物互联（开始让不同的设备之间可以相互连接），一直到现在的万物智能 3.0，智能硬件之间不仅仅是连接，还能主动侦测使用者的偏好和习惯，提供最符合使用者需求的使用场景，即万物智能，从互联进入到智能服务的层次。例如，照明设备通过 AIoT 与传感器充分融合，传感器作为 AIoT 的眼耳口鼻，不仅可以通过不断学习的自适应算法更加智能地控制光照，而且可以增加安防属性（比如入侵监测、烟雾监测、影像采集等），形成一套更加智能的商业系统。

商用照明领域的设备，在 AIoT 的平台上，可以充分实现“监、感、测、管、控”五个类别的功能模块。

除此之外，基于 AIoT 的智慧商用照明系统应该是可适用于多场景的一站式解决方案，可插拔式装配，无需复杂布线，提升应用效能和管理效率，从而实现绿色和健康建筑。这套系统既有客户端软件界面，满足终端用户一体化操控需求；也有管理端界面，可以提供数据总览、设备可视化管理及能源管理平台，实现设备集中管理；同时需要在施工端提供施工管理平台，实现施工管理、快速配网，方便部署。

一套理想的物联智慧商用照明系统应该具有以下特点：①功能强大；②支持丰富的网络协议；③强大的生态系统；④数字化运营管理；⑤网络数据安全；⑥持续的服务支持体系。

基于 AIoT 的智慧商用照明系统，可与自然采光、空气质量监控、环境温度监控、访客管理、安全管理、AI 计算和预测等进行整合，形成智慧建筑和智慧园区的整体方案，并使用基于 BIM 的三维系统进行立体呈现及可视化运维管理，可以带来更好的用户体验和效果，加速绿色建筑和健康建筑的发展。

在本书的最后一章，我们大胆地预测一下，未来三到五年在商用照明领域将会发生哪些新的趋势，出现哪些新的应用。我们按照这些趋势发生的可能性，从高到低做了排序，等到本书再版的时候再来看预测是否准确。

1. 能源管理。

绿色照明和碳中和的目标，是推动照明行业的主要驱动力之一。能耗的有效管理，成为衡量节能的重要指标。系统应当能够收集日、周、月、年等和不同区域的照明能耗数据，进行仪表盘的显示和分析，并利用波峰、波谷电价的不同，进行管理建议。这在我国的绿色照明进程中，会看到越来越普及的出现和应用。

2. 照明设备的智能化维护。

对于超大型的企事业单位和公共建筑，灯具数量众多，如何减少其维护的成本，提高管理效率，也日渐重要。例如，某大型机场，目前共 8 万盏灯具，灯具种类多达几十种。如何利用系统里灯光的基础数据，进行灯光维护寿命终结的预先警告和备料；或者对于偶尔出现的故障灯具，如何进行报告和位置通知；何时派出派工单等——这些也都将成为常规要求。

3. 个人数据的应用。

例如，在酒店照明中，酒店客房照明控制管理系统可以和微信、酒店 APP 的关键系统数据等打通，在客户刷开房间的时候，按照客户习惯设置灯光场景，增强客户的体验感和“家”的熟悉感、体贴感。例如，在餐厅照明中，可以和客户的个人信息相连接，根据客户的喜好和用餐的性质（家庭、朋友、商务；聚会、生日、签约、商谈等），预定设置不同的灯光场景氛围和菜单推荐。当然，与此同时带来的数据伦理和隐私问题也需要高度重视。

4. 植物照明、动物照明中专家学习模块的应用。

利用灯光分析动植物的状态，进行光配方的调整，来促进其生长。

5. 室内空间利用的最佳化。

对于商用空间来说，随着季节不同，有的空间甚至都不会被客户覆盖到。利用灯光，可以探索目标人群的热点覆盖程度，进行空间布局调整，以提高空间利用率。比如办公室照明，通过灯光数据的统计，可以分析出哪些空间几乎没有员工，而又有哪些会议室一直爆满，这样就需要调整空间功能，以达到最佳的使用效果。

6. 光健康方面的应用。

对于可见光部分，前文多次提到过利用自然光，以及用人工光来模拟自然光来提高人的心理和生理的舒适度。而对于紫外线、红外线的进一步发掘和强度的控制，也越来越重要。例如 UVC LED 近年来在杀菌方面的发展，可以在有人的环境里同时开启，但强度最好还是能够通过控制系统进行控制。例如，办公室里有的员工经常会肩颈疼痛，可以通过红外灯光来治疗和舒缓疼痛，可以通过定时装置和个人信息等来进行时间和光照强度的控制。

7. 室内定位导航的进一步应用。

在前文的超市和办公照明中，我们看到了室内导航的应用。今后，我们也会看到室内导航更进一步在不同行业的应用。例如，在工厂照明中，可以通过灯光传感器判断工人的状态，如果遇到特殊危险情况，进行定位和报警，同时照明开启高亮状态，甚至对方位进行导航，让其他人员迅速到达该区域。例如，在机场、高铁等交通照明和展览照明中，可以通过室内灯光导航来寻找朋友或者查找所需的具体位置，例如登机口、休息室、会议室、确定的展位等，甚至和使用者的预约行程表进行结合。

8. 可见光通信。

利用光来传递信号，具有保密性好、速度快、容量大等特点，在国家重点项目中，会不断看到其应用。同时在工业照明中，也可以利用其超高的传输速度，和工业制造控制系统对接，进行制造流程的管控，提高效率。

参考文献

[1] Dilaura D，Houser K，Mistrick R，et al. The Lighting Handbook[M]. 10th ed. New York：Illuminating Engineering，2011.

[2] 飞利浦（中国）投资有限公司，住房和城乡建设部科技与产业化发展中心 . 中国办公室的变革：对照明影响力的观察 [M]. 北京：中国城市出版社，2014.

[3] 国家市场监督管理总局，国家标准化管理委员会 .LED 体育照明应用技术要求：GB/T 38539—2020[S]. 北京：中国标准出版社，2020.

[4] 国家市场监督管理总局，国家标准化管理委员会 . 中小学校普通教室照明设计安装卫生要求：GB/T 36876—2018[S]. 北京：中国标准出版社，2018.

[5] 国家质量监督检验检疫总局，国家标准化管理委员会 . 灯具 第 1 部分：一般要求与试验：GB 7000.1—2015[S]. 北京：中国标准出版社，2015.

[6] 国家质量监督检验检疫总局，国家标准化管理委员会 . 灯具 第 2-17 部分：特殊要求 舞台灯光、电视、电影及摄影场所（室内外）用灯具：GB 7000.15—2008[S]. 北京：中国标准出版社，2008.

[7] 国家质量监督检验检疫总局，国家标准化管理委员会 . 国民经济行业分类：GB/T 4754—2017[S]. 北京：中国统计出版社，2017.

[8] 中共中央，国务院 . 交通强国建设纲要 [M]. 北京：人民出版社，2019.

[9] 体育总局经济司 .2019 年全国体育场地统计调查数据 [R].（2020-11-02）.http://www.sport.gov.cn/n315/n329/c968164/content.html.

[10] 薛晓勇 . 现代会展建筑历史沿革与趋势展望 [J]. 中外建筑，2018，5.

[11] 杨光伟 . 从深圳新会展中心看会展建筑发展趋势 [J]. 建筑知识，2017，16.

[12] 中国建筑科学研究院有限公司 . 智能照明控制系统技术规程：T/CECS 612—2019[S]. 北京：中国建筑工业出版社，2020.

[13] 中华人民共和国住房和城乡建设部 . 电影院建筑设计规范：JGJ 58—2008[S]. 北京：中国建筑工业出版社，2008.

[14] 中华人民共和国住房和城乡建设部 . 建筑设计防火规范：GB 50016—2014[S]. 北京：中国计划出版社，2018.

[15] 中华人民共和国住房和城乡建设部 . 剧场建筑设计规范：JGJ 57—2016[S]. 北京：中国建筑工业出版社，2016.

[16] 中华人民共和国住房和城乡建设部 . 医疗建筑电气设计规范：JGJ 312—2013[S]. 北京：中国建筑工业出版社，2014.

[17] 周太明 . 照明设计——从传统光源到 LED[M]. 上海：复旦大学出版社，2015.

[18] 周振宇 . 当代会展建筑发展趋势暨我国会展建筑发展探索 [M]. 北京：中国建筑工业出版社，2008.

[19] 中华人民共和国住房和城乡建设部 . 体育场馆照明设计及检测标准：JGJ 153—2016[S]. 北京：中国建筑工业出版社，2017.

特别鸣谢

上海浦东智能照明联合会
上海复旦规划建筑设计研究院有限公司
昕诺飞（中国）投资有限公司
同济大学建筑设计研究院(集团)有限公司
上海复纬照明设计工程有限公司
生迪智慧科技有限公司
广东三雄极光照明股份有限公司
邦奇智能科技（上海）股份有限公司
中山市华艺灯饰照明股份有限公司
永林电子（上海）有限公司
欧普照明股份有限公司
珠海雷特科技股份有限公司
电子科技大学
上海屹店智能科技有限公司
恒亦明（重庆）科技有限公司
上海子光信息科技有限公司
浙江凯耀照明有限责任公司
利尔达科技集团股份有限公司
中电海康集团有限公司
TCL 华瑞照明科技（惠州）有限公司
杭州涂鸦信息技术有限公司
复旦大学电光源研究所
上海建筑设计研究院有限公司
上海现代建筑装饰环境设计研究院有限公司
上海光研照明科技有限公司
欧司朗（广州）照明科技有限公司
佛山电器照明股份有限公司
上海亚明照明有限公司
上海三思电子工程有限公司
立达信物联科技股份有限公司
惠州雷士光电科技有限公司
上海凡特实业有限公司
惠州西顿工业有限公司
江苏树说新能源科技有限公司
深圳易探科技有限公司
广东北斗星体育设备有限公司
锐高照明电子（上海）有限公司
安徽乐图电子科技有限公司
上海智向信息科技有限公司
深圳福凯半导体技术股份有限公司